从0到1
HTML5+CSS3 修炼之道

莫振杰 著

人民邮电出版社

北京

图书在版编目（CIP）数据

从0到1：HTML5+CSS3修炼之道 / 莫振杰著. — 北京：人民邮电出版社，2020.1
ISBN 978-7-115-52505-5

Ⅰ．①从… Ⅱ．①莫… Ⅲ．①超文本标记语言—程序设计②网页制作工具 Ⅳ．①TP312②TP393.092.2

中国版本图书馆CIP数据核字(2019)第250865号

内 容 提 要

作者根据自己多年的前后端开发经验，站在完全零基础读者的角度，详尽介绍了HTML5和CSS3的基础知识、新技术及各种高级开发技巧。

全书分为两大部分：第一部分介绍HTML5的新技术，主要包括新增元素、新增属性、元素拖放、文件操作、本地存储、音频视频、离线应用等；第二部分介绍CSS3的新技术，主要包括新增选择器、CSS3变形、CSS3过渡、CSS3动画、多列布局、滤镜效果、弹性盒子模型等。

为了方便高校老师教学，本书不但配备了所有案例的源代码，还提供了配套的PPT课件。本书适合作为前端开发人员的参考书，也可以作为大中专院校相关专业的教学参考书。

- ◆ 著　　　　莫振杰
  　　责任编辑　俞　彬
  　　责任印制　马振武
- ◆ 人民邮电出版社出版发行　北京市丰台区成寿寺路11号
  邮编　100164　电子邮件　315@ptpress.com.cn
  网址　http://www.ptpress.com.cn
  北京七彩京通数码快印有限公司印刷
- ◆ 开本：787×1092　1/16
  印张：27.5　　　　　　　　　2020年1月第1版
  字数：757千字　　　　　　　2025年7月北京第10次印刷

定价：69.80元

读者服务热线：(010)81055410　印装质量热线：(010)81055316
反盗版热线：(010)81055315

如果你想要快速上手前端开发，又岂能错过"从 0 到 1"系列?

这是一本非常有个性的书，学起来非常轻松！当初看到这本书时，我们很惊喜，简直像是发现了新大陆。

你随手翻几页，就能看出来作者真的是用"心"去写的。

作为忠实的读者，很幸运能够参与本书的审稿及设计。事实上，对于这样一本难得的好书，相信你看了之后，也会非常乐意帮忙将它完善得更好。

——五叶草团队

前言

一本好书不仅可以让读者学得轻松,更重要的是可以让读者少走弯路。如果你需要的不是大而全,而是恰到好处的前端开发教程,那么不妨试着看一下这本书。

本书和"从 0 到 1"系列中的其他图书,大多是源于我在绿叶学习网分享的超人气在线教程。由于教程的风格独一无二、质量很高,因而累计获得超过 100000 读者的支持。更可喜的是,我收到过几百封的感谢邮件,大多来自初学者、已经工作的前端工程师,还有不少高校老师。

我从开始接触前端开发时,就在记录作为初学者所遇到的各种问题。因此,我非常了解初学者的心态和困惑,也非常清楚初学者应该怎样才能快速而无阻碍地学会前端开发。我用心总结了自己多年的学习和前端开发经验,完全站在初学者的角度而不是已经学会的角度来编写本书。我相信,本书会非常适合零基础的读者轻松地、循序渐进地展开学习。

之前,我问过很多小伙伴,看"从 0 到 1"这个系列图书时是什么感觉。有人回答说:"初恋般的感觉。"或许,本书不一定十全十美,但是肯定会让你有初恋般的怦然心动。

配套习题

每章后面都有习题,这是我和一些有经验的前端工程师精心挑选、设计的,有些来自实际的前端开发工作和面试题。希望小伙伴们能认真完成每章练习,及时演练、巩固所学知识点。习题答案放于本书的配套资源中,具体下载方式见下文。

配套网站

绿叶学习网(www.lvyestudy.com)是我开发的一个开源技术网站,该网站不仅可以为大家提供丰富的学习资源,还为大家提供了一个高质量的学习交流平台,上面有非常多的技术"大牛"。小伙伴们有任何技术问题都可以在网站上讨论、交流,也可以加 QQ 群讨论交流:519225291、593173594(只能加一个 QQ 群)。

配套资源下载及使用说明

本书的配套资源包括习题答案、源码文件、配套 PPT 教学课件。扫描下方二维码,关注微信公众号"职场研究社",并回复"52505",即可获得资源下载方式。

职场研究社

特别鸣谢

本书的编写得到了很多人的帮助。首先要感谢人民邮电出版社的赵轩编辑和罗芬编辑,有他们的帮助本书才得以顺利出版。

感谢五叶草团队的一路陪伴,感谢韦雪芳、陈志东、秦佳、程紫梦、莫振浩,他们花费了大量时间对本书进行细致的审阅,并给出了诸多非常棒的建议。

最后要感谢我的挚友郭玉萍,她为"从 0 到 1"系列图书提供了很多帮助。在人生的很多事情上,她也一直在鼓励和支持着我。认识这个朋友,也是我这几年中特别幸运的事。

由于水平有限,书中难免存在不足之处。小伙伴们如果遇到问题或有任何意见和建议,可以发送电子邮件至 lvyestudy@foxmail.com,与我交流。此外,也可以访问绿叶学习网(www.lvyestudy.com),了解更多前端开发的相关知识。

作者

目录

第一部分 HTML5 实战

第1章 HTML5 简介 ... 3
1.1 HTML、XHTML 和 HTML5 ... 3
1.1.1 HTML 和 XHTML ... 3
1.1.2 HTML5 ... 4
1.2 学前准备 ... 7
1.3 本章练习 ... 8

第2章 新增元素 ... 9
2.1 结构元素 ... 9
2.1.1 header 元素 ... 9
2.1.2 nav 元素 ... 12
2.1.3 article 元素 ... 13
2.1.4 aside 元素 ... 14
2.1.5 section 元素 ... 14
2.1.6 footer 元素 ... 14
2.2 表单元素 ... 15
2.2.1 新增 input 元素类型 ... 15
2.2.2 新增其他表单元素 ... 26
2.3 其他新增元素 ... 29
2.3.1 address 元素 ... 29
2.3.2 time 元素 ... 31
2.3.3 progress 元素 ... 32
2.3.4 meter 元素 ... 34
2.3.5 figure 和 figcaption 元素 ... 34
2.3.6 fieldset 和 legend 元素 ... 35
2.4 改良后的元素 ... 36
2.4.1 a 元素 ... 36
2.4.2 ol 元素 ... 37
2.4.3 small 元素 ... 38
2.4.4 script 元素 ... 39

2.5 本章练习 ... 40

第3章 新增属性 ... 42
3.1 公共属性 ... 42
3.1.1 hidden 属性 ... 42
3.1.2 draggable 属性 ... 43
3.1.3 contenteditable 属性 ... 44
3.1.4 data-* 属性 ... 45
3.2 input 元素的新增属性 ... 47
3.2.1 autocomplete 属性 ... 47
3.2.2 autofocus 属性 ... 48
3.2.3 placeholder 属性 ... 49
3.2.4 required 属性 ... 50
3.2.5 pattern 属性 ... 51
3.3 form 元素的新增属性 ... 52
3.4 本章练习 ... 54

第4章 元素拖放 ... 56
4.1 元素拖放简介 ... 56
4.2 dataTransfer 对象 ... 58
4.2.1 dataTransfer 对象简介 ... 58
4.2.2 dataTransfer 对象应用 ... 59
4.3 本章练习 ... 62

第5章 文件操作 ... 63
5.1 文件操作简介 ... 63
5.2 File 对象 ... 68
5.3 FileReader 对象 ... 70
5.4 Blob 对象 ... 77
5.5 本章练习 ... 81

第 6 章　本地存储 ····················· 83

- 6.1　本地存储简介 ······························ 83
- 6.2　localStorage ································ 84
- 6.3　sessionStorage ······························ 88
- 6.4　indexedDB ·································· 90
  - 6.4.1　操作"数据库" ····················· 91
  - 6.4.2　操作"对象仓库" ················· 94
  - 6.4.3　增删查改 ···························· 97
- 6.5　实战题：计数器 ························ 107
- 6.6　本章练习 ··································· 108

第 7 章　音频视频 ··················· 109

- 7.1　视频音频简介 ···························· 109
  - 7.1.1　Flash 时代的逝去 ············· 109
  - 7.1.2　HTML5 时代的来临 ········· 110
- 7.2　开发视频 ··································· 110
  - 7.2.1　video 元素 ·························· 110
  - 7.2.2　视频格式 ···························· 112
  - 7.2.3　自定义视频 ························ 113
- 7.3　开发音频 ··································· 122
  - 7.3.1　audio 元素 ·························· 122
  - 7.3.2　音频格式 ···························· 123
  - 7.3.3　自定义音频 ························ 124
- 7.4　本章练习 ··································· 125

第 8 章　离线应用 ··················· 126

- 8.1　搭建服务器环境 ························ 126
- 8.2　离线存储 ··································· 128
- 8.3　更新缓存 ··································· 131
- 8.4　本章练习 ··································· 132

第 9 章　多线程处理 ··············· 133

- 9.1　Web Worker 简介 ····················· 133
- 9.2　Web Worker 应用 ····················· 135
- 9.3　实战题：后台计算 ···················· 137
- 9.4　本章练习 ··································· 138

第 10 章　地理位置 ················ 139

- 10.1　地理位置简介 ·························· 139
  - 10.1.1　getCurrentPosition() 方法 ········ 139
  - 10.1.2　watchPosition() 方法 ········ 143
  - 10.1.3　clearWatch() 方法 ············ 145
- 10.2　百度地图 ································· 147
  - 10.2.1　API 简介 ·························· 147
  - 10.2.2　API 应用 ·························· 151
- 10.3　本章练习 ································· 152

第 11 章　桌面通知 ················ 153

- 11.1　Notification API 简介 ············· 153
- 11.2　Notification API 应用 ············· 155
- 11.3　本章练习 ································· 157

第 12 章　Canvas ··················· 158

- 12.1　Canvas 是什么 ························ 158
  - 12.1.1　Canvas 简介 ···················· 158
  - 12.1.2　Canvas 与 SVG ··············· 160
- 12.2　Canvas 元素 ···························· 160
  - 12.2.1　Canvas 元素 ···················· 161
  - 12.2.2　Canvas 对象 ···················· 162
- 12.3　直线 ··· 164
  - 12.3.1　Canvas 坐标系 ················ 164
  - 12.3.2　直线的绘制 ······················ 165
- 12.4　矩形 ··· 170
  - 12.4.1　描边矩形 ·························· 170
  - 12.4.2　填充矩形 ·························· 173
  - 12.4.3　rect() 方法 ························ 176
  - 12.4.4　清空矩形 ·························· 178
- 12.5　多边形 ····································· 180
  - 12.5.1　Canvas 绘制箭头 ············ 181
  - 12.5.2　Canvas 绘制正多边形 ······ 182
  - 12.5.3　Canvas 绘制五角星 ········· 184
- 12.6　实战题：绘制调色板 ·············· 186
- 12.7　本章练习 ································· 188

第二部分　CSS3 实战

第 13 章　CSS3 简介 ……………… 191
- 13.1　CSS3 简介 ………………………… 191
- 13.2　浏览器私有前缀 …………………… 192
- 13.3　一个酷炫的 CSS3 效果 …………… 194
- 13.4　本章练习 …………………………… 197

第 14 章　新增选择器 ……………… 198
- 14.1　CSS3 选择器简介 ………………… 198
- 14.2　属性选择器 ………………………… 199
- 14.3　子元素伪类选择器 ………………… 201
  - 14.3.1　:first-child、:last-child、:nth-child(n)、:only-child …… 201
  - 14.3.2　:first-of-type、:last-of-type、:nth-of-type(n)、:only-of-type …… 204
- 14.4　UI 伪类选择器 …………………… 205
  - 14.4.1　:focus ………………………… 205
  - 14.4.2　::selection …………………… 206
  - 14.4.3　:checked …………………… 209
  - 14.4.4　:enabled 和 :disabled ……… 210
  - 14.4.5　:read-write 和 :read-only … 211
- 14.5　其他伪类选择器 …………………… 212
  - 14.5.1　:root ………………………… 212
  - 14.5.2　:empty ……………………… 213
  - 14.5.3　:target ……………………… 214
  - 14.5.4　:not() ………………………… 217
- 14.6　本章练习 …………………………… 218

第 15 章　文本样式 ………………… 220
- 15.1　文本样式简介 ……………………… 220
- 15.2　文本阴影：text-shadow ………… 220
  - 15.2.1　W3C 坐标系 ………………… 220
  - 15.2.2　text-shadow 属性简介 ……… 221
  - 15.2.3　定义多个阴影 ……………… 224
- 15.3　文本描边：text-stroke ………… 224
- 15.4　文本溢出：text-overflow ……… 226
- 15.5　强制换行：word-wrap、word-break ……………………… 228
- 15.6　嵌入字体：@font-face ………… 230
- 15.7　实战题：火焰字 …………………… 232
- 15.8　本章练习 …………………………… 233

第 16 章　颜色样式 ………………… 234
- 16.1　颜色样式简介 ……………………… 234
- 16.2　opacity 透明度 …………………… 234
- 16.3　RGBA 颜色 ……………………… 235
- 16.4　CSS3 渐变 ………………………… 239
  - 16.4.1　线性渐变 …………………… 240
  - 16.4.2　径向渐变 …………………… 242
- 16.5　实战题：渐变按钮 ………………… 248
- 16.6　实战题：鸡蛋圆 …………………… 249
- 16.7　本章练习 …………………………… 250

第 17 章　边框样式 ………………… 251
- 17.1　边框样式简介 ……………………… 251
- 17.2　圆角效果：border-radius ……… 251
  - 17.2.1　border-radius 实现圆角 …… 252
  - 17.2.2　border-radius 实现半圆和圆 … 256
  - 17.2.3　border-radius 实现椭圆 …… 258
  - 17.2.4　border-radius 的派生子属性 … 260
- 17.3　边框阴影：box-shadow ………… 260
  - 17.3.1　box-shadow 属性简介 ……… 260
  - 17.3.2　4 个方向阴影独立样式 …… 265
- 17.4　多色边框：border-colors ……… 266
- 17.5　边框背景：border-image ……… 269
  - 17.5.1　border-image 属性简介 …… 269
  - 17.5.2　border-image 的派生子属性 … 272
- 17.6　实战题：3D 卡通头像 …………… 273
- 17.7　本章练习 …………………………… 276

第 18 章　背景样式 ·············· 279

- 18.1　背景样式简介 ················ 279
- 18.2　背景大小：background-size ··· 279
- 18.3　背景位置：background-origin ··· 282
- 18.4　背景剪切：background-clip ··· 285
- 18.5　多背景图片 ··················· 288
- 18.6　本章练习 ····················· 290

第 19 章　CSS3 变形 ············ 291

- 19.1　CSS3 变形简介 ··············· 291
- 19.2　平移：translate() ············ 292
- 19.3　缩放：scale() ················ 296
- 19.4　倾斜：skew() ················ 300
- 19.5　旋转：rotate() ··············· 304
- 19.6　中心原点：transform-origin ··· 305
- 19.7　实战题：个性照片墙 ········· 307
- 19.8　本章练习 ····················· 309

第 20 章　CSS3 过渡 ············ 310

- 20.1　CSS3 过渡简介 ··············· 310
- 20.2　过渡属性：transition-property ··· 312
- 20.3　过渡时间：transition-duration ··· 313
- 20.4　过渡方式：transition-timing-function ··· 315
- 20.5　延迟时间：transition-delay ··· 317
- 20.6　深入了解 transition 属性 ····· 318
  - 20.6.1　transition-property 取值为 all ··· 318
  - 20.6.2　transition-delay 的省略 ··· 320
  - 20.6.3　transition 属性的位置 ··· 320
- 20.7　实战题：鼠标指针移上去显示内容 ··· 321
- 20.8　实战题：图片文字介绍滑动效果 ··· 323
- 20.9　实战题：白光闪过效果 ······ 326
- 20.10　实战题：脉动效果 ········· 327
- 20.11　实战题：手风琴效果 ······· 328
- 20.12　本章练习 ··················· 330

第 21 章　CSS3 动画 ············ 331

- 21.1　CSS3 动画简介 ··············· 331
- 21.2　@keyframes ·················· 333
- 21.3　动画名称：animation-name ··· 335
- 21.4　持续时间：animation-duration ··· 338
- 21.5　动画方式：animation-timing-function ··· 340
- 21.6　延迟时间：animation-delay ··· 342
- 21.7　播放次数：animation-iteration-count ··· 343
- 21.8　播放方向：animation-direction ··· 345
- 21.9　播放状态：animation-play-state ··· 347
- 21.10　实战题：脉冲动画 ········· 348
- 21.11　实战题：loading 效果 ······ 350
- 21.12　本章练习 ··················· 352

第 22 章　多列布局 ············· 353

- 22.1　多列布局 ····················· 353
- 22.2　列数：column-count ········ 354
- 22.3　列宽：column-width ········ 356
- 22.4　间距：column-gap ·········· 358
- 22.5　边框：column-rule ········· 360
- 22.6　跨列：column-span ········· 362
- 22.7　实战题：瀑布流布局 ········ 364
- 22.8　本章练习 ····················· 366

第 23 章　滤镜效果 ············· 367

- 23.1　滤镜效果简介 ················ 367
- 23.2　亮度：brightness() ·········· 368
- 23.3　灰度：grayscale() ··········· 369
- 23.4　复古：sepia() ··············· 370
- 23.5　反色：invert() ·············· 371
- 23.6　旋转：hue-rotate() ········· 372
- 23.7　阴影：drop-shadow() ······· 373
- 23.8　透明度：opacity() ·········· 374
- 23.9　模糊度：blur() ·············· 375

23.10	对比度：contrast() ······· 376
23.11	饱和度：saturate() ······· 377
23.12	多种滤镜 ······················ 378
23.13	实战题：鬼屋 ················ 379
23.14	本章练习 ······················ 381

第 24 章 弹性盒子模型 ············ 382
24.1	弹性盒子模型简介 ············ 382
24.2	放大比例：flex-grow ········ 385
24.3	缩小比例：flex-shrink ····· 387
24.4	元素宽度：flex-basis ······· 389
24.5	复合属性：flex ················ 391
24.6	排列方向：flex-direction ··· 392
24.7	多行显示：flex-wrap ········ 394
24.8	复合属性：flex-flow ········ 396
24.9	排列顺序：order ·············· 397
24.10	水平对齐：justify-content ··· 399

24.11	垂直对齐：align-items ······ 401
24.12	实战题：水平居中和垂直居中 ······ 404
24.13	实战题：伸缩菜单 ············ 405
24.14	本章练习 ························ 407

第 25 章 其他样式 ············ 408
25.1	outline 属性 ···················· 408
25.2	initial 取值 ······················ 409
25.3	calc() 函数 ······················ 410
25.4	overflow-x 和 overflow-y ···· 413
25.5	pointer-events 属性 ········· 417
25.6	本章练习 ························ 418

附录 A　HTML5 新增元素 ········ 420

附录 B　HTML5 新增属性 ········ 422

附录 C　CSS3 新增选择器 ······· 423

附录 D　CSS3 新增属性 ········· 425

第一部分
HTML5 实战

第1章 HTML5 简介

1.1 HTML、XHTML 和 HTML5

大多数新手在学习 HTML5 时,往往都会分不清 HTML、XHTML 和 HTML5 之间究竟有什么区别。在本书开篇的第一节,我们先来解决这个困扰了相当多初学者的问题。

1.1.1 HTML 和 XHTML

HTML,全称"HyperText Mark-up Language(超文本标记语言)",它是构成网页文档的主要语言。我们常说的 HTML,指的是 HTML4.01。

XHTML,全称"EXtensible HyperText Mark-up Language(扩展的超文本标记语言)",它是 XML 风格的 HTML4.01,我们可以称之为更严格、更纯净的 HTML4.01。

HTML 语法书写比较松散,比较利于开发者编写。但是对于机器如电脑、手机等来说,语法越松散,处理起来越困难。因此,为了让机器更好地处理 HTML,才在 HTML 的基础上引入了 XHTML。

XHTML 相对于 HTML 来说,在语法上更加严格。XHTML 和 HTML 的主要区别如下。

1. XHTML 标签必须被关闭

在 XHTML 中,所有标签必须被关闭,如 <p></p>、<div></div> 等。此外,空标签也需要闭合,例如
 要写成
。

错误写法: <p> 欢迎来到绿叶学习网。

正确写法: <p> 欢迎来到绿叶学习网 </p>。

2. XHTML 标签以及属性必须小写

在 XHTML 中,所有标签以及标签属性必须小写,不能大小写混用,也不能全部都是大写。标签的属性值可以大写,但是我们依然建议全部采用小写。

错误写法：<Body><DIV></DIV></Body>。

正确写法：<body><div></div></body>。

3. XHTML 标签属性必须用引号

在 XHTML 中，标签属性值必须用引号括起来，单引号、双引号都可以。

错误写法：<input id=txt type=text/>。

正确写法：<input id="txt" type="text"/>。

4. XHTML 标签用 id 属性代替 name 属性

在 XHTML 中，除了表单元素之外的所有元素，都应该用 id 而不是 name。

错误写法：<div name="wrapper"></div>。

正确写法：<div id="wrapper"></div>。

下面是一个完整的 XHTML 文档：

```
<!DOCTYPE html PUBLIC "-//W3C//DTD XHTML 1.0 Transitional//EN" "http://www.w3.org/TR/xhtml1/DTD/xhtml1-transitional.dtd">
<html xmlns="http://www.w3.org/1999/xhtml">
<head>
    <meta http-equiv="content-type" content="text/html; charset=utf-8"/>
    <title>从0到1 系列图书</title>
</head>
<body>
    <p>《从 0 到 1：HTML+CSS 快速上手》</p>
    <p>《从 0 到 1：CSS 进阶之旅》</p>
    <p>《从 0 到 1：HTML5+CSS3 修炼之道》</p>
</body>
</html>
```

1.1.2 HTML5

HTML 指的是 HTML4.01，XHTML 是 XML 风格的 HTML4.01，它是 HTML 的过渡版本。而 HTML5 指的是下一代 HTML，也就是 HTML4.01 的升级版，如图 1-1 所示。

图 1-1 HTML5

对于在 HTML5 版本中新增的技术，我们在后续章节会详细介绍。单纯从新增的标签上来看，HTML5 有以下几个特点。

1. 文档类型简写

基于 HTML5 设计准则中的"化繁为简"原则，页面的文档类型 <!DOCTYPE> 被极大地简化了。

XHTML 文档声明如下：

```
<!DOCTYPE html PUBLIC "-//W3C//DTD XHTML 1.0 Transitional//EN" "http://www.w3.org/TR/xhtml1/DTD/xhtml1-transitional.dtd">
```

在 HTML5 中可以简写为：

```
<!DOCTYPE html>
```

2. 字符编码简写

XHTML 字符编码如下：

```
<meta http-equiv="Content-Type" content="text/html; charset=utf-8"/>
```

在 HTML5 中可以简写为：

```
<meta charset="utf-8" />
```

3. 标签不再区分大小写

```
<div>绿叶学习网</DIV>
```

上面这种写法也是完全符合 HTML5 规范的。但是在实际开发中，建议所有标签以及属性都采用小写方式。

4. 允许属性值不加引号

```
<div id=wrapper style=color:red>绿叶学习网</div>
```

上面这种写法也是完全符合 HTML5 规范的。但是在实际开发中，建议标签所有属性值都加引号，单引号或双引号都可以。

5. 允许部分属性的属性值省略

在 HTML5 中，部分具有特殊性属性的属性值是可以省略的。例如，下面代码是完全符合 HTML5 规范的：

```
<input type="text" readonly/>
<input type="checkbox" checked/>
```

上面两句代码等价于：

```
<input type="text" readonly="readonly"/>
<input type="checkbox" checked="checked"/>
```

在 HTML5 中，可以省略属性值的属性如表 1-1 所示。

表1-1 HTML5 中可以省略属性值的属性

省略形式	等价于
autofocus	autofocus="autofocus"
async	async="async"
checked	checked="checked"
defer	defer="defer"
disabled	disabled="disabled"
download	download="download"
hidden	hidden="hidden"
ismap	ismap="ismap"
multiple	multiple="multiple"
nohref	nohref="nohref"
noresize	noresize="noresize"
noshade	noshade="noshade"
novalidate	novalidate="novalidate"
nowrap	nowrap="nowrap"
required	required="required"
readonly	readonly="readonly"
selected	selected="selected"

当然，对于哪些属性可以省略值，哪些不可以省略，我们不需要去记忆。在实际开发中用多了，自然就会记住了。

下面是一个完整的 HTML5 文档，小伙伴们可以好好跟 XHTML 文档对比一下。

```
<!DOCTYPE html>
<html>
<head>
    <meta charset="utf-8" />
    <title>"从0到1"系列图书</title>
</head>
<body>
    <p>《从 0 到 1：HTML+CSS 快速上手》</p>
    <p>《从 0 到 1：CSS 进阶之旅》</p>
    <p>《从 0 到 1：HTML5+CSS3 修炼之道》</p>
</body>
</html>
```

最后，一句话概括 HTML、XHTML 和 HTML5：HTML 指的是 HTML4.01，XHTML 是 HTML 的过渡版，HTML5 是 HTML 的升级版。

1.2 学前准备

很多初学者可能会问:"现在都是 HTML5 的时代了,HTML 是不是被淘汰了呢?我们直接学 HTML5 就可以了,不用再去学'过时'的 HTML 了吧?"

实际上,HTML 是从 HTML4.01 升级到 HTML5 的。我们常说的 HTML,指的是 HTML4.01,而 HTML5 一般指的是相对于 HTML4.01"新增加的内容",并不是说 HTML4.01 被淘汰了。准确来说,你要学的 HTML 其实等于 HTML4.01 加上 HTML5。

之前好多小伙伴以为只要学 HTML5 就可以了,没必要再去学 HTML。殊不知,如果你没有 HTML 基础是学不来 HTML5 的。这个误区非常严重,曾经误导了非常多的初学者。因为 HTML5 已经不再是单纯意义上的标签了,它已经远远超越了标签的范畴。HTML5 除了新增部分标签之外,还增加了大量新技术:

- 视频音频
- 元素拖放
- 本地存储
- 文件操作
- 地理位置
- ……

以上这些新增技术都是使用 JavaScript 来操作的。也就是说,HTML5 使得 HTML 从一门"标记语言"转变为一门"编程语言"。

由于大多数 HTML5 技术都是使用 JavaScript 操作的,因此**想要学习 HTML5,必须首先具备 HTML、CSS 和 JavaScript 基础知识**。市面上很多书都是力求在一本书中把 HTML4.01 和 HTML5 都讲解了,其实这是非常不现实的。因为读者需要一个循序渐进的过程,才能更好地把技术学透。为了让小伙伴们能够达到真正前端工程师的水平,本系列教程用以下 3 本书的篇幅来帮助读者合理地学习:

- 《从 0 到 1: HTML+CSS 快速上手》,首先从 HTML+CSS 入门知识开始,打牢基础。
- 《从 0 到 1: CSS 进阶之旅》,深入研究真正工作中的开发技巧以及前端面试题。
- 《从 0 到 1: HTML5+CSS3 修炼之道》,学习 HTML5+CSS3 最新核心技术。

这几本书具有很强的连贯性,本书是另外两本书的高阶篇,并不适合没有基础的人学习。在这本书中,我们只介绍 HTML5 相对于 HTML4.01 新增加的内容。对于 HTML 和 CSS 的基础知识,可以参考前两个教程,不然在学习本书的过程中可能对有些知识无法理解。

HTML5 虽然涉及的知识点很多,但是书中浓缩的都是精华。有一句话说得好:"干扰因素越少,越容易专注一件事。"因此,对于书中的技巧,我们也会以最简单的例子来讲解。我在编写的时候也是字斟句酌,该展开的会详细介绍,没用的知识一定会一笔带过。希望大家在学习中不要跳跃学习。

对于本书的学习,一定要下载这本书的源代码,一边查看源码,一边测试效果。

> 【解惑】
>
> **对于 HTML5 的学习，除了这本书，还有什么推荐的吗？**
>
> 　　不管是学习什么技术，我们都应该养成阅读官方文档的习惯。在 Web 技术中，虽然官方文档都是英文的，但这些都是最权威的参考资料。对于翻译过来的资料，很多都是带有个人理解的，并不一定准确，甚至还会误导人。阅读官方文档，不仅可以更深入地理解技术本质，还可以顺便提高一下英文水平。
>
> 　　因此，对于 HTML5 的学习，建议大家多看看 W3C 官方文档和 MDN 官方文档，因为这两个是最权威的参考资料。
>
> 　　W3C 官方地址：https://www.w3.org/TR/html5/
>
> 　　MDN 官方地址：https://developer.mozilla.org/zh-CN/docs/Web/Guide/HTML/HTML5

1.3　本章练习

单选题

1. 下面有关 HTML、XHTML 和 HTML5 的说法中，不正确的是（　　）。
   A. `<input type="text" readonly />` 等价于 `<input type="text" readonly="readonly" />`
   B. HTML 相对于 XHTML 来说，书写更加严格，也更加纯净
   C. HTML 指的是 HTML4.01，XHTML 是 XML 风格的 HTML4.01
   D. HTML5 中的标签不区分大小写，属性值也可以不加引号
2. 从语义上来说，`<input type="radio" checked />` 可以等价于（　　）。
   A. `<input type="radio" checked="checked" />`
   B. `<input type="radio" checked="true" />`
   C. `<input type="radio" checked="false" />`
   D. `<input type="text" readonly="1" />`

注：本书所有练习题的答案请见本书的配套资源，配套资源的具体下载方式见前言。

第 2 章 新增元素

2.1 结构元素

在 HTML5 之前，对于页面中较大块的结构（如导航、内容区、侧边栏、底部等），一般都是使用 div 元素来实现。但是我们都知道，div 是一个无语义的元素，如果整个页面都使用 div 来实现，那么可读性和可维护性是非常差的。

在 HTML5 中，新增了一组结构元素，以帮助完善页面的语义化，提高可读性、可维护性以及 SEO（即搜索引擎优化）。语义化可不是简单的一个术语，可以说是 HTML 中最重要的概念。

对于语义化这个概念，我们在《从 0 到 1：CSS 进阶之旅》中已经做过非常详细的介绍了。由于内容很多，具体请参考该书，此处不再赘述。

HTML5 新增的主要结构元素有 6 个：header、nav、article、aside、section、footer。

HTML5 的结构元素有着比较严格的使用规范，在这一节中会详尽介绍每一个结构元素的使用场合，建议大家字斟句酌地阅读，把每一个结构元素都理解透。

还有一点要特别说明，大多数有关 HTML5 的书对结构元素的介绍都是笼统过一遍就算了，以致很多初学者以为这些结构元素随便看看、随便用用就算了。实际上，语义化可以说是前端面试必考的内容之一，小伙伴们一定要非常重视。

2.1.1 header 元素

在 HTML5 中，header 元素一般用于 3 个地方：页面头部、文章头部（article 元素）和区块头部（section 元素）。

当用于页面头部时，header 元素一般用于包含网站名称、页面 LOGO、顶部导航、介绍信息等，如图 2-1 所示。

当用于文章头部时（即 article 元素头部），header 元素一般用于包含"文章标题"和"meta 信息"两部分。所谓的 meta 信息，一般指的是作者、点赞数、评论数等，如图 2-2 所示。

图 2-1　header 元素用于页面头部

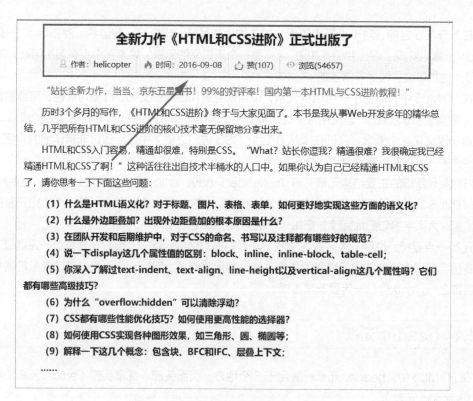

图 2-2　header 元素用于文章头部（article）

当用于区块头部时（即 section 元素头部），header 元素一般只包含区块的标题内容，如图 2-3 所示。

图 2-3　header 元素用于区块头部（section）

▼ 举例

```
<!DOCTYPE html>
<html>
<head>
    <meta charset="utf-8" />
    <title></title>
</head>
<body>
    <header></header>
    <nav></nav>
    <article>
        <header></header>
        ……
        <footer></footer>
    </article>
    <aside></aside>
    <section>
        <header></header>
        ……
    </section>
    <footer></footer>
</body>
</html>
```

上面代码的 HTML 结构如图 2-4 所示。

▼ 分析

这个图是结构元素最经典的一个使用图，从上面我们可以清晰看出 header 元素一般用于 3 个地方：页面头部、文章头部（article 元素）和区块头部（section 元素）。

这个结构图非常重要，对于后面介绍的其他结构元素，我们也应该多联系一下此图，这样学习思路会更加清晰。

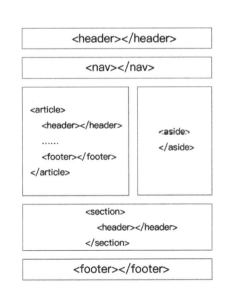

图 2-4　HTML 结构图

2.1.2　nav 元素

在 HTML5 中，nav 元素一般用于 3 个地方：顶部导航、侧栏导航和分页导航。

当用于顶部导航时，nav 元素可以放到 header 元素内部，也可以放到 header 元素外部。具体放在里面还是外面，取决于实际开发需求。

一般情况下，主导航主要是使用无序列表来实现。在 HTML5 之前，都是使用一个 div 来包含着无序列表，而现在我们可以使用 nav 元素来代替 div 元素，以使结构更具有语义。

以前的导航结构如下：

```
<div id="nav">
    <ul>
        <li><a></a></li>
        <li><a></a></li>
        <li><a></a></li>
    </ul>
</div>
```

现在的导航结构如下：

```
<nav id="nav">
    <ul>
        <li><a></a></li>
        <li><a></a></li>
        <li><a></a></li>
    </ul>
</nav>
```

此外别忘了，nav 元素并不只是可以用于顶部导航，还可以用于侧栏导航以及分页导航，如图 2-5、图 2-6 和图 2-7 所示。

图 2-5　顶部导航

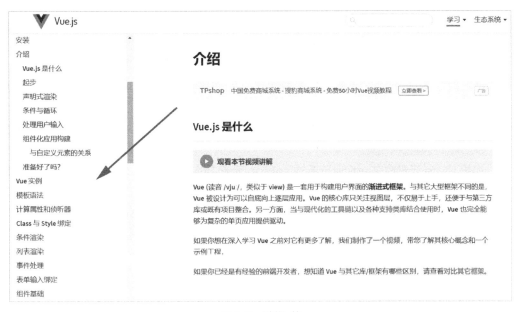

图 2-6　侧栏导航

图 2-7　分页导航

2.1.3　article 元素

在 HTML5 中，article 元素一般只会用于一个地方：文章内容部分。我们可以把 article 看成一个独立的部分，它内部可以包含标题以及其他部分。也就是说，article 元素内部可以包含 header 元素、section 元素和 footer 元素等。

注意，在严格意义上，每一个 article 元素内部都应该有一个 header 元素。

▌举例

```
<article>
    <header>
        <h1>HTML5 是什么？</h1>
        <p>作者、点赞、评论、浏览……</p>
    </header>
    <div id="content">文章内容……</div>
    <footer>
        <nav>上一篇、下一篇导航</nav>
    </footer>
</article>
```

2.1.4　aside 元素

在 HTML5 中，aside 元素一般用于表示跟周围区块相关的内容，如图 2-4 所示。

想要正确地使用 aside 元素，主要取决于它的使用位置，我们大体可以分为以下两种情况。

- 如果 aside 元素放在 article 元素或 section 元素之中，则 aside 内容必须与 article 内容或 section 内容紧密相关。
- 如果 aside 元素放在 article 元素或 section 元素之外，则 aside 内容应该是与整个页面相关的，比如相关文章、相关链接、相关广告等。

如果小伙伴们不知道在实际开发中怎么使用，可以到绿叶学习网（本书配套网站）查看各个页面的源代码，相信你会学到很多知识。事实上，这一章中涉及的大部分例子，都是根据绿叶学习网的页面结构来讲解的。

2.1.5　section 元素

在 HTML5 中，section 元素一般用于某一个需要标题内容的区块。如果页面某个区块不需要标题，直接使用 div 元素就可以了。如果需要标题，则建议使用 section 元素。

HTML5 标准建议，section 元素内部必须带有标题，也就是说，section 元素内部必须带有一个 header 元素。

在 HTML5 中，article、aside 这两个元素可以看成是"特殊"的 section 元素，因为它们比 section 元素更具有语义化。在实际开发中，对于页面某一个区块，优先考虑语义化更好的 article 元素和 aside 元素，如果这两个都不符合，再考虑使用 section 元素。

▎举例

```
<section>
    <header>工具手册</header>
    <ul>
        <li>HTML5参考手册</li>
        <li>CSS3参考手册</li>
        <li>JavaScript参考手册</li>
    </ul>
</section>
```

2.1.6　footer 元素

在 HTML5 中，footer 元素一般用于两个地方：一个是"页面底部"，另一个是"文章底部"。

当用于页面底部时，footer 元素一般包含友情链接、版权声明、备案信息等。

当用于文章底部时，也就是放在 article 元素内部时，footer 元素一般包含"上一篇/下一篇导航""文章分类""发布信息"等。

▼ 举例

```
<article>
    <header>
        <h1>HTML5是什么？</h1>
        <p>作者、点赞、评论、浏览……</p>
    </header>
    <div id="content">文章内容……</div>
    <footer>
        <nav>上一篇、下一篇导航</nav>
    </footer>
</article>
```

至此，我们已经把 6 个主要结构元素学完了，可能有些小伙伴都快被搞蒙了。一下子记不住没关系，等我们到了实际开发需要的时候再回来翻一下，然后用上几遍就记住了。

2.2 表单元素

在 HTML4.01 中，表单的类型以及使用方法都非常有限。HTML5 在 HTML4.01 的基础上，对表单进行了以下两个方向的扩展。

- 新增 input 元素类型。
- 新增其他表单元素。

这两个方向的扩展，使得代码量大大减少，可以极大地提高开发效率。

2.2.1 新增 input 元素类型

在 HTML5 中，大量地增加了 input 元素的种类。换句话说就是，input 元素的 type 属性新增了大量属性值，如表 2-1、表 2-2 所示。

表 2-1 新增的 type 属性值（验证型）

属性值	说明
email	邮件类型
tel	电话号码
url	URL 类型

表 2-2 新增的 type 属性值（取值型）

属性值	说明
range	取数字（滑块方式）
number	取数字（微调方式）
color	取颜色

续表

属性值	说明
date	取日期（如 2018-11-11）
time	取时间（如 08:04）
month	取月份
week	取周数

除了表 2-2 列出的，type 属性还有一个取值：datetime。不过，Chrome、Firefox、IE 等浏览器的最新版本中已经不再支持了，小伙伴们如果在其他地方看到的话，直接忽略即可。

1. 验证型

email

当 type 属性取值为"email"时，表示这是输入电子邮件的文本框（语义化）。

▼ 语法

```
<input type="email" />
```

▼ 举例

```
<!DOCTYPE html>
<html>
<head>
    <meta charset="utf-8" />
    <title></title>
</head>
<body>
    <form method="post">
        <p><label>电子邮件：<input type="email" /></label></p>
        <input type="submit" value="提交" />
    </form>
</body>
</html>
```

浏览器预览效果如图 2-8 所示。

图 2-8 email 类型

▼ 分析

当我们输入非电子邮件格式的字符，然后点击【提交】按钮时，会发现无法提交并且弹出提示内容，效果如图 2-9 所示。

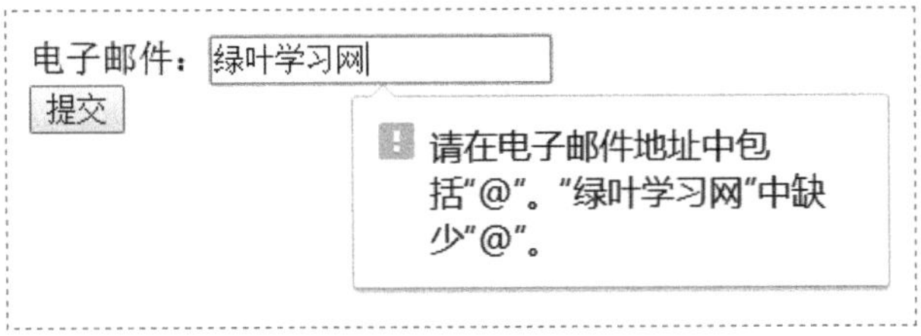

图 2-9　提交时效果

这里有一点要说明，即必须是 submit 按钮才会弹出提示内容，使用其他按钮（如 button 按钮）则不会。这是因为 email 类型的文本框采用了浏览器内置的验证机制，而浏览器内置的验证机制必须使用 submit 按钮才会触发。

tel

当 type 属性取值为"tel"时，表示这是输入电话号码的文本框（语义化）。

▼ 语法

```
<input type="tel" />
```

▼ 举例

```
<!DOCTYPE html>
<html>
<head>
    <meta charset="utf-8" />
    <title></title>
</head>
<body>
    <form method="post">
        <p><label>电话号码:<input type="tel" /></label></p>
        <input type="submit" value="提交" />
    </form>
</body>
</html>
```

浏览器预览效果如图 2-10 所示。

图 2-10　tel 类型

▼ 分析

当我们输入非电话号码格式的字符，然后点击【提交】按钮时，却发现居然可以提交！这是怎么回事呢？其实 tel 类型文本框并不具备完备的验证功能，如果想要达到验证效果，则需要结合 3.2

节介绍的 pattern 属性来实现。

url

当 type 属性取值为"url"时,表示这是输入 URL 的文本框(语义化)。

▼ 语法

```
<input type="url" />
```

▼ 举例

```
<!DOCTYPE html>
<html>
<head>
    <meta charset="utf-8" />
    <title></title>
</head>
<body>
    <form method="post">
        <p><label>你的网址:<input type="url" /></label></p>
        <input type="submit" value="提交" />
    </form>
</body>
</html>
```

浏览器预览效果如图 2-11 所示。

图 2-11　url 类型

▼ 分析

当我们输入非 URL 格式的字符,然后点击【提交】按钮时,会发现无法提交并且弹出提示内容,效果如图 2-12 所示。

图 2-12　提交时效果

所谓的 URL 格式字符,指的是以"http://"或者"https://"开头的网络地址。有些小伙伴会发现,像 https://www、tps://www.lvyestudy.com 这种字符串也能提交!原因也是一样的:url 类型文本框也不具备完备的验证功能,如果想要达到验证效果,需要结合 pattern 属性来实现。

2. 取值型

`range`

当 type 属性取值为"range"时,我们可以通过拖动滑动条获取某一个范围内的数字。

▌ 语法

```
<input type="range" min="最小值" max="最大值" step="间隔数"/>
```

▌ 说明

min 属性用于设置最小值,max 属性用于设置最大值,step 属性用于设置间隔数。这 3 个属性的取值可以是整数,也可以是小数。

▌ 举例

```
<!DOCTYPE html>
<html>
<head>
    <meta charset="utf-8" />
    <title></title>
    <script>
        window.onload = function(){
            var input = document.getElementsByTagName("input")[0];
            var output = document.getElementsByTagName("output")[0];

            //获取range的初始值
            output.value = input.value;
            //拖动滑动条,改变output值
            input.onchange = function(){
                output.value = input.value;
            };
        }
    </script>
</head>
<body>
    <form method="post">
        <input type="range" min="-10" max="10" step="5" value="-10"/>
        <output></output>
    </form>
</body>
</html>
```

浏览器预览效果如图 2-13 所示。

图 2-13 range 类型

▌ 分析

```
<input type="range" min="-10" max="10" step="5" value="-10"/>
```

上面这句代码表示：滑动条最小值为 –10，最大值为 10，每次拖动只能改变 5（增加 5 或减少 5）。value="-10" 用于设置滑动条的初始值，有一个很有趣的现象是：设置不同的 value 值，滑块也会出现在对应数值的位置。在这个例子中，若设置 value="5"，此时浏览器预览效果如图 2-14 所示。

图 2-14　设置 value="5"

在实际开发中，range 类型元素都是需要结合 JavaScript 来操作的，上面这个例子就是最简单也是最经典的。此外，output 元素用于定义表单元素的输出结果，我们在这一节的后面会详细介绍。

`number`

当 type 属性取值为"number"时，我们可以通过使用微调按钮来获取某一个范围的数字。

▶ **语法**

`<input type="number" min="最小值" max="最大值" step="间隔数"/>`

▶ **说明**

min 属性用于设置最小值，max 属性用于设置最大值，step 属性用于设置间隔数。它们的属性取值可以是整数，也可以是小数。

number 类型跟 range 类型功能非常相似，都是获取某一个范围内的数字。不过两者的外观不一样，其中 number 类型使用的是"微调按钮"，而 range 类型使用的是"滑块"。

▶ **举例**

```
<!DOCTYPE html>
<html>
<head>
    <meta charset="utf-8" />
    <title></title>
    <script>
        window.onload = function(){
            var input = document.getElementsByTagName("input")[0];
            var output = document.getElementsByTagName("output")[0];

            //获取number的初始值
            output.value = input.value;
            //点击微调按钮，改变output值
            input.onchange = function(){
                output.value = input.value;
            };
        }
    </script>
</head>
<body>
```

```
        <form method="post">
            <input type="number" min="-10" max="10" step="5" value="-10"/>
            <output></output>
        </form>
    </body>
</html>
```

浏览器预览效果如图 2-15 所示。

图 2-15　number 类型

▌ 分析

在这个例子中，我们可以直接在文本框中输入数字，也可以通过右边的微调按钮来改变数字。

color

当 type 属性取值为"color"时，我们可以直接使用浏览器自带的取色工具来获取颜色值。

▌ 语法

`<input type="color" value=""/>`

▌ 说明

value 属性用于设置颜色初始值，格式必须是十六进制颜色值如 #F1F1F1，不能是关键字（如 black）和 rgba 颜色（如 rgba(255, 255, 255, 0.5)）。

▌ 举例

```
<!DOCTYPE html>
<html>
<head>
    <meta charset="utf-8" />
    <title></title>
    <script>
        window.onload = function(){
            var input = document.getElementsByTagName("input")[0];
            var output = document.getElementsByTagName("output")[0];

            //页面一载入，获取color的初始值
            output.value = input.value;
            //选择颜色，改变output值
            input.onchange = function(){
                output.value = input.value;
            };
        }
    </script>
</head>
<body>
```

```
        <form method="post">
            <input type="color" value="#000000"/>
            <output></output>
        </form>
    </body>
</html>
```

浏览器预览效果如图 2-16 所示。

图 2-16　color 类型

▶ 分析

当我们点击 color 类型元素时，浏览器会弹出自带的取色工具，以方便直接选取颜色值，如图 2-17 所示。

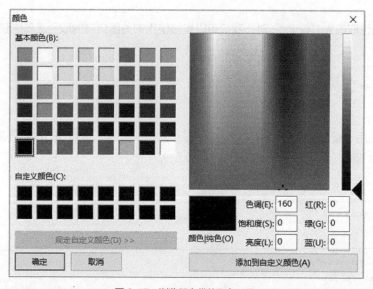

图 2-17　浏览器自带的取色工具

color 类型元素不仅可以选择颜色，还可以将常用的颜色值添加到自定义颜色栏中，以便再次使用，非常方便。

date

当 type 属性取值为"date"时，我们可以直接使用浏览器自带的日历工具来获取日期（年、月、日）。

▶ 语法

```
<input type="date" value=""/>
```

▶ 说明

value 属性用于设置日期初始值，格式必须如"2018-05-20"。

▌ 举例

```
<!DOCTYPE html>
<html>
<head>
    <meta charset="utf-8" />
    <title></title>
</head>
<body>
    <form method="post">
        <input type="date" value="2018-05-20"/>
    </form>
</body>
</html>
```

浏览器预览效果如图 2-18 所示。

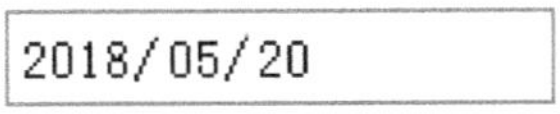

图 2-18　date 类型

▌ 分析

当我们点击 date 类型元素时，浏览器会弹出自带的日历工具，以方便直接选取日期，如图 2-19 所示。

图 2-19　浏览器自带的日历工具

此外，value 属性用于设置日期初始值，格式必须如"2018-05-20"，像"2018--5-20"这种是无效的。

time

当 type 属性取值为"time"时，我们可以直接使用浏览器自带的工具来获取时间（时、分）。

▌ 语法

```
<input type="time" value=""/>
```

▌ 说明

value 属性用于设置时间初始值，格式必须如"08:04"。

▌ 举例

```
<!DOCTYPE html>
<html>
<head>
    <meta charset="utf-8" />
    <title></title>
</head>
<body>
    <form method="post">
        <input type="time" value="08:04"/>
    </form>
</body>
</html>
```

浏览器预览效果如图 2-20 所示。

图 2-20　time 类型

▌ 分析

当我们点击 time 类型元素时，文本框右边会出现微调按钮，以方便调整时间，如图 2-21 所示。

图 2-21　微调按钮

此外，value 属性用于设置时间初始值，格式必须如 "08:04"，像 "8:4" 这种是无效的。

month

当 type 属性取值为 "month" 时，我们可以使用浏览器自带的工具来获取 "月数"。

▌ 语法

```
<input type="month" value=""/>
```

▌ 说明

value 属性用于设置初始值，格式必须如 "2018-08"。

▌ 举例

```
<!DOCTYPE html>
<html>
<head>
    <meta charset="utf-8" />
    <title></title>
</head>
<body>
    <form method="post">
```

```
            <input type="month" value="2018-08"/>
        </form>
</body>
</html>
```

浏览器预览效果如图 2-22 所示。

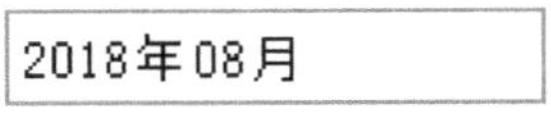

2018年08月

图 2-22 month 类型

▌ 分析

当我们点击 month 类型元素时，浏览器会弹出选择框，以方便选择哪个月份，如图 2-23 所示。

图 2-23 月份选择框

week

当 type 属性取值为"week"时，我们可以使用浏览器自带的工具来获取"周数"。

▌ 语法

```
<input type="week" value=""/>
```

▌ 说明

value 属性用于设置初始值，格式必须如"2018-W04"。其中，"W"是"week"的缩写。

▌ 举例

```
<!DOCTYPE html>
<html>
<head>
    <meta charset="utf-8" />
    <title></title>
</head>
<body>
    <form method="post">
        <input type="week" value="2018-W04"/>
    </form>
</body>
</html>
```

浏览器预览效果如图 2-24 所示。

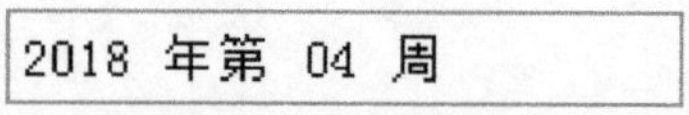

图 2-24　week 类型

> ▌ 分析

当我们点击 week 类型元素时，浏览器会弹出选择框，以方便选择第几周，如图 2-25 所示。

图 2-25　星期选择框

2.2.2　新增其他表单元素

前面介绍的都是 input 元素新增的类型，实际上 HTML5 还新增了 3 个表单元素：output、datalist、keygen。

1. output 元素

在 HTML5 中，我们可以使用 output 元素来定义表单元素的输出结果或计算结果。

> ▌ 语法

```
<output></output>
```

> ▌ 说明

output 元素是一个行内元素，只不过它比 span 元素更具有语义化。

> ▌ 举例

```
<!DOCTYPE html>
<html>
<head>
    <meta charset="utf-8" />
    <title></title>
    <script>
        window.onload = function(){
            var input = document.getElementsByTagName("input")[0];
```

```
            var output = document.getElementsByTagName("output")[0];

            //获取range的初始值
            output.value = input.value;
            //拖动滑动条,改变output值
            input.onchange = function(){
                output.value = input.value;
            };
        }
    </script>
</head>
<body>
    <form method="post">
        <input type="range" min="-10" max="10" step="5" value="-10"/>
        <output></output>
    </form>
</body>
</html>
```

浏览器预览效果如图 2-26 所示。

图 2-26　output 元素

▌ 分析

output 元素一般放在 form 元素内部,并且配合其他表单元素(如文本框等)来使用。我们在此之前接触 output 元素很多了,因此这里不再赘述。

2. datalist 元素

在 HTML5 中,我们可以使用 datalist 元素来为文本框提供一个可选的列表。

▌ 语法

```
<input type="text" list="" />
<datalist id="">
    <option label="" value=""></option>
    <option label="" value=""></option>
    <option label="" value=""></option>
</datalist>
```

▌ 说明

如果想要把 datalist 绑定到某个文本框,需要设置该文本框的 list 属性值等于 datalist 的 id 值。

▌ 举例

```
<!DOCTYPE html>
<html>
```

```
<head>
    <meta charset="utf-8" />
    <title></title>
</head>
<body>
    <form method="post">
        输入网址:<input type="text" list="urlList"/>
        <datalist id="urlList">
            <option label="绿叶学习网" value="http://www.lvyestudy.com"></option>
            <option label="人民邮电出版社有限公司" value="http://www.ptpress.com.cn"></option>
            <option label="异步社区" value="http://www.epubit.com"></option>
        </datalist>
    </form>
</body>
</html>
```

浏览器预览效果如图 2-27 所示。

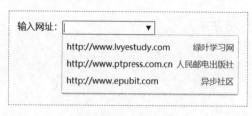

图 2-27　datalist 元素

3. keygen 元素

在 HTML5 中，我们可以使用 keygen 元素来生成页面的密钥。如果表单内部有 keygen 元素，则提交表单时，keygen 元素将生成一对密钥：一个保存在客户端，称为"私密钥（Private Key）"；另一个发送到服务器，称为"公密钥（Public Key）"。

▼ 语法

```
<keygen />
```

▼ 举例

```
<!DOCTYPE html>
<html>
<head>
    <meta charset="utf-8" />
    <title></title>
</head>
<body>
    <form method="post">
        <keygen />
        <input type="submit" value="提交"/>
    </form>
</body>
</html>
```

浏览器预览效果如图 2-28 所示。

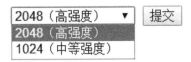

图 2-28　keygen 元素

▌分析

keygen 元素主要是作为客户端安全保护的一种方法，不过它在各大浏览器中的兼容性很差，小伙伴们了解一下即可，不需要深入。

2.3　其他新增元素

除了前面几节介绍的结构元素和表单元素之外，HTML5 还增加了大量语义化元素，其中最重要的有以下 6 个。

- address
- time
- progress
- meter
- figure 和 figcaption
- fieldset 和 legend

注意，hgroup 元素已经被 HTML5 标准剔除了，如果你在其他书中看到，直接忽略即可。

2.3.1　address 元素

在 HTML5 中，我们可以使用更具有语义化的 address 元素来为"**整个页面**"或者"**某一个 article 元素**"添加地址信息（电子邮件或真实地址）。

当 address 元素应用于整个页面时，它一般放于整个页面的底部（footer 元素内部），表示该网站所有者的地址信息。

一个页面可以有多个 article 元素，比如有些页面就有好几篇文章。当 address 元素应用于 article 元素时，它一般放在 article 元素内部的 footer 元素内，表示该篇文章所有者的地址信息。当然，address 元素也可以放于 section 元素内。

▌举例：应用于整个页面

```
<!DOCTYPE html>
<html>
<head>
    <meta charset="utf-8" />
    <title></title>
</head>
<body>
```

```html
        <header></header>
        <nav></nav>
        <article></article>
        <aside></aside>
        <footer>
            <address>
                如果你发现网站有bug,可以通过<a href="mailto:lvyestudy@foxmail.com"> 电子邮件 </a>联系我们。<br/>
                当然你也可以通过下面地址访问我们：<br/>
                广州市黄埔大道601号暨南大学.
            </address>
        </footer>
</body>
</html>
```

浏览器预览效果如图 2-29 所示。

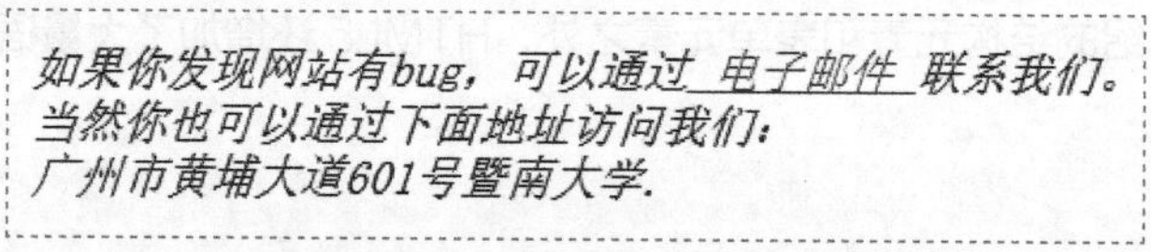

> 如果你发现网站有bug,可以通过 电子邮件 联系我们。
> 当然你也可以通过下面地址访问我们：
> 广州市黄埔大道601号暨南大学.

图 2-29 address 应用于整个页面

▌举例：应用于 article 元素

```html
<!DOCTYPE html>
<html>
<head>
    <meta charset="utf-8" />
    <title></title>
</head>
<body>
    <header></header>
    <nav></nav>
    <article>
        <header>作者：helicopter</header>
        <p>这是第1篇文章的内容……</p>
        <footer>
            <address>
                你可以通过<a href="mailto:lvyestudy@foxmail.com"> mailto:lvyestudy@foxmail.com </a>联系作者：helicopter。
            </address>
        </footer>
    </article>
    <article>
        <header>作者：mozilla</header>
        <p>这是第2篇文章的内容……</p>
        <footer>
            <address>
                你可以通过<a href="mailto:webmaster@somedomain.com">mailto:webmaster@somedomain.com</a>联系作者：mozilla。
```

```
            </address>
        </footer>
    </article>
    <aside></aside>
    <footer>
    </footer>
</body>
</html>
```

浏览器预览效果如图 2-30 所示。

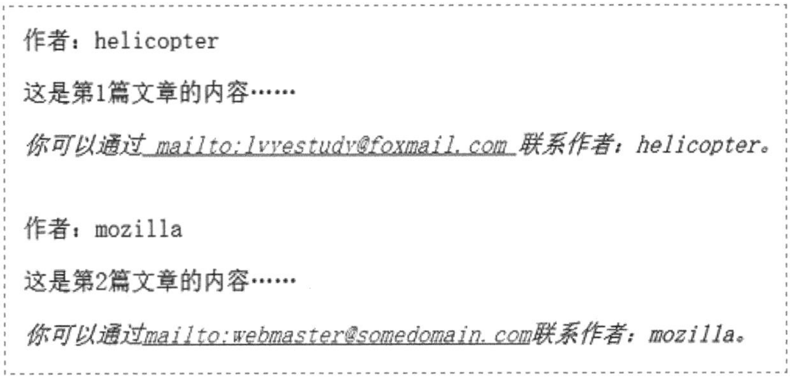
作者：helicopter
这是第1篇文章的内容……
你可以通过 mailto:lvyestudy@foxmail.com 联系作者：helicopter。
作者：mozilla
这是第2篇文章的内容……
你可以通过mailto:webmaster@somedomain.com联系作者：mozilla。

图 2-30 address 应用于 article 元素

2.3.2 time 元素

在 HTML5 中，我们可以使用更具有语义化的 time 元素来显示页面中的日期时间信息。

语法

```
<time datetime="时间"></time>
```

说明

datetime 属性取值是一个时间，可以省略不写。datetime 属性中的时间是提供给搜索引擎看的，而 time 标签内的时间是提供给用户看的，两者内容可以一样也可以不一样。time 元素与 datetime 属性的关系，有点类似于 img 元素与 alt 属性的关系。

举例

```
方式1
<time>2017-11-11</time>
方式2
<time datetime="2017-11-11">2017-11-11</time>
方式3
<time datetime="2017-11-11  08:00">2017年11月11日早上8点</time>
方式4
<time datetime="2017-11-11  08:00-12:00">2017年11月11日8点~12点</time>
```

在实际开发中，大多数情况下我们是不用 datetime 属性的。用一句话总结就是：对于 time

元素的使用，我们不必过于拘泥，想要显示一段有意义的日期时间，用 <time></time> 括起来就可以了。

2.3.3 progress 元素

在 HTML5 中，我们可以使用 progress 元素以进度条的形式来显示某一个任务的完成度，如上传文件、下载文件等。

▌ **语法**

```
<progress max="最大值" value="当前值"></progress>
```

▌ **说明**

max 属性表示最大值，value 属性表示当前值。对于 progress 元素来说，它只有 max 属性，而没有 min 属性。为什么呢？原因很简单：任何进度条的最小值都是 0，因此 progress 元素默认最小值也是 0。

此外，max 和 value 必须是 0 或正数，并且 max 值必须大于等于 value 值。小伙伴们想象一下进度条的特点就很容易理解了。

▌ **举例**

```
<!DOCTYPE html>
<html>
<head>
    <meta charset="utf-8" />
    <title></title>
</head>
<body>
    <progress max="10" value="8"></progress><br/>
    <progress max="100" value="80"></progress>
</body>
</html>
```

浏览器预览效果如图 2-31 所示。

图 2-31　progress 元素

▌ **分析**

"进度 =value/max"，因此虽然两个 progress 元素的 max 和 value 不一致，但是进度是相同的，都是 80%。

▌ **举例**

```
<!DOCTYPE html>
<html>
```

```
<head>
    <meta charset="utf-8" />
    <title></title>
    <script>
        window.onload = function(){
            var oProgress = document.getElementsByTagName("progress")[0];
            var oSpan = document.getElementsByTagName("span")[0];
            var oBtn = document.getElementsByTagName("input")[0];

            oBtn.onclick = function(){
                var i = 0;
                setInterval(function(){
                    if(i<100){
                        i++;
                        oProgress.value = i;
                        oSpan.innerText = i;
                    }
                },100)
            }
        }
    </script>
</head>
<body>
    <p>
        <progress max="100" value="0"></progress>
        <span>0</span>%
    </p>
    <input type="button" value="显示进度"/>
</body>
</html>
```

浏览器预览效果如图 2-32 所示。

图 2-32　默认时效果

▌ 分析

在这个例子中，我们使用定时器 setInterval() 来实现进度条的不断增加。当我们点击【显示进度】按钮后，进度条会不断增加，效果如图 2-33 所示。

图 2-33　点击按钮后效果

在实际开发中，progress 元素一般结合上传文件或下载文件操作来显示进度，或者展示一个 loading 图标，以便增强用户体验。对于这些高级效果，我们学到后面就知道怎么去实现了。

2.3.4　meter 元素

在 HTML5 中，我们可以使用进度条的形式来显示数据所占的比例。

▎**语法**

```
<meter min="最小值" max="最大值" value="当前值"></meter>
```

▎**说明**

meter 元素跟 progress 元素非常相似，都是以进度条形式来显示数据比例。不过，两者在语义上有很大的区别：

- meter 元素一般用于显示静态数据比例。所谓的静态数据，指的是很少改变的数据，例如男生人数占全班人数的比例。
- progress 元素一般用于显示动态数据比例。所谓"动态数据"，指的是会不断改变的数据，例如下载文件的进度。

▎**举例**

```
<!DOCTYPE html>
<html>
<head>
    <meta charset="utf-8" />
    <title></title>
</head>
<body>
    <meter min="0" max="10" value="8"></meter><br/>
    <meter min="0" max="100" value="80"></meter>
</body>
</html>
```

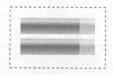

图 2-34　meter 元素

浏览器预览效果如图 2-34 所示。

2.3.5　figure 和 figcaption 元素

图 2-35 所示"图片 + 图注"效果，在实际开发中经常可以见到。对于初学者来说，我们很可能使用如下代码来实现：

```
<div>
    <img src="" alt=""/>
    <span>HTML入门教程</span>
</div>
```

图 2-35 "图片+图注"效果

但是这种实现方式语义并不好。在 HTML5 中，引入了 figure 和 figcaption 这两个元素来增强图片的语义化。

▌ 语法

```
<figure>
    <img src="" alt=""/>
    <figcaption></figcaption>
</figure>
```

▌ 说明

figure 元素用于包含图片和图注，figcaption 元素用于表示图注文字。在实际开发中，对于"图片+图注"效果，我们都建议使用 figure 和 figcaption 这两个元素来实现，从而使得页面的语义更加良好。

2.3.6 fieldset 和 legend 元素

在 HTML5 中，我们还可以使用 fieldset 元素来给表单元素进行分组。其中，legend 元素用于定义某一组表单的标题。

▌ 语法

```
<fieldset>
    <legend>表单组标题</legend>
    ……
</fieldset>
```

▌ 说明

使用 fieldset 和 legend 有两个作用：增强表单的语义；定义 fieldset 元素的 disabled 属性来禁用整个组中的表单元素。

▌ 举例

```
<!DOCTYPE html>
<html>
<head>
    <meta charset="utf-8" />
    <title></title>
</head>
<body>
```

```html
        <form action="index.php" method="post">
            <fieldset>
                <legend>登录绿叶学习网</legend>
                <p>
                    <label for="name">账号:</label>
                    <input type="text" id="name" name="name" />
                </p>
                <p>
                    <label for="pwd">密码:</label>
                    <input type="password" id="pwd" name="pwd" />
                </p>
                <input type="checkbox" id="remember-me" name="remember-me" />
                <label for="remember-me">记住我</label>
                <input type="submit" value="登录" />
            </fieldset>
        </form>
    </body>
</html>
```

浏览器预览效果如图 2-36 所示。

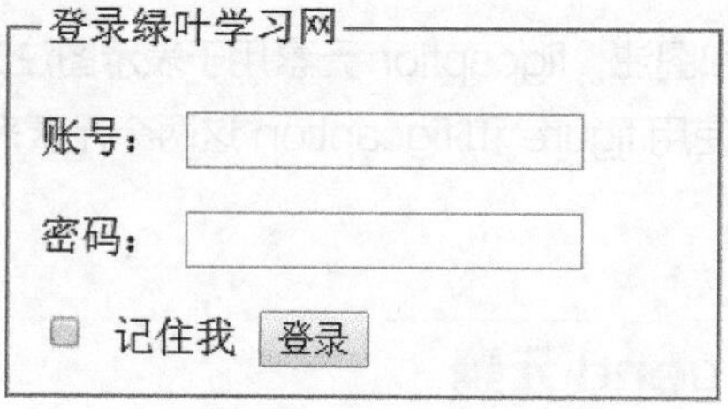

图 2-36　加入 fieldset 和 legend 的表单

▍ 分析

我们可以看到，使用 fieldset 和 legend 这两个标签之后，表单形成了非常美观的"书签"效果。

2.4　改良后的元素

除了新增元素，HTML5 还对已有的某些元素进行了改良，其中改良的元素有以下 4 种。
- a
- ol
- small
- script

2.4.1　a 元素

HTML5 为 a 元素新增了 3 个属性，如表 2-3 所示。

表 2-3　a 元素新增属性

属性	说明
download	定义可被下载的目标（如文件、图片等）
media	定义被链接文档为何种媒介/设备优化的
type	定义被链接文档的 MIME 类型

media 和 type 这两个属性用得很少，我们只需要掌握 download 这一个属性即可。

▌ **语法**

```
<a href="文件地址" download="新文件名"></a>
```

▌ **说明**

download 属性用于为文件取一个新的文件名。如果 download 属性值省略，则表示使用旧的文件名。

▌ **举例**

```
<!DOCTYPE html>
<html>
<head>
    <meta charset="utf-8" />
    <title></title>
</head>
<body>
    <a href="img/princess.png" download="beauty.png">下载图片</a>
</body>
</html>
```

浏览器预览效果如图 2-37 所示。

图 2-37　download 属性

▌ **分析**

当我们点击超链接后，浏览器就会下载该图片，并且图片名字换成新的文件名 beauty.png。如果我们改为下面这句代码，也就是省略 download 属性值，则图片会使用旧的文件名 princess.png。

```
<a href="img/princess.png" download>下载图片</a>
```

2.4.2　ol 元素

HTML5 为 ol 元素新增了一个 reversed 属性，用于设置列表顺序为降序显示。

▌ **语法**

```
<ol reversed>
    <li></li>
```

```
        <li></li>
        <li></li>
</ol>
```

▶ 说明

在实际开发中，reversed 属性用得很少，简单了解一下即可。

▶ 举例

```
<!DOCTYPE html>
<html>
<head>
    <meta charset="utf-8" />
    <title></title>
</head>
<body>
    <ol reversed>
        <li>HTML</li>
        <li>CSS</li>
        <li>JavaScript</li>
    </ol>
</body>
</html>
```

浏览器预览效果如图 2-38 所示。

```
3. HTML
2. CSS
1. JavaScript
```

图 2-38　reversed 属性

2.4.3　small 元素

在 HTML5 中，我们可以使用更具有语义化的 small 元素来表示"小字印刷体"的文字。small 元素一般用于网站底部的免责声明、版权声明等，如图 2-39 所示。

关于我们 | 联系我们 | 版权声明 | 免责声明 | 广告服务 | 意见反馈
版权声明:本站所有教程均为原创，版权所有，禁止转载和抄袭，否则将追究法律责任。
粤ICP备15029970号　站长统计
Copyright ©2015-2017 绿叶学习网(www.lvyestudy.com), All Rights Reserved

图 2-39　版权声明

▶ 语法

```
<small>你的内容</small>
```

▌ 举例

```
<!DOCTYPE html>
<html>
<head>
    <meta charset="utf-8" />
    <title></title>
</head>
<body>
    <small>Copyright ©2015-2017 绿叶学习网(www.lvyestudy.com), All Rights Reserved</small>
</body>
</html>
```

浏览器预览效果如图 2-40 所示。

Copyright ©2015-2017 绿叶学习网(www.lvyestudy.com), All Rights Reserved

图 2-40　small 元素

▌ 分析

对于图 2-40 所示效果，我们使用 div、span 等元素也可以实现，不过 small 元素更具语义化。

2.4.4　script 元素

HTML5 为 script 元素新增了两个属性：defer 和 async。这两个属性的作用都是加快页面的加载速度，两者区别如下。

- defer 属性用于异步加载外部 JavaScript 文件，当异步加载完成后，该外部 JavaScript 文件不会立即执行，而是等到整个 HTML 文档加载完成才会执行。
- async 属性用于异步加载外部 JavaScript 文件，当异步加载完成后，该外部 JavaScript 文件会立即执行，即使整个 HTML 文档还没有加载完成。

defer 和 async 都是异步加载的，两者区别在于，异步加载外部 JavaScript 文件完成后何时执行。从上面也可以看出，defer 属性相对于 async 属性来说，更符合大多数开发场景对脚本加载执行的要求。

▌ 举例

```
<!DOCTYPE html>
<html>
<head>
    <meta charset="utf-8" />
    <title></title>
    <script src="js/async.js" async></script>
</head>
<body>
```

```
        <script>
            console.log("内部脚本");
        </script>
    </body>
</html>
```

其中，async.js 文件代码如下：

```
console.log("外部脚本");
```

浏览器预览效果如图 2-41 所示。

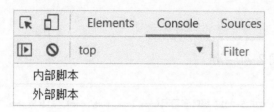

图 2-41　async 属性

▌ 分析

在正常情况下，输出顺序应该是："外部脚本→内部脚本"。但是由于 async 属性用于异步加载外部 JavaScript 文件，当异步加载完成后，该外部 JavaScript 文件会立即执行，即使整个 HTML 文档还没有加载完成，因此输出顺序为："内部脚本→外部脚本"。

2.5　本章练习

单选题

1. 在 HTML5 中，我们可以使用（　　）元素来包含文章头部的标题、meta 信息等。
   A. head   B. header
   C. h1   D. title
2. 下面有关 HTML5 结构元素的说法中，不正确的是（　　）。
   A. section 元素内部必须要有一个 header 元素
   B. aside 元素一般用于表示跟周围区块相关的内容
   C. nav 元素可以用于表示顶部导航、侧栏导航和分页导航
   D. 对于一个区块，优先考虑 section，然后再考虑 article 和 aside
3. 下面有关 section 元素的说法中，正确的是（　　）。
   A. 对于没有标题的内容区块，应该使用 section 元素
   B. 推荐使用 section 元素来代替 article、aside、nav 等元素
   C. 通常将 section 元素用作定义样式的页面容器
   D. 如果想要表示一个带有标题的区块，可以使用 section 元素

4. 如果想要以滑动条的方式来获取某一个范围内的数字，我们可以使用（　　）。
   A. <input type="number" />　　　　B. <input type="range" />
   C. <input type="num" />　　　　　D. <input type="slider" />
5. 如果想要获取具体的时间，比如"07:20"，我们可以使用（　　）。
   A. <input type="time" />　　　　　B. <input type="datetime" />
   C. <input type="week" />　　　　　D. <input type="month" />
6. 为了语义化，对于网站底部的免责声明、版权声明等，应该使用（　　）元素来表示。
   A. div　　　　　　　　　　　　　B. span
   C. address　　　　　　　　　　　D. small

问答题

1. 简述 script 元素中 defer 和 async 这两个属性的不同。（前端面试题）
2. 怎样使低版本的 IE 浏览器支持 HTML5 新元素？（前端面试题）

第 3 章 新增属性

3.1 公共属性

HTML5 新增了很多公共属性。所谓的公共属性，指的是可以应用于大多数元素的属性，而并不只限于某一个元素。其中，HTML5 新增的常见公共属性有 4 个。

- hidden
- draggable
- contenteditable
- data-*

除了以上这些，HTML5 还新增了另外 3 个公共属性：contextmenu、dropzone、spellcheck。不过由于这 3 个属性兼容性非常差，在实际开发中也极少用得上，我们可以直接忽略。

3.1.1 hidden 属性

在 HTML5 中，我们可以使用 hidden 属性来显示或隐藏某一个元素。

▼ 语法

```
<element hidden="hidden"></element>
```

▼ 说明

hidden 只有一个属性值：hidden。当然，你也可以简写为：<element hidden></element>。其中，element 是一个元素。

▼ 举例

```
<!DOCTYPE html>
<html>
<head>
```

```
    <meta charset="utf-8" />
    <title></title>
</head>
<body>
    <div hidden>海贼王</div>
    <div>火影忍者</div>
</body>
</html>
```

浏览器预览效果如图 3-1 所示。

图 3-1　hidden 属性

3.1.2　draggable 属性

在 HTML5 中，我们可以使用 draggable 属性来定义某一个元素是否可以被拖动。

▌语法

```
<element draggable="true或false" ></element>
```

▌说明

draggable 有两个属性值：true 和 false。默认值为 false。当取值为 true 时，表示元素可以被拖动；当取值为 false 时，表示元素不可以被拖动。

▌举例

```
<!DOCTYPE html>
<html>
<head>
    <meta charset="utf-8" />
    <title></title>
    <style type="text/css">
        p
        {
            display: inline-block;
            padding: 10px;
            border:1px dashed gray;
            background-color:#F1F1F1;
        }
    </style>
</head>
<body>
    <p draggable="true">这是一段可以被拖动的文字</p>
</body>
</html>
```

浏览器预览效果如图 3-2 所示。

> 这是一段可以被拖动的文字

图 3-2　draggable 属性

▌ 分析

当我们使用鼠标左键长按时，会发现 p 元素可以被拖动。有些小伙伴就会问了："为什么我松开鼠标左键后，元素位置却没有改变呢？"

其实 draggable="true" 只能定义元素可以被拖动这一个行为，拖动后并不会改变元素的位置。如果想要改变元素的位置，需要结合"第 4 章 元素拖放"中介绍的技巧来实现，这个我们在后面会详细介绍。

3.1.3　contenteditable 属性

在 HTML5 中，我们可以使用 contenteditable 属性来定义某个元素的内容是否可以被编辑。

▌ 语法

```html
<element contenteditable="true或false" ></element>
```

▌ 说明

contenteditable 有两个属性值：true 和 false。默认值为 false。当取值为 true 时，元素内容可以被编辑；当取值为 false 时，元素内容不能被编辑。

▌ 举例

```html
<!DOCTYPE html>
<html>
<head>
    <meta charset="utf-8" />
    <title></title>
    <style type="text/css">
        p{
            display: inline-block;
            padding: 10px;
            border:1px dashed gray;
            background-color:#F1F1F1;
        }
    </style>
</head>
<body>
    <p contenteditable="true">这是一段可以被编辑的文字</p>
</body>
</html>
```

浏览器预览效果如图 3-3 所示。

```
这是一段可以被编辑的文字
```

图 3-3　contenteditable 属性

▶ **分析**

当我们点击 p 元素后，发现里面的文字可以被编辑了。

3.1.4　data-* 属性

在 HTML5 中，我们可以使用 data-* 属性来为元素实现自定义属性。

▶ **语法**

```
<element data-*="属性值" ></element>
```

▶ **说明**

"data-" 只是一个前缀，后面接一个小写的字符串，例如 data-color、data-article-title 等。

▶ **举例**

```html
<!DOCTYPE html>
<html>
<head>
    <meta charset="utf-8" />
    <title></title>
    <script>
        window.onload = function(){
            var oP = document.getElementsByTagName("p")[0];
            oP.style.color=oP.dataset.color;
        }
    </script>
</head>
<body>
    <p data-color="red">你的努力程度之低，根本轮不到拼天赋。</p>
</body>
</html>
```

浏览器预览效果如图 3-4 所示。

```
你的努力程度之低，根本轮不到拼天赋。
```

图 3-4　data-* 属性

▶ **分析**

我们可以使用 DOM 操作中的 **obj.dataset.xxx** 来获取 data-* 属性的值。其中，obj 是一个 DOM 对象，xxx 是 data- 的后缀字符。可能有些小伙伴对具体操作还不是很清楚，我们再多举一个例子。

▌ 举例

```
<!DOCTYPE html>
<html>
<head>
    <meta charset="utf-8" />
    <title></title>
    <script>
        window.onload = function(){
            var oLi = document.getElementsByTagName("li");
            for(var i=0; i<oLi.length; i++){
                console.log(oLi[i].innerText + ":" +oLi[i].dataset.fruitPrice +"/斤");
            }
        }
    </script>
</head>
<body>
    <ul>
        <li data-fruit-price="￥6.5">苹果</li>
        <li data-fruit-price="￥12.5">香蕉</li>
        <li data-fruit-price="￥3.5">西瓜</li>
    </ul>
</body>
</html>
```

浏览器预览效果如图 3-5 所示。

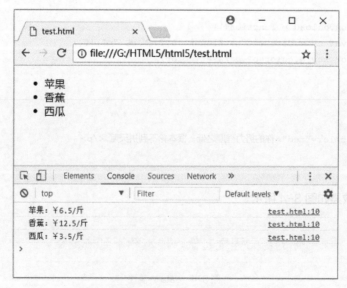

图 3-5 data-* 属性

▌ 分析

在使用 JavaScript 获取 data-* 属性的值时，要注意书写格式。

- 如果是 data-xxx 格式，则应该写成 obj.dataset.xxx。例如 data-color 应该写成 obj.dataset.color，而 data-content 应该写成 obj.dataset.content。
- 如果是 data-xxx-yyy 格式，则应该写成 obj.dataset.xxxYyy。例如 data-fruit-price 应该写成 obj.dataset.fruitPrice，而 data-animal-type 应该写成 obj.dataset.animalType。

那么使用 data-* 来自定义一个属性究竟有什么用呢？事实上，自定义属性在 JavaScript 动画以及实际开发中用得是非常多的，暂时不用纠结太多，这个是后面高级部分的知识。

3.2 input 元素的新增属性

为了提高开发效率，以及达到更好的用户体验，HTML5 为 input 元素新增了大量的属性。其中，在实际开发中用得最多的有以下 5 个。

- autocomplete
- autofocus
- placeholder
- required
- pattern

注意，上面这些新增属性只是针对 input 元素，并非所有元素都有。除了上面列出的，我们在其他地方可能会看到 formaction、formmethod、formtarget 等。不过这些属性在实际开发中极少会用到，感兴趣的小伙伴可以自己去搜索了解一下。

3.2.1 autocomplete 属性

在 HTML5 中，我们可以使用 autocomplete 属性来实现文本框的自动提示功能。

▼ 语法

```
<input type="text" autocomplete="on或off" />
```

▼ 说明

autocomplete 属性有两个属性值：on 和 off。on 表示开启，off 表示关闭。

autocomplete 属性一般都是结合 datalist 元素来实现自动提示功能。

autocomplete 属性适用于所有文本框型的 input 元素，包括 text、password、email、url、tel 等。

▼ 举例

```
<!DOCTYPE html>
<html>
<head>
    <meta charset="utf-8" />
    <title></title>
</head>
<body>
```

```
        <form method="post">
            <input type="text" autocomplete="on" list="tips" />
            <datalist id="tips">
                <option value="HTML"></option>
                <option value="CSS"></option>
                <option value="JavaScript"></option>
                <option value="Vue.js"></option>
                <option value="React.js"></option>
                <option value="Angular.js"></option>
            </datalist>
        </form>
    </body>
</html>
```

浏览器预览效果如图 3-6 所示。

图 3-6 默认效果

▎ 分析

从外观上来看，这个文本框跟普通文本框没有任何区别。当我们输入内容时，文本框会自动匹配 datalist 元素中的选项并且弹出匹配列表，效果如图 3-7 所示。

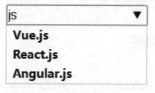

图 3-7 输入内容时效果

3.2.2 autofocus 属性

默认情况下，文本框是不会自动获取焦点的，必须点击文本框才会获取。我们经常可以看到很多页面一打开时，文本框就已经自动获取到了焦点，例如百度首页。在 HTML5 之前，都是使用 JavaScript 的 focus() 方法来实现的，这种方式相对来说比较麻烦。

在 HTML5 中，我们可以使用 autofocus 属性来实现文本框自动获取焦点。

▎ 语法

```
<input type="text" autofocus="autofocus" />
```

▎ 说明

autofocus 只有一个属性值：autofocus。当然，你也可以直接简写为：<input type="text" autofocus />。

autofocus 属性也适用于所有文本框型的 input 元素，包括 text、password、email、url、tel 等。

▌举例

```
<!DOCTYPE html>
<html>
<head>
    <meta charset="utf-8" />
    <title></title>
</head>
<body>
    <form method="post">
        <input type="text" autofocus />
    </form>
</body>
</html>
```

浏览器预览效果如图 3-8 所示。

图 3-8   autofocus 属性

▌分析

小伙伴们把 autofocus 属性删除，然后刷新一下页面，对比一下前后效果的区别，就知道它的作用是什么了。

3.2.3   placeholder 属性

在 HTML5 中，我们可以使用 placeholder 属性为文本框添加提示内容。

▌语法

```
<input type="text" placeholder="提示内容" />
```

▌说明

placeholder 属性适用于所有文本框型的 input 元素，包括 text、password、email、url、tel 等。

▌举例

```
<!DOCTYPE html>
<html>
<head>
    <meta charset="utf-8" />
    <title></title>
</head>
<body>
    <form method="post">
        <input type="text" placeholder="请输入账号" /><br/>
        <input type="text" placeholder="请输入密码" />
    </form>
```

```
</body>
</html>
```

浏览器预览效果如图 3-9 所示。

图 3-9　placeholder 属性

3.2.4　required 属性

在 HTML5 中，我们可以使用 required 属性来定义文本框输入内容不能为空。如果文本框为空，则不允许提交。

▌ 语法

```
<input type="text" required="required" />
```

▌ 说明

required 只有一个属性值：required。当然，你也可以简写为：<input type="text" required />。
required 属性适用于所有文本框型的 input 元素，包括 text、password、email、url、tel 等。

▌ 举例

```
<!DOCTYPE html>
<html>
<head>
    <meta charset="utf-8" />
    <title></title>
</head>
<body>
    <form method="post">
        <input type="text" required /><br/>
        <input type="submit" value="提交" />
    </form>
</body>
</html>
```

浏览器预览效果如图 3-10 所示。

图 3-10　默认效果

▮ 分析

如果文本框为空，点击【提交】按钮后，会弹出提示框，效果如图 3-11 所示。

图 3-11 提交时效果

3.2.5 pattern 属性

在 HTML5 中，我们可以使用 pattern 属性来为文本框添加验证功能。

▮ 语法

```
<input type="text" pattern="正则表达式" />
```

▮ 说明

pattern 属性取值是一个正则表达式。正则表达式内容比较多，不了解的小伙伴可以参考绿叶学习网开源的正则表达式教程，这里就不再详细展开介绍了。

此外，email、url、tel 这 3 个类型的 input 元素，本质上都内置了 pattern 属性，因此它们会自动进行相关匹配验证。

▮ 举例

```
<!DOCTYPE html>
<html>
<head>
    <meta charset="utf-8" />
    <title></title>
</head>
<body>
    <form method="post">
        <input type="text" pattern="^[a-zA-Z]\w{4,9}$" /><br/>
        <input type="submit" value="提交"/>
    </form>
</body>
</html>
```

浏览器预览效果如图 3-12 所示。

图 3-12 默认效果

▎分析

pattern="^[a-zA-Z]\w{4,9}$" 表示文本框的内容必须符合"以字母开头,包含字母、数字或下划线,并且长度在 5~10 之间"的规则。如果不符合条件,则会弹出提示框,如图 3-13 所示。

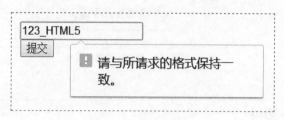

图 3-13 提交时效果

3.3 form 元素的新增属性

在 HTML5 中,form 元素的新增属性中比较重要的只有一个,那就是:novalidate。从"2.2 表单元素"这一节我们可以知道,email、tel、url 等类型的 input 元素中内置的验证机制默认会自动执行。但是在某些情况下,我们需要使用 JavaScript 来创建更为复杂且健全的验证,这时就要覆盖原有的验证机制了。现在问题来了,怎么覆盖呢?

在 HTML5 中,我们可以使用 novalidate 属性来禁用 form 元素的所有文本框内置的验证功能。

▎语法

```
<form novalidate="novalidate">
    ……
</form>
```

▎说明

novalidate 只有一个属性值:novalidate。当然,你也可以直接简写为:<form novalidate></form>。

▎举例

```
<!DOCTYPE html>
<html>
<head>
    <meta charset="utf-8" />
    <title></title>
</head>
<body>
    <form method="post" novalidate>
        <p><label>电子邮箱:<input type="email" /></label></p>
        <p><label>手机号码:<input type="tel" /></label></p>
        <input type="submit" value="提交" />
```

```
        </form>
    </body>
</html>
```

浏览器预览效果如图 3-14 所示。

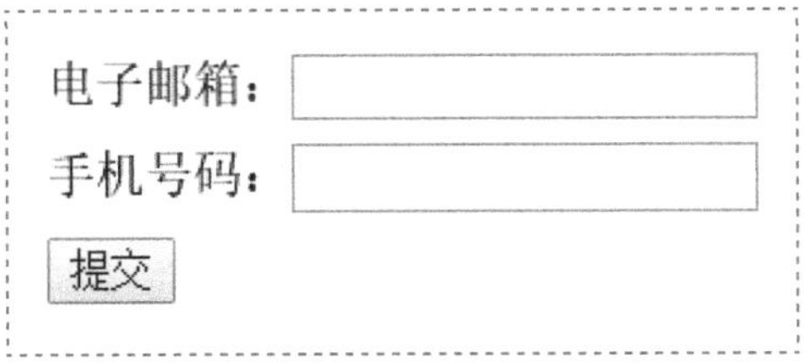

图 3-14 novalidate 属性

▎分析

在上面这个例子中，我们为 form 元素添加了 novalidate 属性，因此当点击按钮提交表单时，form 元素内的文本框就不会采用浏览器内置的验证机制，然后我们就可以使用 JavaScript 来创建新的验证规则，请看下面的例子。

▎举例

```
<!DOCTYPE html>
<html>
<head>
    <meta charset="utf-8" />
    <title></title>
    <style>
        p{margin:0;padding:0;margin-top:8px;margin-bottom: 8px;}
    </style>
    <script>
        window.onload=function(){
            var oBtn = document.getElementById("btn");
            var oEmail = document.getElementsByTagName("input")[0];
            var oTel = document.getElementsByTagName("input")[1];
            var errorEmail = document.getElementById("errorEmail");
            var errorTel = document.getElementById("errorTel");
            var oForm = document.getElementsByTagName("form")[0];

            //正则表达式
            var regEmail = /^\w+@[a-zA-Z0-9]{2,10}(?:\.[a-z]{2,4}){1,3}$/;
            var regTel = /^1([358][0-9]|4[579]|66|7[0135678]|9[89])[0-9]{8}$/;

            //点击按钮后进行验证
            oBtn.onclick = function(){
                if(!regEmail.test(oEmail.value)){
                    errorEmail.innerHTML = "请输入正确的邮箱地址";
                }else{
                    errorEmail.innerHTML="";
                }
```

```
                if(!regTel.test(oTel.value)){
                    errorTel.innerHTML = "请输入正确的手机号码";
                }else{
                    errorTel.innerHTML="";
                }
                //如果验证都通过，则提交表单
                if(regEmail.test(oEmail.value)&& regTel.test(oTel.value)){
                    oForm.onsubmit();
                }
            };
        }
    </script>
</head>
<body>
    <form method="post" novalidate>
        <p><label>电子邮箱:<input type="email" /></label><span id="errorEmail"></span></p>
        <p><label>手机号码:<input type="tel" /></label><span id="errorTel"></span></p>
        <input id="btn" type="button" value="提交" />
    </form>
</body>
</html>
```

浏览器预览效果如图 3-15 所示。

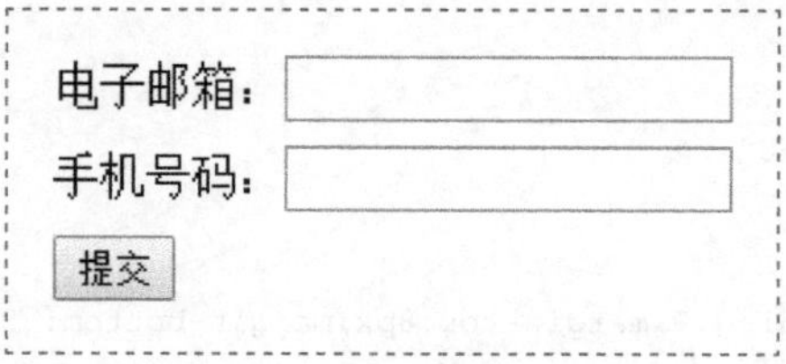

图 3-15　自定义验证功能

▌ 分析

在这个例子中，我们使用 novalidate 属性来禁用所有文本框内置的验证功能，这样我们就可以使用 JavaScript 来定义自己的一套验证方法，而不会跟内置的验证功能冲突。

3.4　本章练习

单选题

1. 在 HTML5 中，我们可以使用（　　）属性来为文本框添加正则验证。
   A. required　　　　　　　　B. pattern
   C. validate　　　　　　　　D. novalidate
2. 在 HTML5 中，我们可以使用（　　）属性来实现文本框自动获取焦点。
   A. autofocus　　　　　　　　B. autocomplete

C. placeholder   D. required

3. 下面有关 HTML5 新增公共属性的说法中，正确的是（　　）。

   A. `<div hidden></div>` 可以等价于 `<div style="visibility:hidden"></div>`

   B. 定义了 draggable="true" 的元素在拖动后，位置也会改变

   C. 使用 JavaScript 来获取 data-bg-color 属性值时，应该写成 obj.dataset.bgColor

   D. 我们可以使用 editable 属性来定义一个元素的内容是否可以被编辑

4. 下面有关 input 元素新增属性的说法中，正确的是（　　）。

   A. autocomplete 属性只适用于 `<input type="text" />`

   B. 我们可以使用 autocomplete="true" 来实现文本框的自动提示功能

   C. `<input type="text" autofocus="autofocus" />` 等价于 `<input type="text" autofocus />`

   D. required 属性可以配合正则表达式来为文本框添加验证功能

编程题

请为单行文本框定义一个验证功能，要求只能匹配 11 位数字，其他字符都不匹配。

第 4 章 元素拖放

4.1 元素拖放简介

在 HTML5 之前,如果想要实现一个元素的拖放效果,我们一般需要结合该元素的 onmousedown、onmousemove、onmouseup 等多个事件来共同完成。这种方式代码量非常大,而且也仅限于在浏览器内的元素间拖放,不能实现跨应用拖放。

在 HTML5 中,我们只需要给元素添加一个 draggable 属性,然后设置该属性值为 true,就能实现元素的拖放。拖放,指的是"拖曳"和"释放"。在页面中进行一次拖放操作,我们必须先弄清楚两个元素:**"源元素"**和**"目标元素"**。**"源元素"**指的是被拖曳的那个元素,**"目标元素"**指的是源元素最终被释放到的那个元素。

从"3.1 公共属性"这一节可以知道,如果仅给元素设置 draggable="true",则该元素只具备可拖曳的特点,并不能改变元素的位置。如果想要拖动改变元素的位置,我们还需要结合元素拖放触发的事件来操作。其中,拖放事件总共有 7 个,如表 4-1、表 4-2 所示。

表 4-1　源元素触发的事件

事件	说明
ondragstart	开始拖放
ondrag	拖放过程中
ondragend	结束拖放

表 4-2　目标元素触发的事件

事件	说明
ondragenter	当被拖放的元素进入本元素时
ondragover	当被拖放的元素正在本元素范围内移动时
ondragleave	当被拖放的元素离开本元素时
ondrop	当源元素释放到本元素时

一个完整的拖放事件过程如图 4-1 所示，我们可以轻松地使用表 4-1、表 4-2 所示的事件来处理复杂的拖放效果。

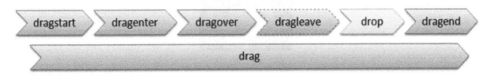

图 4-1　一个完整的拖放

举例

```
<!DOCTYPE html>
<html>
<head>
    <meta charset="utf-8" />
    <title></title>
    <style type="text/css">
        *{margin:0;padding: 0;}
        body{position: relative;}
        img{position: absolute;}
    </style>
    <script>
        window.onload=function(){
            var oImg=document.getElementsByTagName("img")[0];
            var offsetX,offsetY;

            //元素每次拖动开始时，记录它的坐标（偏移量）
            oImg.ondragstart=function(e){
                offsetX = e.offsetX;
                offsetY = e.offsetY;
            };

            //元素拖动过程中，重新设置它的坐标（偏移量）
            oImg.ondrag=function(e){
                if(e.pageX==0&&e.pageY==0){
                    return;
                }
                oImg.style.left = (e.pageX - offsetX) + "px";
                oImg.style.top = (e.pageY - offsetY) + "px";
            }
        }
    </script>
</head>
<body>
    <img src="img/judy.png" alt="" draggable="true">
</body>
</html>
```

浏览器预览效果如图 4-2 所示。

图 4-2　元素拖放

▌分析

当图片拖动开始时,会触发 ondragstart 事件,此时我们使用 offsetX、offsetY 这两个变量记录图片初始坐标。当图片被拖动时,会触发 ondrag 事件,此时我们重新设置图片的位置。

其中,e.offsetX、e.offsetY 分别表示鼠标相对于触发事件的对象的 X 坐标、Y 坐标,e.pageX、e.pageY 分别表示鼠标相对于当前窗口的 X 坐标、Y 坐标。这些内容都是属于 JavaScript 的内容,基础不扎实的小伙伴自行搜索了解一下。

4.2　dataTransfer 对象

4.2.1　dataTransfer 对象简介

在 HTML5 中,如果想要在元素拖放中实现数据传递,我们需要使用 dataTransfer 对象。dataTransfer 对象主要用于在"源元素"与"目标元素"之间传递数据。

dataTransfer 对象有两个最重要的方法:setData() 和 getData()。在整个拖曳过程中,具体操作是这样的:开始拖放源元素时(ondragstart 事件),调用 setData() 方法保存数据;然后在放入目标元素时(ondrop 事件),调用 getData() 方法读取数据。

1. setData() 方法

在拖放操作中,我们可以使用 setData() 方法保存数据。

▌语法

```
setData(format, data);
```

▌说明

参数 format 表示数据格式,常见的数据格式如表 4-3 所示。

表 4-3　常见数据格式

数据格式	说明
text/plain	文本文字格式
text/html	HTML 代码格式
text/xml	XML 字符格式
text/url-list	URL 列表格式

▌ **举例**

```
source.ondragstart=function(e){
    e.dataTransfer.setData("text/plain",e.target.id);
};
```

2. getData() 方法

在拖放操作中，我们可以使用 getData() 方法读取数据。

▌ **语法**

```
getData(format);
```

▌ **说明**

参数 format 表示数据格式。

▌ **举例**

```
dest.ondrop=function(e){
    e.dataTransfer.getData("text/plain");
};
```

4.2.2 dataTransfer 对象应用

dataTransfer 对象在元素拖曳的应用开发中使用非常广泛，下面我们举几个经典的实际案例。对于这些例子，小伙伴们一定要亲自动手做一遍。如果仅仅是看的话，可能看半天也看不懂。当然，不仅仅是这一节，对于本书所有例子，都建议动手做一遍。

▌ **举例：元素拖动效果**

```html
<!DOCTYPE html>
<html>
<head>
    <meta charset="utf-8" />
    <title></title>
    <style type="text/css">
        ul
        {
            width: 120px;
            height: 100px;
            border: 1px solid silver;
        }
    </style>
    <script>
        window.onload = function () {
            var oList = document.getElementById("list");
            var oLi = oList.getElementsByTagName("li");
            var oBox = document.getElementById("box");

            //为每一个li(源元素)添加ondragstart事件
            for (var i = 0; i < oLi.length; i++) {
```

```
            oLi[i].ondragstart = function (e) {
                e.dataTransfer.setData("text/plain", e.target.id);
            };
        }

        //调用event.preventDefault()方法来屏蔽元素的默认行为,否则drop事件不会被触发!
        oBox.ondragover = function (e) {
            e.preventDefault();
        };
        //为目标元素添加ondrop事件
        oBox.ondrop = function (e) {
            e.preventDefault();
            var id = e.dataTransfer.getData("text/plain");
            var obj = document.getElementById(id);
            oBox.appendChild(obj);
        };
    }
    </script>
</head>
<body>
    <ul id="list">
        <li draggable="true" id="li1">HTML</li>
        <li draggable="true" id="li2">CSS</li>
        <li draggable="true" id="li3">JavaScript</li>
        <li draggable="true" id="li4">jQuery</li>
        <li draggable="true" id="li5">Vue.js</li>
    </ul>
    <ul id="box"></ul>
</body>
</html>
```

浏览器预览效果如图 4-3 所示。

图 4-3　元素拖动

▶ 分析

```
for (var i = 0; i < oLi.length; i++) {
    oLi[i].ondragstart = function (e) {
        e.dataTransfer.setData("text/plain", e.target.id);
    };
}
```

首先，我们为每一个 li 元素添加 ondragstart 事件，e.dataTransfer 表示获取 dataTransfer 对象，e.target.id 表示获取当前事件的元素的 id 值。

```
oBox.ondragover = function (e) {
    e.preventDefault();
};
```

上面这段代码表示调用 event.preventDefault() 方法来屏蔽元素的默认行为。如果没有屏蔽掉，则 drop 事件不会被触发！小伙伴们可以把这段代码删除，看看会出现什么效果。

```
oBox.ondrop = function (e) {
    e.preventDefault();
    var id = e.dataTransfer.getData("text/plain");
    var obj = document.getElementById(id);
    oBox.appendChild(obj);
};
```

最后，我们为目标元素 oBox 添加 ondrop 事件，并且在 ondrop 事件中使用 getData() 方法获取元素的 id 值，从而使用 DOM 操作把 li 元素添加到 oBox 中。

此外，e.preventDefault() 也是用于屏蔽元素的默认行为，e.dataTransfer.getData("text/plain") 表示调用 dataTransfer 对象的 getData() 方法获取数据。

▼ 举例：垃圾箱效果

```
<!DOCTYPE html>
<html>
<head>
    <meta charset="utf-8" />
    <title></title>
    <style type="text/css">
        #bigBox
        {
            display:inline-block;
            width:100px;
            height:100px;
            background-color:hotpink;
        }
        #smallBox
        {
            display:inline-block;
            width:50px;
            height:50px;
            background-color:lightskyblue;
        }
    </style>
    <script>
        window.onload = function () {
            var oBigBox = document.getElementById("bigBox");
            var oSmallBox = document.getElementById("smallBox");

            oSmallBox.ondragstart = function () { };        //这一行代码也可以删除
            oBigBox.ondragover = function (e) {
```

```
                e.preventDefault();
            };
            oBigBox.ondrop= function (e) {
                e.preventDefault();
                oSmallBox.parentNode.removeChild(oSmallBox);
            };
        }
    </script>
</head>
<body>
    <div id="bigBox"></div>
    <div id="smallBox" draggable="true"></div>
</body>
</html>
```

浏览器预览效果如图 4-4 所示。

图 4-4　垃圾箱

▎ 分析

当我们将 smallBox 元素拖动到 bigBox 元素中时，smallBox 元素就会被删除。小伙伴们自行琢磨一下这是怎么实现的，原理跟上一个例子是一样的，非常简单。

从上面两个例子可以知道，想要实现拖曳效果，一般情况下我们需要操作 3 个事件：ondragstart、ondragover 和 ondrop。如果某一个事件不涉及什么操作，也可以不写。

在实际开发中，拖曳操作还可以结合文件操作来实现更为复杂的拖曳文件效果，我们在第 5 章会详细介绍。

4.3　本章练习

单选题

1. 在 HTML5 中，我们可以使用（　　）在元素拖放的过程中传递数据。
   A. data 对象　　　　　　　　　　B. dataTransfer 对象
   C. transfer 对象　　　　　　　　 D. drag 对象
2. 下面有关元素拖放的说法中，不正确的是（　　）。
   A. 如果仅给元素设置 draggable="true"，则拖动元素并不能改变位置
   B. 当元素拖动开始时，首先触发的是 ondragstart 事件
   C. dataTransfer 对象主要用于在源元素与目标元素之间传递数据
   D. 在拖放操作中，我们可以使用 getData() 方法获取数据以及保存数据

第 5 章 文件操作

5.1 文件操作简介

我们经常用到文件上传功能,例如百度网盘、QQ 邮箱等都涉及,如图 5-1 所示。在 HTML5 中,文件上传是使用 input 元素来实现的,其中 type 属性取值为 "file"。

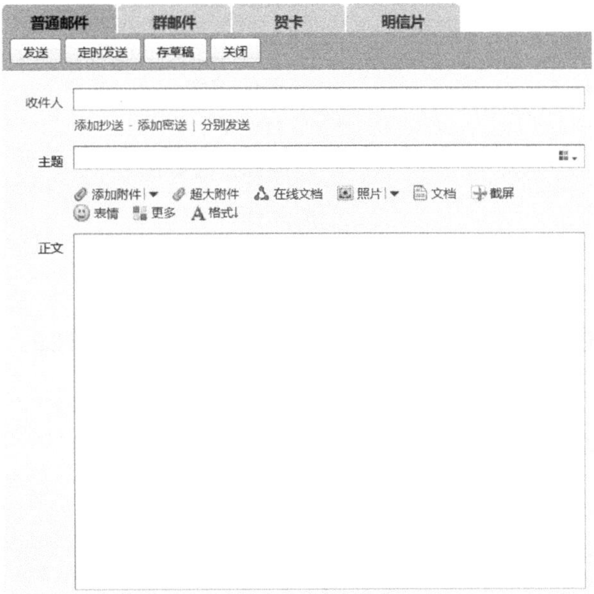

图 5-1 邮箱中的文件上传功能

▌ 语法

```
<input type="file" />
```

▌ 说明

文件上传 input 元素有两个重要属性：multiple 和 accept。multiple 属性表示"是否选择多个文件"。其中，下面两句代码是等价的：

```
<input type="file" multiple />
<input type="file" multiple="multiple" />
```

accept 属性用于设置文件的过滤类型（MIME 类型），常见的 accept 属性取值如表 5-1 所示。

表 5-1 accept 属性取值

属性值	说明
image/jpeg	JPEG 图片
image/png	PNG 图片
image/gif	GIF 图片
text/plain	TXT 文件
text/html	HTML 文件
text/css	CSS 文件
text/javascript	JS 文件
text/xml	XML 文件
audio/mpeg	MP3 文件
audio/mp4	MP4 文件
application/msword	Word 文件
application/vnd.ms-powerpoint	PPT 文件
application/vnd.ms-excel	Excel 文件
application/pdf	PDF 文件
image/*	所有图片文件
audio/*	所有声音文件
video/*	所有视频文件

如果想要同时设置多个过滤类型，可以使用英文逗号（,）隔开，例如：

```
<input type="file" accept="image/jpeg, image/png"/>
```

▌ 举例：选择单个文件

```
<!DOCTYPE html>
<html>
<head>
    <meta charset="utf-8" />
    <title></title>
</head>
<body>
    <form method="post">
        <input type="file" />
    </form>
```

```
</body>
</html>
```

默认情况下，预览效果如图 5-2 所示。当我们选择一个图片文件后，预览效果如图 5-3 所示。

图 5-2　默认效果　　　　　　　　图 5-3　选择文件后的效果

▍举例：选择多个文件

```
<!DOCTYPE html>
<html>
<head>
    <meta charset="utf-8" />
    <title></title>
</head>
<body>
    <form method="post">
        <input type="file" multiple/>
    </form>
</body>
</html>
```

默认情况下，预览效果如图 5-4 所示。当我们选择多个图片文件后，预览效果如图 5-5 所示。

图 5-4　默认效果　　　　　　　　图 5-5　选择文件后的效果

▍分析

为元素添加 multiple 属性后，就可以选择多个文件了。当选择成功后，按钮右侧不再显示文件的名称，而是显示文件的总量。当将鼠标指针移到上面时，就会显示全部上传文件的详细列表，如图 5-6 所示。

图 5-6　上传文件的详细列表

▌举例：accept 属性

```
<!DOCTYPE html>
<html>
<head>
    <meta charset="utf-8" />
    <title></title>
</head>
<body>
    <form method="post">
        <input type="file" accept="image/png" multiple/>
    </form>
</body>
</html>
```

浏览器预览效果如图 5-7 所示。

图 5-7 accept 属性

▌分析

accept="image/png" 表示只可以上传后缀名为 .png 格式的文件（也就是 PNG 图片），如果选择其他文件，则是无法上传的。

默认的 <input type="file" /> 元素比较难看，在实际开发中，为了获得更好的用户体验，我们一般都是使用 "opacity: 0;" 来隐藏原来的表单元素，然后在上面覆盖一个美化的按钮或者提示语。

▌举例：file 类型元素的样式美化

```
<!DOCTYPE html>
<html>
<head>
    <meta charset="utf-8" />
    <title></title>
    <style>
        /*去除默认样式*/
        * {margin: 0;padding: 0;}
        .container
        {
            width: 160px;
            margin: 30px auto;
        }
        .filePicker
        {
            position: relative;
            width: 160px;
            height: 44px;
            line-height: 44px;
            text-align: center;
```

```
            color: #ffffff;
            background: #00b7ee;
        }
        .filePicker input[type="file"]
        {
            position: absolute;
            top: 0;
            left: 0;
            width: 160px;
            height: 44px;
            opacity: 0;
            cursor:pointer;
        }
    </style>
</head>
<body>
    <!--默认时的表单-->
    <div class="container">
        <input type="file" />
    </div>
    <!--美化后的表单-->
    <div class="container">
        <div class="filePicker">
            <label>点击选择文件</label>
            <input id="fileInput" type="file" accept="image/*" multiple>
        </div>
    </div>
</body>
</html>
```

浏览器预览效果如图 5-8 所示。

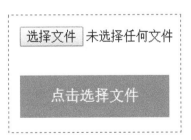

图 5-8　file 类型元素的样式美化

▼ 分析

想要对 file 类型元素进行美化，我们都是这样处理的：首先使用 opacity: 0; 将表单设置为透明，然后使用绝对定位在表单原来的位置上面定义一个 label 就可以了。

这里还要说明一下，使用了 opacity:0; 之后，虽然表单看不见了，但它并没有消失，还占据着原来的位置，从浏览器控制台也可以很清楚地看出来，如图 5-9 所示。因此，我们点击原来的位置，还可以继续使用表单的功能。这个地方非常巧妙，也是实现的关键。

图 5-9 浏览器控制台

5.2 File 对象

在文件上传元素中,将会产生一个 FileList 对象,它是一个类数组对象,表示所有文件的集合。其中,每一个文件就是一个 File 对象。

想要获取某一个文件对象(即 File 对象),我们首先需要获取 FileList 对象,然后再通过数组下标形式来获取。

File 对象有以下 4 个属性,如表 5-2 所示。

表 5-2 File 对象的属性

属性	说明
name	文件名称
type	文件类型
size	文件大小(单位为 B)
lastModifiedDate	文件最后的修改时间

▌ 举例:File 对象的属性

```
<!DOCTYPE html>
<html>
<head>
    <meta charset="utf-8"/>
    <title></title>
    <script>
        window.onload = function(){
            //获取FileList对象
            var oFile = document.getElementById("file");
            oFile.onchange = function(){
                //获取第1个文件,即File对象
                var file = oFile.files[0];
                console.log("图片名称为: " + file.name);
                console.log("图片大小为: " + file.size + "B");
```

```
                console.log("图片类型为: " + file.type);
                console.log("修改时间为: " + file.lastModifiedDate);
            };
        }
    </script>
</head>
<body>
    <input id="file" type="file" accept="image/*" multiple/>
</body>
</html>
```

浏览器预览效果如图 5-10 所示。

图 5-10　File 对象的属性

▌ 分析

当我们点击【选择文件】按钮，选择一张本地图片后，此时在浏览器控制台中会输出图片的名称、大小、类型以及修改时间，如图 5-11 所示。

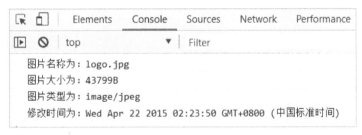

图 5-11　浏览器控制台

由于 file.size 获取到的大小值的单位是 B（字节），在实际开发中，我们大多数情况下都会将 file.size 换算为常见的文件大小单位，请看下面的例子。

▌ 举例：转化单位

```
<!DOCTYPE html>
<html>
<head>
    <meta charset="utf-8"/>
    <title></title>
    <script>
        window.onload = function () {
            var oFile = document.getElementById("file");
            oFile.onchange = function(){
                //获取第1个文件
                var file = oFile.files[0];
                //将单位 "B" 转化为 "KB"
                var size = file.size / 1024;
```

```
            var unitArr = ["KB", "MB", "GB", "TB"];

            //转化单位
            for (var i = 0; size > 1; i++) {
                var fileSizeString = size.toFixed(2) + unitArr[i];
                size /= 1024;
            }

            //输出结果
            console.log("图片大小为:" + fileSizeString);
        };
    </script>
</head>
<body>
    <input id="file" type="file" accept="image/*" />
</body>
</html>
```

浏览器预览效果如图 5-12 所示。

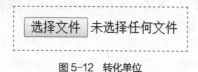

图 5-12 转化单位

▶ 分析

当我们点击【选择文件】按钮，选择一张本地图片后，此时在浏览器控制台中输出的结果如图 5-13 所示。

图 5-13 浏览器控制台

其中，size.toFixed(2) 表示将 size 值四舍五入，只取两位小数。小伙伴们可以自行搜索了解一下 toFixed() 方法是怎么使用的。

5.3 FileReader 对象

在 HTML5 中，专门提供了一个文件操作的 API，即 FileReader 对象。我们通过 FileReader 对象可以很方便地读取文件中的数据。

FileReader 对象有 5 个方法，其中 4 个用来读取文件数据，另外 1 个用于中断读取操作，如表 5-3 所示。

表 5-3 FileReader 对象的方法

方法	说明
readAsText()	将文件读取为"文本"
readAsDataURL()	将文件读取为"DataURL"
readAsBinaryString()	将文件读取为"二进制编码"
readAsArrayBuffer()	将文件读取为一个"ArrayBuffer 对象"
abort()	中止读取操作

　　readAsText() 方法有两个参数：第 1 个参数为 File 对象，第 2 个参数为文本的编码方式，默认值为"utf-8"。这个方法非常容易理解，表示将文件以文本方式读取，读取的结果就是这个文本文件的内容。

　　readAsBinaryString() 方法将文件读取为二进制字符串，通常我们将它传送到后端，后端可以通过这段字符串来存储文件。

　　abort() 方法可以用来中止读取操作，在读取大文件时，这个方法非常有用。

　　FileReader 对象提供了 6 个事件，用于检测文件的读取状态，如表 5-4 所示。

表 5-4 FileReader 对象的事件

事件	说明
onloadstart	开始读取
onprogress	正在读取
onload	成功读取
onloadend	读取完成（无论成功或失败）
onabort	中断
onerror	出错

▼ 语法

```
var reader = new FileReader();
reader.readAsText(file, 编码);
reader.onload = function(){
    //成功读取后的操作
};
```

▼ 举例：读取 TXT 文本（readAsText() 方法）

```
<!DOCTYPE html>
<html>
<head>
    <meta charset="utf-8"/>
    <title></title>
    <script>
        window.onload = function () {
            var oFile = document.getElementById("file");
            oFile.onchange = function(){
                //获取第1个文件
                var file = oFile.files[0];
```

```
            //读取本地文件,以GBK编码方式输出
            var reader = new FileReader();
            reader.readAsText(file, "gbk");

            reader.onload = function(){
                console.log(this.result);
            };
        };
    }
    </script>
</head>
<body>
    <input id="file" type="file" />
</body>
</html>
```

浏览器预览效果如图 5-14 所示。

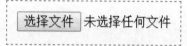

图 5-14　上传表单

▼ 分析

当我们点击【选择文件】按钮后,选择一个本地 TXT 文件,浏览器控制台会输出 TXT 文件中的内容,如图 5-15 所示。

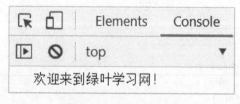

图 5-15　读取 TXT 文件

```
reader.onload = function(){
    this.result;
};
```

对于上面这段代码,一旦开始读取文件,无论成功或失败,实例的 result 属性(即 this.result)都会被填充。如果读取成功,则 this.result 的值就是当前文件的内容;如果读取失败,则 this.result 的值为 null。

▼ 举例:在线预览图片(readAsDataURL() 方法)

```
<!DOCTYPE html>
<html>
<head>
    <meta charset="utf-8"/>
```

```
<title></title>
<script>
    window.onload = function () {
        var oFile = document.getElementById("file");
        oFile.onchange = function(){
            //获取第1个文件
            var file = oFile.files[0];

            //将图片转换为Base64格式
            var reader = new FileReader();
            reader.readAsDataURL(file);

            reader.onload = function(){
                //添加图片到页面中
                var oImg = document.createElement("img");
                oImg.src = this.result;
                document.body.appendChild(oImg);
            };
        };
    }
</script>
</head>
<body>
    <input id="file" type="file" /><br/>
</body>
</html>
```

浏览器预览效果如图 5-16 所示。

图 5-16　上传表单

▌ 分析

在这个例子中，点击【选择文件】按钮，然后选择一张本地图片，此时图片就会在页面中显示出来，如图 5-17 所示。

图 5-17　选择图片后的效果

我们都知道，"img 元素的 src 属性"或者"其他元素的 background 属性的 url"，都可以被赋值为 Base64 编码，然后显示图片。在 HTML5 以前，我们一般都是先将本地图片上传到服务器，等上传成功后再由后台返回图片的地址在前端显示。到了 HTML5 时代，我们使用 FileReader 对象的 readAsDataURL() 方法，可以不经过后台而直接将本地图片显示在页面中，这样可以减少前后端的频繁交互，减少服务器端的压力。

▌举例：拖曳文件并读取

```html
<!DOCTYPE html>
<html>
<head>
    <meta charset="utf-8"/>
    <title></title>
    <style type="text/css">
        #box
        {
            width:150px;
            height:150px;
            border:1px solid silver;
        }
    </style>
    <script>
        window.onload = function () {
            var oBox = document.getElementById("box");
            var oContent = document.getElementById("content");

            //阻止默认行为
            oBox.ondragover = function(e){
                e.preventDefault();
            };

            //添加ondrop事件
            oBox.ondrop = function(e){
                e.preventDefault();

                //读取文本
                var file = e.dataTransfer.files[0];
                var reader = new FileReader();
                reader.readAsText(file, "gbk");

                reader.onload = function () {
                    //把文本内容添加到页面
                    oContent.innerHTML = this.result;
                };
            }
        }
    </script>
</head>
<body>
    <div id="box"></div>
```

```
        <p id="content"></p>
</body>
</html>
```

浏览器预览效果如图 5-18 所示。

图 5-18　拖曳文件前的效果

▌ 分析

当我们拖动本地的一个 TXT 文件到页面的框中时，就会读取 TXT 文件中的内容，并且添加到页面中，此时浏览器预览效果如图 5-19 所示。

图 5-19　拖曳文件后的效果

▌ 举例：拖曳图片并预览

```
<!DOCTYPE html>
<html>
<head>
    <meta charset="utf-8"/>
    <title></title>
    <style type="text/css">
        #box
        {
            width:150px;
            height:150px;
            border:1px solid silver;
        }
    </style>
    <script>
        window.onload = function () {
            var oBox = document.getElementById("box");
            var oContent = document.getElementById("content");
```

```
            //阻止默认行为
            oBox.ondragover = function(e){
                e.preventDefault();
            };

            //添加ondrop事件
            oBox.ondrop = function(e){
                e.preventDefault();

                //获取File对象
                var file = e.dataTransfer.files[0];
                var reader = new FileReader();
                reader.readAsDataURL(file);

                reader.onload = function () {
                    var oImg = document.createElement("img");
                    //设置图片src为this.result
                    oImg.src = this.result;
                    oImg.style.width = "150px";
                    oImg.style.height = "150px";
                    oBox.appendChild(oImg);
                };
            }
        }
    </script>
</head>
<body>
    <div id="box"></div>
</body>
</html>
```

浏览器预览效果如图 5-20 所示。

图 5-20　拖曳图片前的效果

▼ 分析

当我们拖动本地的一个图片到页面的框中时，就会把图片添加到页面中，此时浏览器预览效果如图 5-21 所示。

图 5-21 拖曳图片后的效果

5.4 Blob 对象

在 HTML5 中，还新增了一个 Blob 对象，用于代表原始二进制数据。实际上，前面介绍的 File 对象也继承于 Blob 对象。

▌ 语法

```
var blob = new Blob(dataArray, type);
```

▌ 说明

Blob() 构造函数有两个参数，这两个参数都是可选参数，而并非必选参数。

第 1 个参数 dataArray 是一个数组，数组中的元素可以是以下类型的对象。

- String 对象（即字符串）
- Blob 对象（即其他 Blob 对象）
- ArrayBuffer 对象
- ArrayBufferView 对象

第 2 个参数 type 是一个字符串，表示 Blob 对象的 MIME 类型。常见的 MIME 类型，我们在"5.1 文件操作简介"这一节已经介绍过了，不清楚的小伙伴可以回去翻一下。

▌ 举例：创建并下载 TXT 文件

```
<!DOCTYPE html>
<html>
<head>
    <meta charset="utf-8"/>
    <title></title>
    <script>
        window.onload = function () {
            var oTxt = document.getElementById("txt");
            var oBtn = document.getElementById("btn");
            var oDiv = document.getElementById("container");

            oBtn.onclick = function(){
                var text = oTxt.value;
                var blob = new Blob([text],{type: "text/plain"});

                //通过createObjectURL()方法创建文字链接
```

```
                oDiv.innerHTML = '<a download href="' + window.URL.createObjectURL(blob) + '" target="_blank">下载文件</a>';
            };
        }
    </script>
</head>
<body>
    <textarea id="txt" cols="30" rows="10"></textarea><br/>
    <input id="btn" type="button" value="创建链接"/>
    <div id="container"></div>
</body>
</html>
```

浏览器预览效果如图 5-22 所示。

图 5-22　创建并下载 TXT 文件

▼ 分析

Blob 对象可以通过 window.URL 对象的 createObjectURL() 方法生成一个网络地址，然后结合 a 标签的 download 属性来实现下载文件的功能。

如果想要创建及下载 HTML 文件，只需要把 var blob = new Blob([text],{type: "text/plain"}); 改为 var blob = new Blob([text],{type: "text/html"}); 就可以了。

此外，想要重命名文件，可以使用 a 元素的 download 属性。至于怎么使用，我们在"2.4 改良后的元素"这一节中已经详细介绍过了。

上面这个例子需要额外创建一个文本链接，然后点击该文本链接才会实现下载文件的功能。如果我们不希望创建多余的元素，而是直接点击按钮就能实现下载，此时又该怎么实现呢？请看下面的例子。

▼ 举例：改进版（无须添加多余元素）

```
<!DOCTYPE html>
<html>
<head>
    <meta charset="utf-8"/>
    <title></title>
    <script>
        window.onload = function () {
            var oTxt = document.getElementById("txt");
            var oBtn = document.getElementById("btn");
            var oDiv = document.getElementById("container");
```

```
            oBtn.onclick = function(){
                //Blob中数据为"文字",默认编码为"utf-8"
                var text = oTxt.value;
                var blob = new Blob([text],{type: 'text/plain'});

                //通过createObjectURL()方法创建文字链接
                var oA = document.createElement("a");
                var url = window.URL.createObjectURL(blob);
                oA.download = "download";
                oA.href = url;

                //添加元素
                document.body.appendChild(oA);

                //触发点击
                oA.click();

                //移除元素
                document.body.removeChild(oA);
            };
        }
    </script>
</head>
<body>
    <textarea id="txt" cols="30" rows="10"></textarea><br/>
    <input id="btn" type="button" value="下载文件"/>
</body>
</html>
```

浏览器预览效果如图 5-23 所示。

图 5-23 改进版效果

▼ 分析

小伙伴们将这两个例子对比联系一下，看看都改进了哪些地方。实际上，除了 TXT 文件，像 HTML 文件、JSON 文件等，也可以利用这种小技巧来实现文件下载操作。

▼ 举例：将 Canvas 下载为一个图片文件

```
<!DOCTYPE html>
<html>
```

```html
<head>
    <meta charset="utf-8"/>
    <title></title>
    <script type="text/javascript">
        function $$(id) {
            return document.getElementById(id);
        }
        window.onload = function () {
            var cnv = $$("canvas");
            var cxt = cnv.getContext("2d");

            //定义文字
            var text = "绿叶学习网";
            cxt.font = "bold 60px 微软雅黑";
            //定义阴影
            cxt.shadowOffsetX = 5;
            cxt.shadowOffsetY = 5;
            cxt.shadowColor = "#66CCFF";
            cxt.shadowBlur = 10;
            //填充文字
            cxt.fillStyle = "#FF6699";
            cxt.fillText(text, 10, 90);

            //点击按钮,下载图片
            $$("btn").onclick = function () {
                cnv.toBlob(function(blob){
                    //通过createObjectURL()方法创建文字链接
                    var oA = document.createElement("a");
                    var url = window.URL.createObjectURL(blob);

                    //此处设置图片名称
                    oA.download = "download";
                    oA.href = url;

                    //添加元素
                    document.body.appendChild(oA);

                    //触发点击
                    oA.click();

                    //移除元素
                    document.body.removeChild(oA);
                }, "image/jpeg", 1)
            }
        }
    </script>
</head>
<body>
```

```
        <canvas id="canvas" width="320" height="150" style="border:1px solid silver;"></canvas><br/>
        <input id="btn" type="button" value="下载图片" />
</body>
</html>
```

浏览器预览效果如图 5-24 所示。

图 5-24　将 Canvas 下载为一个图片

▌ 分析

我们可以使用 Canvas 对象的 toBlob() 方法来创建一个 Blob 对象。其中，toBlob() 方法有 3 个参数：第 1 个参数是一个回调函数；第 2 个参数是图片类型（默认值为 image/png）；第 3 个参数是图片质量（取值为 0~1），语法格式如下。

```
cnv.toBlob(function(blob){
    ……
}, "image/jpeg", 0.5);
```

在实际开发中，FileReader 对象的 readAsText()、readAsArrayBuffer() 等方法可以读取文件数据，然后结合 Blob 对象下载文件的功能，就可以实现将数据导出文件备份到本地。当要恢复数据时，通过 input 元素上传备份文件，使用 readAsText()、readAsArrayBuffer() 等方法读取文件，即可恢复数据。

最后还要说一下，HTML5 中的文件 API 大多数情况下都是用来读取文件、创建文件或者上传文件到服务器中的。如果想要对本地文件进行各种复杂操作，比如修改文件、移动文件、压缩文件等，这个时候使用 HTML5 是做不到的。不过，我们可以使用 Python 语言来实现。感兴趣的小伙伴可以去了解一下 Python。

5.5　本章练习

单选题

1. 下面有关文件上传 input 元素的说法中，不正确的是（　　）。
   A．默认情况下，<input type="file" /> 可以上传多个文件
   B．accept 属性用于设置上传文件的过滤类型

C. `<input type="file" accept="image/*" />` 表示只能上传图片文件
D. 为了获取更好的用户体验，在实际开发中我们都是采用自定义表单样式

2. 在 HTML5 上传文件中，每一个文件其实就是一个（　　）对象。
   A. File　　　　　　　　　　　B. FileList
   C. FileReader　　　　　　　　D. Blob

3. 如果想要实现在线创建并下载一个 HTML 文件，我们应该使用（　　）对象来实现。
   A. File　　　　　　　　　　　B. FileList
   C. FileReader　　　　　　　　D. Blob

编程题

请在下面代码的基础上，使用文件操作 API 来实现这样一个功能：点击按钮，就会创建并下载一个 HTML 文件。

```html
<!DOCTYPE html>
<html>
<head>
    <meta charset="utf-8"/>
    <title></title>
</head>
<body>
    <textarea id="txt" cols="30" rows="10"></textarea><br/>
    <input id="btn" type="button" value="下载文件"/>
</body>
</html>
```

第6章 本地存储

6.1 本地存储简介

在HTML4.01中,想要在浏览器端存储用户的某些数据时,我们一般只能使用Cookie来实现。不过Cookie这种方式有很多限制因素,如下所示。

- 大小限制:大多数浏览器支持最大为4KB的Cookie。
- 数量限制:大多数浏览器只允许每个站点存储20个Cookie,如果想要存储更多Cookie,则旧的Cookie将会被丢弃。
- 有些浏览器还会对它们将接收的来自所有站点的Cookie总数做出绝对限制,通常为300个。
- Cookie默认情况下都会随着HTTP请求发送到后台,但是实际上大多数请求都是不需要Cookie的。

……

为了解决Cookie这种方式的限制,HTML5新增了3种全新的数据存储方式:localStorage、sessionStorage和indexedDB。其中,localStorage用于**永久**保存客户端的**少量数据**,sessionStorage用于**临时**保存客户端的**少量数据**,而indexedDB用于**永久**保存客户端的**大量数据**。

在接下来的这一章里,我们将会给大家详细介绍这3种数据存储方式。

图6-1 网站Cookie跟曲奇饼干有着相似之处

6.2 localStorage

在 HTML5 中,我们可以使用 localStorage 对象来"永久"保存客户端的少量数据。即使浏览器被关闭了,使用 localStorage 对象保存的数据也不会丢失,下次打开浏览器访问网站时仍然可以继续使用。

对于 localStorage 来说,每一个域名可以保存 5MB 数据,现在绝大多数浏览器都已经支持 localStorage。localStorage 对象的常用方法有 5 种,如表 6-1 所示。

表6-1　localStorage 对象的常用方法

方法	说明
setItem(key, value)	保存数据
getItem(key)	获取数据
removeItem(key)	删除某个数据
clear()	清空所有数据
key(n)	获取第 n 个值,n 为整数

▎ 举例

```
<!DOCTYPE html>
<html>
<head>
    <meta charset="utf-8" />
    <title></title>
    <script>
        window.onload=function(){
            var oUser = document.getElementById("user");
            var oPwd = document.getElementById("pwd");
            var oBtn = document.getElementById("btn");
            var oMes = document.getElementById("mes");

            //页面一打开时,使用getItem()方法获取数据
            oMes.innerHTML = "账号:" + localStorage.getItem("user") + "<br/>密码:" + localStorage.getItem("pwd");


            //点击按钮后,使用setItem()方法设置数据
            oBtn.onclick = function(){
                localStorage.setItem("user",oUser.value);
                localStorage.setItem("pwd", oPwd.value);
                oMes.innerHTML="账号:" + oUser.value + "<br/>密码:" + oPwd.value;
            };
        }
    </script>
</head>
<body>
```

```
    账号:<input id="user" type="text"/><br/>
    密码:<input id="pwd" type="text"/>
    <input id="btn" type="button" value="设置"/>
    <p id="mes" style="color:red;"></p>
</body>
</html>
```

浏览器预览效果如图 6-2 所示。

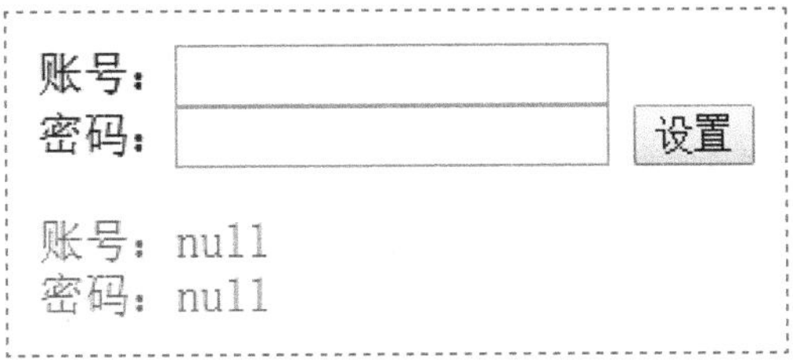

图 6-2　打开页面时的效果

分析

在页面一打开时，我们就使用 getItem() 方法来获取数据，由于键名为 "user" 和键名为 "pwd" 的这两个 key 没有值，因此都为 null。

当在文本框中输入内容，然后点击【设置】按钮后，我们使用 setItem() 方法设置数据，此时可以看到预览效果如图 6-3 所示。

图 6-3　点击按钮后的效果

小伙伴们可能会很疑惑："这跟平常的 DOM 操作不是差不多吗？两者都是获取文本框的值，然后添加到页面的某个元素中，没有看出 localStorage 对象有什么特别之处啊。"

其实，当我们把浏览器关闭，然后重新打开时，神奇的一幕就出现了：数据竟然保存下来了，如图 6-4 所示。

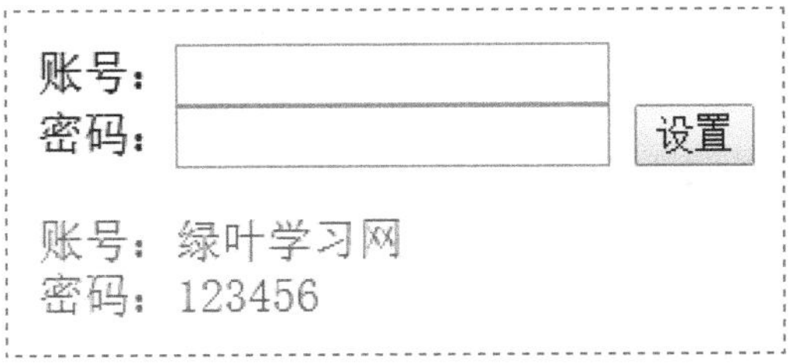

图 6-4　重新打开时的效果

此时打开浏览器控制台也可以查看 localStorage 保存下来的数据，如图 6-5 所示。此外要注意一点，不同浏览器的 localStorage 数据是不可以共用的，例如，Chrome 浏览器保存下来的 localStorage 数据在 Firefox 浏览器中就不能被读取到。

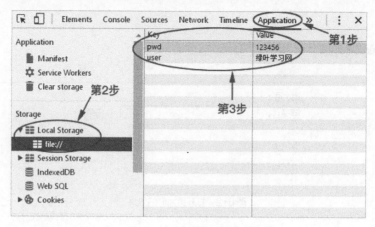

图 6-5　浏览器控制台

如果仅仅使用 DOM 操作，当关闭浏览器然后重新打开时，数据是不会保存下来的。使用 localStorage 对象保存下来的数据是永久性的，其中数据是保存在用户自己的电脑中，而不是保存在服务器中。

▌举例：留言板

```
<!DOCTYPE html>
<html>
<head>
    <meta charset="utf-8" />
    <title></title>
    <script>
        window.onload=function(){
            var oList = document.getElementById("list");
            var oTxt = document.getElementById("txt");
            var oBtn = document.getElementById("btn");
            var oBtnClear = document.getElementById("btnClear");

            oBtn.onclick = function(){
                //生成随机4位数，作为key
                var strKey = "";
                for(var i=0;i<4;i++){
                    strKey += Math.floor(Math.random() * (9 + 1));
                }

                //获取文本框的值，作为value
                var strValue = oTxt.value;
                //调用setItem()设置数据
                localStorage.setItem(strKey, strValue);

                //插入数据到ul中
```

```
                var oLi = document.createElement("li");
                var oLiTxt = document.createTextNode(strKey + ":" + strValue);
                oLi.appendChild(oLiTxt);
                oList.appendChild(oLi);
            };

            oBtnClear.onclick = function(){
                localStorage.clear();
                oList.innerHTML = "";
            };

            //页面载入时，读取数据并添加到页面中
            for(var i =0;i<localStorage.length;i++){
                var strKey = localStorage.key(i);
                var strValue = localStorage.getItem(strKey);
                var oLi = document.createElement("li");
                var oLiTxt = document.createTextNode(strKey + ":" + strValue);
                oLi.appendChild(oLiTxt);
                oList.appendChild(oLi);
            }
        }
    </script>
</head>
<body>
    <ul id="list">
    </ul>
    <textarea id="txt" cols="30" rows="10"></textarea><br/>
    <input id="btn" type="button" value="发表"/>
    <input id="btnClear" type="button" value="清空"/>
</body>
</html>
```

浏览器预览效果如图 6-6 所示。

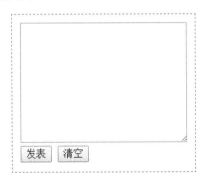

图 6-6 留言板

▼ 分析

在这个例子中，我们使用 localStorage 对象配合 DOM 操作制作了一个简易留言板。当我们点击【发表】按钮后，会添加一个列表项到页面中，并且使用 setItem() 方法记录数据。当我们点击【清空】按钮后，会清空页面的列表项，并且使用 localStorage.clear() 清空所有数据。

```
//生成随机 4 位数,作为 key
var strKey = "";
for(var i=0;i<4;i++){
    strKey += Math.floor(Math.random() * (9 + 1));
}
```

上面这段代码用于生成随机 4 位数,然后作为 key。Math.floor(Math.random()*(m+1)) 用于生成 0~m 之间的随机整数。有关生成各种随机数的技巧,属于 JavaScript 的基础知识,这里不再赘述。

```
//页面载入时,读取数据并添加到页面中
for(var i = 0; i < localStorage.length; i++) {
    var strKey = localStorage.key(i);
    var strValue = localStorage.getItem(strKey);
    var oLi = document.createElement("li");
    var oLiTxt = document.createTextNode(strKey + ":" + strValue);
    oLi.appendChild(oLiTxt);
    oList.appendChild(oLi);
}
```

上面这段代码用于在页面载入时,读取数据并且添加到页面中去。for 循环结合 localStorage.key() 方法来实现 localStorage 的遍历,这种方式在实际开发中用得非常多,我们要认真理解。

最后,这个留言板看起来很简陋,不过具体功能已经实现了。小伙伴们可以自行完善一下,做出一个更加漂亮且功能更加强大的留言板。

6.3　sessionStorage

在 HTML5 中,我们可以使用 sessionStorage 对象来"暂时"保存客户端的少量数据。sessionStorage 对象跟 localStorage 对象非常相似,两者有着完全相同的方法,如表 6-2 所示。

表 6-2　sessionStorage 对象的方法

方法	说明
setItem(key, value)	保存数据
getItem(key)	获取数据
removeItem(key)	删除某个数据
clear()	清空所有数据
key(n)	获取第 n 个值,n 为整数

不过,sessionStorage 对象跟 localStorage 对象也有本质上的区别:sessionStorage 对象保存的是"临时数据",用户关闭浏览器后,数据就会丢失;而 localStorage 对象保存的是"永久数据",用户关闭浏览器后,数据依然存在。

此外,localStorage 和 sessionStorage 都是 window 对象下的子对象。也就是说,localStorage.getItem() 其实是 window.localStorage.getItem() 的简写。

▼ 举例

```
<!DOCTYPE html>
<html>
```

```
<head>
    <meta charset="utf-8" />
    <title></title>
    <style type="text/css">
        p{color:red;}
    </style>
    <script>
        window.onload=function(){
            var oUser = document.getElementById("user");
            var oPwd = document.getElementById("pwd");
            var oBtn = document.getElementById("btn");
            var oMes = document.getElementById("mes");

            //页面一打开时，使用getItem()方法获取数据
            oMes.innerHTML = "账号:" + sessionStorage.getItem("user") + "<br/>密码:" + sessionStorage.getItem("pwd");

            //点击按钮后，使用setItem()方法设置数据
            oBtn.onclick = function(){
                sessionStorage.setItem("user",oUser.value);
                sessionStorage.setItem("pwd", oPwd.value);
                oMes.innerHTML="账号:" + oUser.value + "<br/>密码:" + oPwd.value;
            };
        }
    </script>
</head>
<body>
    账号:<input id="user" type="text"/><br/>
    密码:<input id="pwd" type="text"/>
    <input id="btn" type="button" value="设置"/>
    <p id="mes" style="color:red;"></p>
</body>
</html>
```

浏览器预览效果如图 6-7 所示。

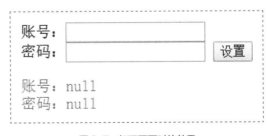

图 6-7　打开页面时的效果

▼ 分析

在页面一打开时，我们就使用 getItem() 方法来获取数据，由于键名为 user 和键名为 pwd 的这两个 key 没有值，因此都为 null。

当在文本框中输入内容，然后点击【设置】按钮后，我们使用 setItem() 方法设置数据，此时

浏览器预览效果如图 6-8 所示。

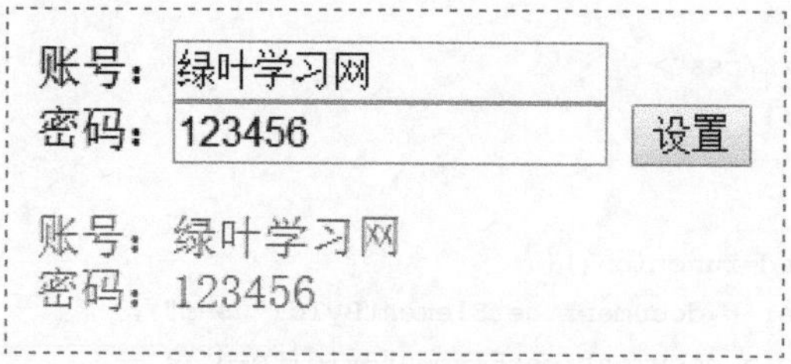

图 6-8　点击按钮后的效果

当我们关闭当前页面（注意是只需要关闭当前页面，而不需要关闭浏览器），然后重新打开页面时，此时会发现 sessionStorage 数据并没有保存下来，如图 6-9 所示。并且打开控制台也找不到 sessionStorage 保存的数据。

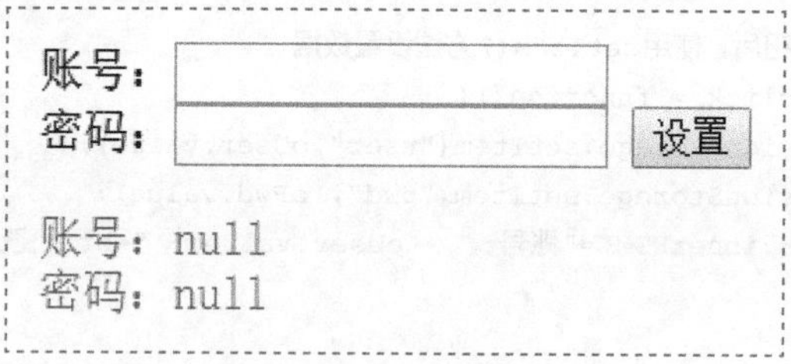

图 6-9　重新打开时的效果

大家拿这个例子跟 localStorage 对象那个例子对比一下，就可以清楚两者之间的区别了。实际上，localStorage 和 sessionStorage 并没有大家想象中那么复杂，这两个对象无非就是用来操作键值对而已，非常简单。

对于 localStorage 和 sessionStorage，我们可以总结出以下 4 点。

- localStorage 和 sessionStorage 都是 window 对象下的子对象。
- 两者具有完全相同的操作，比如获取数据使用的是 getItem()，保存数据使用的是 setItem() 等。
- localStorage 对象保存的是"永久数据"，而 sessionStorage 对象保存的是"临时数据"。
- 在实际开发中，localStorage 用得比较多，sessionStorage 很少用到，我们只需要重点掌握 localStorage 就行。

6.4　indexedDB

HTML5 新增了一种被称为 indexedDB 的数据库，该数据库是一种存储在客户端本地的 NoSQL 数据库，用于在本地存储大量数据。目前主流浏览器的最新版本都对其提供了支持。

indexedDB 是一个"对象数据库"，而不是"关系数据库"，它相对于传统的关系数据库（如 MySQL、SQL Server 等）来说，功能简化了很多，但是已经足够满足实际开发需求了。

特别注意一点，HTML5 标准中的 Web SQL Database 实际上已经被废除，如果小伙伴们在其他地方看到，直接忽略即可。在本地数据库这个技术方向，最新的 HTML5 标准表示只支持 indexedDB。

6.4.1 操作"数据库"

1. 创建数据库

在 HTML5 中，我们使用 indexedDB 对象的 open() 方法来创建或者打开一个数据库。

▼ **语法**

```
var request = window.indexedDB.open(数据库名，版本号);
request.onerror = function(){
    console.log("创建或打开数据库失败！");
};
request.onsuccess = function(e){
    console.log("创建或打开数据库成功！");
};
```

▼ **说明**

indexedDB 对象是 window 对象下的一个子对象，我们可以使用 indexedDB 对象的 open() 方法来创建或打开一个数据库。

open() 方法有两个参数：第 1 个参数是数据库名；第 2 个参数是数据库版本号。其中版本号可以随便取，你可以取"1.0"，也可以取"20170804"等。

如果数据库已经存在，则 open() 方法表示**打开数据库**；如果数据库不存在，则 open() 方法表示**创建数据库**。

window.indexedDB.open() 方法返回一个请求对象，我们将其赋值给变量 request。该请求对象有两个事件：onerror 事件和 onsuccess 事件。onerror 事件表示请求失败时触发的事件，onsuccess 事件表示请求成功时触发的事件。

▼ **举例：创建或打开数据库**

```
<!DOCTYPE html>
<html>
<head>
    <meta charset="utf-8" />
    <title></title>
    <script>
        var request = window.indexedDB.open("mydb",1.0);
        request.onerror = function(){
            console.log("创建或打开数据库失败！");
        };
        request.onsuccess = function(e){
            console.log("创建或打开数据库成功！");
            var db = e.target.result;
            console.log(db);
        };
    </script>
```

```
</head>
<body>
</body>
</html>
```

控制台输出结果如图 6-10 所示。

图 6-10 输出结果

▼ 分析

e.target.result 获取的是一个 IDBDatabase 对象。通过 IDBDatabase 对象，我们可以获取数据库的各种信息如数据库名、版本号等。简单来说，e.target.result 获取的就是我们刚刚创建或者打开的数据库。

这个 IDBDatabase 对象非常重要，其中数据库的增删查改操作，都是基于这个对象的，后面我们会详细介绍。

实际上，我们在控制台也能找到新创建的数据库 "mydb"，如图 6-11 所示。

图 6-11 新创建的数据库 "mydb"

2. 删除数据库

在 HTML5 中，我们可以使用 indexedDB 对象的 deleteDatabase() 方法来删除数据库。

语法

```
var request = window.indexedDB.deleteDatabase(数据库名);
request.onerror = function(){
    console.log("删除数据库失败！");
};
request.onsuccess = function(e){
    console.log("删除数据库成功！");
};
```

说明

deleteDatabase() 方法有一个参数，这个参数是数据库名。跟 open() 方法一样，deleteDatabase() 方法同样会返回一个请求对象。该请求对象也有两个事件：onerror 事件和 onsuccess 事件。onerror 事件表示请求失败所触发的事件，onsuccess 事件表示请求成功所触发的事件。

举例

```
<!DOCTYPE html>
<html>
<head>
    <meta charset="utf-8" />
    <title></title>
    <script>
        var request = window.indexedDB.deleteDatabase("mydb");
        request.onerror = function(){
            console.log("删除数据库失败！");
        };
        request.onsuccess = function(e){
            console.log("删除数据库成功！");
        };
    </script>
</head>
<body>
</body>
</html>
```

控制台输出结果如图 6-12 所示。

图 6-12　输出结果

分析

使用 deleteDatabase() 方法删除数据库后，我们再去查看控制台，会发现数据库已经被删除了，如图 6-13 所示。

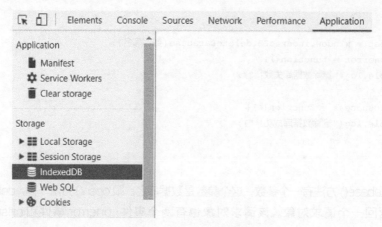

图 6-13 数据库已经被删除

执行删除数据库操作后，如果发现"mydb"数据库依旧存在，可能是因为 indexedDB 没有刷新，在【indexedDB】选项上面单击鼠标右键，然后点击【Refresh indexedDB】即可实现刷新，如图 6-14 所示。

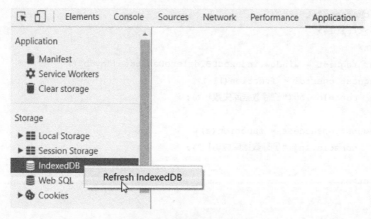

图 6-14 刷新 indexedDB

6.4.2 操作"对象仓库"

接触过 SQL 的小伙伴都知道，创建了数据库后，接着肯定就是创建一个"表"来存储数据。但是在 indexedDB 中，是没有"表"这个概念的，而是用"对象仓库（Object Store）"来代替。我们一定要时刻记住：**在 indexedDB 中，一个对象仓库就是一张表**。

在 indexedDB 中，我们可以使用 IDBDatabase 对象的 createObjectStore() 方法来创建一个新的对象仓库。IDBDatabase 对象我们在前面接触过好几次了，不清楚的小伙伴回去翻一下。

▼ 语法

```
var request = window.indexedDB.open(数据库名，版本号);
request.onerror = function(){
    console.log("创建或打开数据库失败！");
```

```
};
request.onsuccess = function(){
    console.log("创建或打开数据库成功！");
};
request.onupgradeneeded=function(e){
    var db = e.target.result;
    //如果数据库中不包含该对象仓库，则创建新的对象仓库
    if(!db.objectStoreNames.contains("对象仓库名")){
        var store = db.createObjectStore("对象仓库名",{keyPath:"主键名"});
        for(var i = 0 ; i < data.length;i++){
            var addRequest = store.add(data[i]);
            addRequest.onerror = function(){
                console.log("添加数据失败！")
            };
            addRequest.onsuccess = function(){
                console.log("添加数据成功！")
            };
        }
    }
};
```

▌说明

实际上，请求对象 request 除了 onerror 和 onsuccess 这两个事件外，还有一个 onupgradeneeded 事件，它表示版本号更新时触发的事件。对于对象仓库的创建，我们一般都是在 onupgradeneeded 事件中操作的。

e.target.result 获取的也是一个 IDBDatabase 对象，db.objectStoreNames.contains(" 对象仓库名 ") 表示判断某一个对象仓库是否存在。

```
var store = db.createObjectStore("对象仓库名",{keyPath:"主键名"});
```

在上面这一句代码中，使用 IDBDatabase 对象的 createObjectStore() 方法来创建一个新的对象仓库。createObjectStore() 方法有两个参数：第 1 个参数是"对象仓库名"；第 2 个参数用于设置对象仓库的主键。如果你想要让主键是一个递增的数字，可以使用下面这一句代码：

```
var store = db.createObjectStore("对象仓库名",{autoIncrement:true});
```

此外，db.createObjectStore() 方法返回一个 ObjectStore 对象。简单来说，ObjectStore 对象就是我们刚刚创建的对象仓库。

```
for(var i = 0 ; i < data.length;i++){
    var addRequest = store.add(data[i]);
    addRequest.onerror = function(){
        console.log("添加数据失败！")
    };
    addRequest.onsuccess = function(){
        console.log("添加数据成功！")
    };
}
```

在上面这段代码中，我们使用循环并且结合 ObjectStore 对象的 add() 方法往对象仓库中添加

数据。store.add() 同样会返回一个请求对象。该请求对象也有两个事件：onerror 和 onsuccess。onerror 表示添加数据失败时所触发的事件，onsuccess 表示添加数据成功时所触发的事件。

▼ 举例：创建对象仓库（相当于创建一个"表"）

```html
<!DOCTYPE html>
<html>
<head>
    <meta charset="utf-8" />
    <title></title>
    <script>
        //定义对象仓库的数据
        var data=[{
            id:1001,
            name:"Byron",
            age:24
        },{
            id:1002,
            name:"Frank",
            age:30
        },{
            id:1003,
            name:"Aaron",
            age:26
        }];
        //一定要更新版本号，以便触发onupgradeneeded事件
        var request = window.indexedDB.open("mydb",2.0);
        request.onerror = function(){
            console.log("创建或打开数据库失败！");
        };
        request.onsuccess = function(e){
            console.log("创建或打开数据库成功！");
        };
        request.onupgradeneeded = function(e){
            var db = e.target.result;
            //如果数据库不包含"students"这张表，则创建新表
            if(!db.objectStoreNames.contains("students")){
                var store = db.createObjectStore("students",{keyPath:"id"});
                for(var i = 0 ; i < data.length;i++){
                    var addRequest = store.add(data[i]);
                    addRequest.onerror = function(){
                        console.log("添加数据失败！")
                    };
                    addRequest.onsuccess = function(){
                        console.log("添加数据成功！")
                    };
                }
            }
        };
    </script>
</head>
```

```
<body>
</body>
</html>
```

控制台输出结果如图 6-15 所示。

图 6-15　输出结果

▌分析

创建对象仓库，都是在 onupgradeneeded 事件中执行的。因此，我们必须更新数据库版本号，以便触发 onupgradeneeded 事件。

执行创建对象仓库操作后，我们在控制台可以找到新创建的对象仓库"students"（记得刷新 indexedDB），如图 6-16 所示。

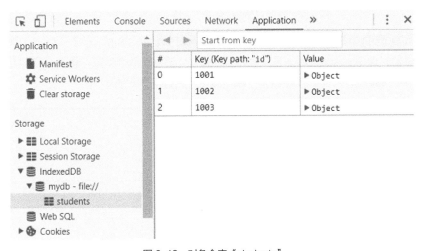

图 6-16　对象仓库"students"

6.4.3　增删查改

在 indexedDB 中，当想要使用对象仓库进行增删查改操作时，我们都需要开始一个事务。事务，简单来说就是"一组操作步骤"。这组操作步骤要么全部执行，要么一步也不执行。

大家记住一点就可以了：**凡是涉及对象仓库的增删查改，都是使用事务来处理**。

1. 增

在 indexedDB 中，我们可以使用事务的 add() 方法来为对象仓库增加数据。

▌语法

```
request.onsuccess = function(e){
    console.log("创建或打开数据库成功！");
    var db = e.target.result;
    var transaction = db.transaction(["students"],"readwrite");
    var store = transaction.objectStore("students");
    for(var i = 0 ; i < data.length;i++){
        var dataRequest = store.add(data[i]);
        dataRequest.onerror = function(){
            console.log("添加数据失败！");
        };
        dataRequest.onsuccess = function(){
            console.log("添加数据成功！");
        };
    }
};
```

▌说明

凡是对象仓库的增删查改，都是在请求对象 request 的 onsuccess 事件中操作的。

```
var transaction = db.transaction(["students"],"readwrite");
```

上面这句代码中，表示使用 IDBDatabase 对象的 transaction() 方法开启一个事务，返回的是一个事务对象，即 transaction 对象。transaction() 方法有两个参数：第 1 个参数是"对象仓库名"，它是"字符串数组"；第 2 个参数是"事务模式"，有两个取值。

- ▶ "read"：只读；
- ▶ "readwrite"：可读写。

```
var store = transaction.objectStore("students");
```

在上面这句代码中，调用 transaction 对象的 objectStore() 方法来连接对象仓库。objectStore() 方法有一个参数，表示"对象仓库名"。

```
var dataRequest = store.add(data[i]);
```

在上面这句代码中，调用 objectStore 对象的 add() 方法来为对象仓库添加数据，该方法返回一个请求对象。这个请求对象也有两个事件: onerror 和 onsuccess。

▌举例

```
<!DOCTYPE html>
<html>
<head>
    <meta charset="utf-8" />
    <title></title>
    <script>
        //定义新的数据
        var data=[{
```

```
            id:1004,
            name:"helicopter",
            age:25
        },{
            id:1005,
            name:"winne",
            age:21
        },{
            id:1006,
            name:"yuki",
            age:22
        }];
        var request = window.indexedDB.open("mydb",2.0);
        request.onerror = function(){
            console.log('创建或打开数据库失败!');
        };
        request.onsuccess = function(e){
            console.log("创建或打开数据库成功!");
            var db = e.target.result;
            //开启事务
            var transaction = db.transaction(["students"],"readwrite");
            //连接对象仓库
            var store = transaction.objectStore("students");
            //添加新数据
            for(var i = 0 ; i < data.length;i++){
                var dataRequest = store.add(data[i]);
                dataRequest.onerror = function(){
                    console.log("添加数据失败!");
                };
                dataRequest.onsuccess = function(){
                    console.log("添加数据成功!");
                };
            }
        };
    </script>
</head>
<body>
</body>
</html>
```

控制台输出结果如图6-17所示。

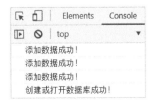

图6-17　输出结果

▌ 分析

执行"增"操作后,我们再去查看控制台,会发现新的数据已经添加到对象仓库中了,如图 6-18 所示。

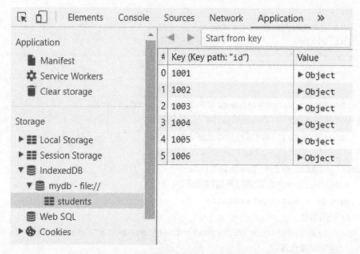

图 6-18 新的数据已经添加到对象仓库中

▌ 分析

增加数据跟创建新表的操作很相似,不过两者也有明显的区别:增加数据使用的是 transaction() 方法,而创建新表使用的是 createObjectStore() 方法。

2. 删

在 indexedDB 中,我们可以使用事务的 delete() 方法来删除对象仓库的数据。

▌ 语法

```
request.onsuccess = function(e){
    console.log("创建或打开数据库成功! ");
    var db = e.target.result;
    var transaction = db.transaction(["students"],"readwrite");
    var store = transaction.objectStore("students");
    var dataRequest = store.delete(1001);
    dataRequest.onerror = function(){
        console.log("删除数据失败! ");
    };
    dataRequest.onsuccess = function(){
        console.log("删除数据成功! ");
    };
};
```

▌ 说明

对象仓库的"删"操作,也是在请求对象 request 的 onsuccess 事件中操作的。

```
var dataRequest = store.delete(1001);
```

在上面这句代码中,调用 objectStore 对象的 delete() 方法来为对象仓库删除数据,这个方法只有一个参数,这个参数是主键名。delete() 方法返回一个请求对象,这个请求对象也有两个事件:onerror 和 onsuccess。

▶ 举例

```
<!DOCTYPE html>
<html>
<head>
    <meta charset="utf-8" />
    <title></title>
    <script>
        var request = window.indexedDB.open("mydb",2.0);
        request.onerror = function(){
            console.log("创建或打开数据库失败! ");
        };
        request.onsuccess = function(e){
            console.log("创建或打开数据库成功! ");
            var db = e.target.result;
            var transaction = db.transaction(["students"],"readwrite");
            var store = transaction.objectStore("students");
            var dataRequest = store.delete(1001);
            dataRequest.onerror = function(){
                console.log("删除数据失败! ");
            };
            dataRequest.onsuccess = function(){
                console.log("删除数据成功! ");
            };
        };
    </script>
</head>
<body>
</body>
</html>
```

控制台输出结果如图 6-19 所示。

图 6-19 输出结果

▶ 分析

执行"删"操作后,我们再去查看控制台,会发现 id 为"1001"的数据已经从对象仓库中删除了,如图 6-20 所示。

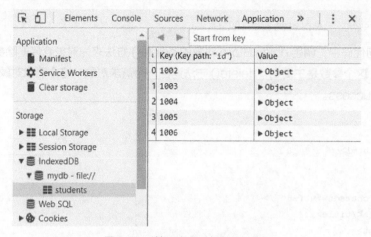

图 6-20　数据已经从对象仓库中删除

3. 查

在 indexedDB 中，我们可以使用事务的 get() 方法来查询对象仓库的数据。

▎ 语法

```
request.onsuccess = function(e){
    console.log("创建或打开数据库成功")；
    var db = e.target.result;
    var transaction = db.transaction(["students"],"readwrite");
    var store = transaction.objectStore("students");

    var dataRequest = store.get(主键名);
    dataRequest.onerror = function(){
        alert("获取数据失败");
    };

    dataRequest.onsuccess = function(){
        if(this.result == undefined){
            console.log("没有符合条件的数据");
        }else{
            console.log(this.result);
        }
    };
};
```

▎ 说明

对象仓库的 "查" 操作，也是在请求对象 request 的 onsuccess 事件中操作的。

```
var dataRequest = store.get(1002);
```

上面这句代码中，调用 objectStore 对象的 get() 方法来为对象仓库查询数据，这个方法只有一个参数，这个参数是主键名。get() 方法返回一个请求对象，这个请求对象也有两个事件：onerror 和 onsuccess。

举例

```html
<!DOCTYPE html>
<html>
<head>
    <meta charset="utf-8" />
    <title></title>
    <script>
        var request = window.indexedDB.open("mydb",2.0);
        request.onerror = function(){
            console.log("创建或打开数据库失败！");
        };
        request.onsuccess = function(e){
            console.log("创建或打开数据库成功") ;
            var db = e.target.result;
            var transaction = db.transaction(["students"],"readwrite");
            var store = transaction.objectStore("students");

            var dataRequest = store.get(1002);
            dataRequest.onerror = function(){
                alert("获取数据失败");
            };
            dataRequest.onsuccess = function(){
                if(this.result == undefined){
                    console.log("没有符合条件的数据");
                }else{
                    console.log(this.result);
                }
            };
        };
    </script>
</head>
<body>
</body>
</html>
```

控制台输出结果如图 6-21 所示。

图 6-21 输出结果

4. 改

在 indexedDB 中，我们可以使用事务的 put() 方法来更新对象仓库的数据。

语法

```
request.onsuccess = function(e){
    var db = e.target.result;
```

```
            console.log("创建或打开数据库成功") ;
            var transaction = db.transaction(["students"],"readwrite");
            var store = transaction.objectStore("students");

            var value = {……}
            var dataRequest = store.put(value);
            dataRequest.onerror = function(){
                console.log("更新数据失败! ");
            };
            dataRequest.onsuccess = function(){
                console.log("更新数据成功! ");
            };
        };
```

▌说明

对象仓库的"改"操作，也是在请求对象 request 的 onsuccess 事件中操作的。

```
var dataRequest = store.put(value);
```

在上面这句代码中，调用 objectStore 对象的 put() 方法来为对象仓库更新数据，这个方法只有一个参数，这个参数是一条数据记录。put() 方法返回一个请求对象，这个请求对象也有两个事件：onerror 和 onsuccess。

▌举例

```
<!DOCTYPE html>
<html>
<head>
    <meta charset="utf-8" />
    <title></title>
    <script>
        var request = window.indexedDB.open("mydb",2.0);
        request.onerror = function(){
            console.log("创建或打开数据库失败! ");
        };
        request.onsuccess = function(e){
            var db = e.target.result;
            console.log("创建或打开数据库成功") ;
            var transaction = db.transaction(["students"],"readwrite");
            var store = transaction.objectStore("students");

            var value = {
                id:1002,
                age:40,
                name:"Jack"
            }
            var dataRequest = store.put(value);
            dataRequest.onsuccess = function(){
                console.log("更新数据成功! ");
            };
            dataRequest.onerror = function(){
```

```
                console.log("更新数据失败！");
            };
        };
    </script>
</head>
<body>
</body>
</html>
```

控制台输出结果如图 6-22 所示。

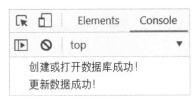

图 6-22　输出结果

▌分析

执行"改"操作后，我们再去查看控制台，会发现 id 为 1002 的数据已经被更新了，如图 6-23 所示。

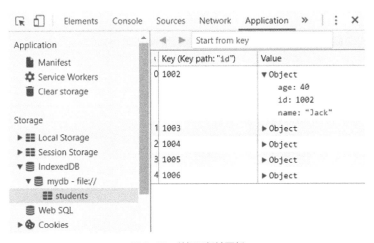

图 6-23　数据已经被更新

5. 清空

在 indexedDB 中，我们可以使用事务的 clear() 方法来清空对象仓库的数据。

▌语法

```
request.onsuccess = function(e){
    var db = e.target.result;
    console.log("创建或打开数据库成功") ;
    var transaction = db.transaction(["students"],"readwrite");
    var store = transaction.objectStore("students");
```

```
    var dataRequest = store.clear();
    dataRequest.onerror = function(){
        console.log("清空数据失败!");
    };
    dataRequest.onsuccess = function(){
        console.log("清空数据成功!");
    };
};
```

▌ 说明

对象仓库的"清空"操作,也是在请求对象 request 的 onsuccess 事件中操作的。

```
var dataRequest = store.clear();
```

在上面这句代码中,调用 objectStore 对象的 clear() 方法来清空对象仓库中的所有数据,这个方法没有参数。clear() 方法返回一个请求对象,这个请求对象也有两个事件: onerror 和 onsuccess。

▌ 举例

```
<!DOCTYPE html>
<html>
<head>
    <meta charset="utf-8" />
    <title></title>
    <script>
        var request = window.indexedDB.open("mydb",2.0);
        request.onerror = function(){
            console.log("创建或打开数据库失败!");
        };
        request.onsuccess = function(e){
            var db = e.target.result;
            console.log("创建或打开数据库成功") ;
            var transaction = db.transaction(["students"],"readwrite");
            var store = transaction.objectStore("students");

            var dataRequest = store.clear();
            dataRequest.onerror = function () {
                console.log("清空对象仓库失败!");
            };
            dataRequest.onsuccess = function(){
                console.log("清空对象仓库成功!");
            };
        };
    </script>
</head>
<body>
</body>
</html>
```

控制台输出结果如图 6-24 所示。

图 6-24　输出结果

▌ 分析

执行"清空"操作后,我们再去查看控制台,会发现对象仓库中的所有数据已经被清空了,如图 6-25 所示。

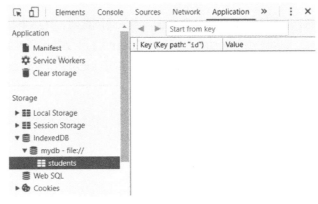

图 6-25　对象仓库中的所有数据已经被清空

6.5　实战题:计数器

根据 localStorage 和 sessionStorage 的特点,localStorage 可以作为 Web 应用访问计数器,而 sessionStorage 可以作为会话计数器。下面我们来具体实现一下。

```
<!DOCTYPE html>
<html>
<head>
    <meta charset="utf-8" />
    <title></title>
    <script>
        if (localStorage.getItem("count")) {
            n = Number(localStorage.getItem("count")) + 1;
            localStorage.setItem("count", n);
        } else {
            localStorage.setItem("count", 1);
        }
        console.log("页面总访问数:" + localStorage.count);
    </script>
</head>
<body>
```

```
</body>
</html>
```

控制台输出结果如图 6-26 所示。

图 6-26　输出结果

▶ **分析**

当我们刷新页面时，会发现计数器数值在增长。当关闭浏览器，然后再打开的时候，数据还会保留下来。实际上，var xxx=localStorage.getItem("count") 可以等价于 var xxx=localStorage.count，而 localStorage.setItem("count", xxx) 可以等价于 localStorage.count=xxx。因此，像上面这个例子，可以简化为以下代码：

```
if (localStorage.count) {
    localStorage.count = Number(localStorage.count) + 1;
} else {
    localStorage.count = 1;
}
console.log("页面总的访问数: " + localStorage.count);
```

6.6　本章练习

单选题

1. 如果想要临时保存客户端的少量数据，可以使用（　　）来实现。
   A. Cookie　　　　　　　　B. localStorage
   C. sessionStorage　　　　D. indexedDB
2. 如果想要永久保存客户端的大量数据，可以使用（　　）来实现。
   A. Cookie　　　　　　　　B. localStorage
   C. sessionStorage　　　　D. indexedDB
3. 下面有关 HTML5 本地存储的说法中，不正确的是（　　）。
   A. indexedDB 用于永久保存客户端的大量数据
   B. indexedDB 跟 MySQL、SQL Server 一样，都是关系数据库
   C. localStorage 和 sessionStorage 都是 window 对象下的子对象
   D. 浏览器被关闭后，sessionStorage 对象保存的数据也会丢失

问答题

请简单说一下 Cookie、localStorage 和 sessionStorage 之间的区别。（前端面试题）

第 7 章 音频视频

7.1 视频音频简介

7.1.1 Flash 时代的逝去

在 HTML5 之前,如果想要在页面中展示音频、视频等,我们往往需要在浏览器中安装各种第三方插件(比如 Flash Player、QuickTime 等)来实现,但是这种方式是非常麻烦的。那个时候,我们一般都是使用 object 和 embed 这两个元素来实现的。

▌ 举例

```
<!DOCTYPE html>
<html>
<head>
    <meta charset="utf-8" />
    <title></title>
</head>
<body>
    <object classid="clsid:d27cdb6e-ae6d-11cf-96b8-444553540000" width="500" height="400" codebase="http://download.macromedia.com/pub/shockwave/cabs/flash/swflash.cab#version=6,0,40,0">
        <param name="movie" value="myMovieName" />
        <param name="quality" value="high"/>
        <embed
            type="application/x-shockwave-flash"
            width="500"
            height="400"
            src="media/helloworld.swf">
        </embed>
    </object>
</body>
</html>
```

浏览器预览效果如图 7-1 所示。

图 7-1 Flash 曾经流行了很多年

▌ 分析

为了兼容各个浏览器，一般情况下都是将 object 和 embed 配合使用。从上面我们也可以看出来，这种方式代码量太大，而且参数很多，十分烦琐。

随着浏览器的更新迭代以及 HTML5 的不断发展，最终迫使 Flash 逐渐退出历史舞台，并且其开发商 Adobe 公司也鼓励大家使用 HTML5 来代替 Flash。

7.1.2 HTML5 时代的来临

现在一些大型视频网站，如 YouTube、Bilibili 等，都已经转向使用 HTML5 来开发音频视频了，那我们还在等什么呢？赶紧投入 HTML5 的怀抱吧！

使用 object 和 embed 这两个元素来开发音频、视频的方式已经被摒弃了，这两个元素小伙伴们就别再用了喔。在 HTML5 时代中，正确的做法是：对于音频，使用 audio 元素来开发；对于视频，使用 video 元素来开发。

audio 和 video 这两个元素大多数的属性和方法都是相同的，在下面的学习中，我们应该多多对比，这样更能加深理解和记忆。

7.2 开发视频

7.2.1 video 元素

在 HTML5 中，我们可以使用 video 元素来开发视频。

▌ 语法

```
<video>
    你的浏览器不支持video元素，请升级到最新版本
</video>
```

▌ 说明

如果浏览器不支持 video 元素，就会显示标签中的内容"你的浏览器不支持 video 元素，请升级到最新版本"。当然，这个提示文字可加可不加。

video 元素的属性有很多，常用的如表 7-1 所示。

表 7-1 video 元素常用的属性

属性	说明
autoplay	是否自动播放
controls	是否显示控件
loop	是否循环播放
preload	是否预加载

autoplay、controls 和 loop 属性无须多说。而 preload 属性表示是否预加载，它有 3 个取值，如表 7-2 所示。

表 7-2 preload 属性取值

属性	说明
auto	预加载（默认值）
metadata	只预加载元数据（即媒体字节数、第一帧、播放列表等）
none	不预加载

▌ 举例：video 元素

```
<!DOCTYPE html>
<html>
<head>
    <meta charset="utf-8" />
    <title></title>
</head>
<body>
    <video width="320" height="240" src="media/movie.mp4" autoplay controls loop></video>
</body>
</html>
```

浏览器预览效果如图 7-2 所示。

图 7-2 video 元素

▌ **分析**

可能小伙伴们会觉得很奇怪：为什么 autoplay、controls、loop 这几个属性没有属性值呢？其实这句代码等价于下面这句代码：

```
<video src="media/movie.mp4" autoplay="autoplay" controls="controls" loop="loop"></video>
```

在 HTML5 中，有些属性是可以省略属性值的，这个我们在本书第 1 章中已经详细介绍过了。最后，建议小伙伴们一定要使用 width 和 height 这两个属性来定义视频的宽度和高度。如果没有定义，则浏览器显示的是视频原来的大小。如果视频本身过于大，则会影响页面布局。

7.2.2 视频格式

对于 HTML5 视频格式，主要有 3 种，分别是 ogg、mp4 和 webm。不过，主流浏览器对这 3 种视频格式的支持程度都不一样，如表 7-3 所示。

表 7-3 主流浏览器支持的视频格式

格式	Chrome	Firefox	IE9	Safari	Opera
ogg	√	√	不支持	不支持	√
mp4	√	不支持	√	√	不支持
webm	√	√	不支持	不支持	√

从上面可以知道，如果想要视频在所有主流浏览器中成功播放，我们还得做兼容处理。在 HTML5 中，我们可以配合使用 video 元素和 source 元素，实现多种格式的视频播放。

▌ **语法**

```
<video>
    <source type="vdieo/ogg" src="文件路径" />
    <source type="video/mp4" src="文件路径" />
    <source type="video/webm" src="文件路径" />
</video>
```

▌ **说明**

特别注意，此时 src 属性是放在 source 元素中，而不是放在 video 元素中。如果当前浏览器能同时识别几种视频格式，则最终将使用第一个可识别的格式文件。

▌ **举例：多种格式的视频**

```
<!DOCTYPE html>
<html>
<head>
    <meta charset="utf-8"/>
    <title></title>
</head>
<body>
    <video controls>
        <source type="video/ogg" src="media/movie.ogg" />
```

```
            <source type="video/mp4" src="media/movie.mp4" />
            <source type="video/webm" src=media/movie.webm"/>
        </video>
    </body>
</html>
```

浏览器预览效果如图 7-3 所示。

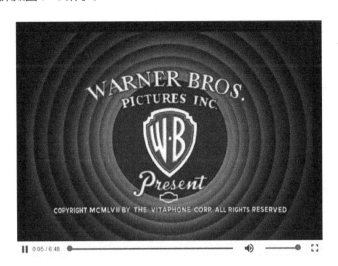

图 7-3　多种格式的视频

7.2.3　自定义视频

视频，我们可以将其分为两种：一种是"默认样式的视频"，另一种是"自定义样式的视频"。其中，默认样式的视频采用的是浏览器默认外观，只需要借助 HTML 就能实现。而自定义样式的视频，则需要我们结合 CSS 和 JavaScript 来操作。

视频的默认样式一般比较难看，用户体验并不好。在实际开发中，大多数情况下我们都需要自己重新设计。像 Youtube、Bilibili 等大型视频网站，为了更高的个性化以及用户体验，肯定不会用浏览器默认样式的，而都是采用自定义样式。

在自定义视频中，我们不仅需要使用 CSS 重新制作外观样式，还需要借助 JavaScript 来将播放、暂停、进度条显示、音量控制等功能实现才行。对于 CSS 外观控制，这里就不多说了，就是简单的布局而已。下面着重讲解怎么使用 JavaScript 来实现视频的各种功能。

对于使用 JavaScript 来实现视频的各种功能，用最简单的一句话来说就是：**对 video 元素的 DOM 操作**，如表 7-4 ～表 7-6 所示。

表 7-4　video 元素的 DOM 属性

属性	说明
volume	音量
currentTime	当前播放时间（单位：秒）
startTime	设置播放时间（单位：秒），也就是在哪里开始播放

续表

属性	说明
duration	总的播放时间（单位：秒）
playbackRate	当前播放速率，默认值为1
muted	是否静音，默认值为 false
paused	是否处于暂停，取值为 true 或 false
end	是否播放完毕，取值为 true 或 false

表 7-5　video 元素的 DOM 方法

方法	说明
play()	播放
pause()	暂停

表 7-6　video 元素的 DOM 事件

事件	说明
timeupdate	视频时间改变时触发

▼ 举例：暂停和播放

```html
<!DOCTYPE html>
<html>
<head>
    <meta charset="utf-8" />
    <title></title>
    <script>
        window.onload = function () {
            var oVideo = document.getElementsByTagName("video")[0];
            var oPlay = document.getElementById("play");
            var oPause = document.getElementById("pause");

            oPlay.onclick = function () {
                oVideo.play();
            };
            oPause.onclick = function () {
                oVideo.pause();
            };
        }
    </script>
</head>
<body>
    <video width="320" height="240" src="media/movie.mp4"></video><br/>
    <input id="play" type="button" value="播放" />
    <input id="pause" type="button" value="暂停" />
</body>
</html>
```

浏览器预览效果如图 7-4 所示。

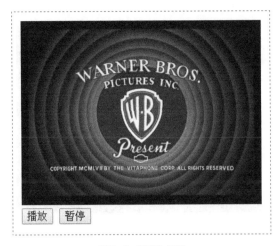

图 7-4　暂停与播放

▌ 分析

视频的播放使用的是 play() 方法，而视频的暂停使用的是 pause() 方法。在上面例子中，当我们点击【播放】按钮后，视频就会开始播放；当我们点击【暂停】按钮后，视频就会被暂停。

▌ 举例：音量控制

```html
<!DOCTYPE html>
<html>
<head>
    <meta charset="utf-8" />
    <title></title>
    <script>
        window.onload = function () {
            var oVideo = document.getElementsByTagName("video")[0];
            var oAdd = document.getElementById("add");
            var oReduce = document.getElementById("reduce");

            oAdd.onclick = function () {
                oVideo.volume += 0.2;
            };
            oReduce.onclick = function () {
                oVideo.volume -= 0.2;
            };
        }
    </script>
</head>
<body>
    <video width="320" height="240" src="media/movie.mp4" autoplay></video><br/>
    <input id="add" type="button" value="增大" />
    <input id="reduce" type="button" value="减小"/>
</body>
</html>
```

浏览器预览效果如图 7-5 所示。

图 7-5　音量控制

▌分析

对于视频的音量控制，我们使用的是 volume 属性。当点击【增大】按钮后，就会增大视频音量；当点击【减小】按钮后，就会减小视频音量。如果点击按钮发现视频的音量变化不明显，记得把电脑本身的音量调大一点再做测试。

▌举例：是否静音

```
<!DOCTYPE html>
<html>
<head>
    <meta charset="utf-8" />
    <title></title>
    <script>
        window.onload = function () {
            var oVideo = document.getElementsByTagName("video")[0];
            var oBtn = document.getElementById("btn");
            var flag = 1;

            oBtn.onclick = function () {
                if(flag==1){
                    oVideo.muted = true;
                    oBtn.value="开启";
                    flag = 0;
                }else{
                    oVideo.muted = false;
                    oBtn.value="静音";
                    flag = 1;
                }
            };
        }
    </script>
</head>
<body>
```

```
        <video width="320" height="240" src="media/movie.mp4" autoplay></video><br/>
        <input id="btn" type="button" value="静音" />
</body>
</html>
```

浏览器预览效果如图 7-6 所示。

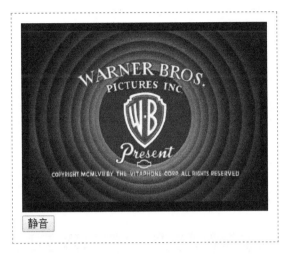

图 7-6　是否静音

▼ 分析

对于视频的静音状态控制，可以使用 muted 属性。muted 属性有两个取值：true 和 false，默认值是 false。当取值为 true 时，表示静音状态；当取值为 false 时，表示取消静音。

▼ 举例：快进和慢进

```
<!DOCTYPE html>
<html>
<head>
    <meta charset="utf-8" />
    <title></title>
    <script>
        window.onload = function () {
            var oVideo= document.getElementsByTagName("video")[0];
            var oBtnFast = document.getElementById("fast");
            var oBtnSlow = document.getElementById("slow");

            //快进：速率小于等于1时，每次只增加0.2；大于1时，每次增加1
            oBtnFast.onclick = function(){
                if(oVideo.playbackRate <= 1){
                    oVideo.playbackRate += 0.2;
                }else{
                    oVideo.playbackRate += 1;
                }
                console.log(oVideo.playbackRate);
            };
            //慢进：速率小于等于1时，每次只减少0.2；大于1时，每次减少1
```

```
                oBtnSlow.onclick = function(){
                    if (oVideo.playbackRate <= 1) {
                        oVideo.playbackRate -= 0.2;
                    } else {
                        oVideo.playbackRate -= 1;
                    }
                    console.log(oVideo.playbackRate);
                };
            }
        </script>
    </head>
    <body>
        <video width="320" height="240" src="media/movie.mp4" autoplay></video><br/>
        <input id="fast" type="button" value="快进" />
        <input id="slow" type="button" value="慢进" />
    </body>
</html>
```

浏览器预览效果如图 7-7 所示。

图 7-7 快进和慢进

▌ 分析

对于视频的速率控制，我们可以使用 playbackRate 属性。playbackRate 属性获取的是当前的播放速率，它是一个数值，默认值为 1。

▌ 举例：进度条

```
<!DOCTYPE html>
<html>
<head>
    <meta charset="utf-8" />
    <title></title>
    <script>
        window.onload = function () {
```

```
                var oVideo = document.getElementsByTagName("video")[0];
                var oRange = document.getElementById("range");

                //初始化进度条的3个属性值：min、max、value
                oRange.min = 0;
                oRange.max = oVideo.duration;
                oRange.value = 0;

                //触发滑动条的onchange事件
                oRange.onchange=function(){
                    oVideo.currentTime = oRange.value;
                };
                //触发video的timeupdate事件
                oVideo.addEventListener("timeupdate", function () {
                    oRange.value = oVideo.currentTime;
                }, false);
            }
        </script>
    </head>
    <body>
        <video width="320" height="240" src="media/movie.mp4" autoplay></video><br/>
        <input id="range" type="range" />
    </body>
</html>
```

浏览器预览效果如图 7-8 所示。

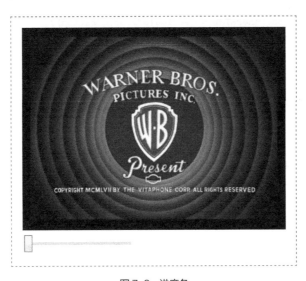

图 7-8　进度条

▐ 分析

拖动滑动条会触发 onchange 事件，而当视频播放的进度改变时会触发 timeupdate 事件。要确保当用户拖动滑动条的时候，视频的播放时间会改变，并且如果滑动条和 video 的时间是同步的，则我们必须在 onchange 和 timeupdate 这两个事件中分别编写代码，下面这段代码就是具体实现：

```
//触发滑动条的onchange事件
oRange.onchange=function(){
    oVideo.currentTime = oRange.value;
};
//触发video的timeupdate事件
oVideo.addEventListener("timeupdate", function () {
    oRange.value = oVideo.currentTime;
}, false);
```

此外，在上面这个例子中，oVideo.duration 获取的是总的播放时间，单位是"秒"；oVideo.currentTime 获取的是当前已经播放的时间，单位也是"秒"。

▌ 举例：添加时间

```
<!DOCTYPE html>
<html>
<head>
    <meta charset="utf-8" />
    <title></title>
    <script>
        window.onload = function () {
            var oVideo = document.getElementsByTagName("video")[0];
            var oRange = document.getElementById("range");
            var oCurrentTime = document.getElementsByClassName("currentTime")[0];
            var oDuration = document.getElementsByClassName("duration")[0];

            //初始化两个时间
            oDuration.innerHTML = getTime(oVideo.duration);
            oCurrentTime.innerHTML = "00:00:00";


            //初始化进度条的值
            oRange.min = 0;
            oRange.max = oVideo.duration;
            oRange.value = 0;

            //保持滑动条和video的时间同步
            oRange.onchange=function(){
                oVideo.currentTime = oRange.value;
                oCurrentTime.innerHTML = getTime(oVideo.currentTime);
            };
            oVideo.addEventListener("timeupdate", function () {
                oRange.value = oVideo.currentTime;
                oCurrentTime.innerHTML = getTime(oVideo.currentTime);
            }, false);

            //定义一个转换为"00:00:00"格式时间的函数
            function getTime(time) {
                var hours = parseInt(time / 3600);
                var minutes = parseInt((time - hours * 3600) / 60);
                var seconds = parseInt(time - hours * 3600 - minutes * 60);
                if (hours < 10) {
```

```
                hours = "0" + hours;
            }
            if (minutes < 10) {
                minutes = "0" + minutes;
            }
            if (seconds < 10) {
                seconds = "0" + seconds;
            }
            var result = hours + ":" + minutes + ":" + seconds;
            return result;
        }
    }
    </script>
</head>
<body>
    <video width="320" height="240" src="media/movie.mp4" autoplay></video><br/>
    <input id="range" type="range" /><br/>
    <div class="time">
        <span class="currentTime"></span>/
        <span class="duration"></span>
    </div>
</body>
</html>
```

浏览器预览效果如图 7-9 所示。

图 7-9 添加时间

▌ 分析

这个例子相对于上一个例子来说，只是增加了时间显示的功能，我们只需要关注这一部分的代码即可。在这个例子中，由于 oVideo.currentTime 和 oVideo.duration 这两个获取的时间单位都是"秒"，因此，我们在这里定义了一个 getTime() 函数，以将其转换为"00:00:00"格式的时间。

7.3 开发音频

7.3.1 audio 元素

在 HTML5 中,我们可以使用 audio 元素来开发音频。

▌ 语法

```
<audio src="文件地址">
    你的浏览器不支持audio元素,请升级到最新版本
</audio>
```

▌ 说明

如果浏览器不支持 audio 元素,就会显示标签中的内容"你的浏览器不支持 audio 元素,请升级到最新版本"。当然,这个提示文字可加可不加。

audio 元素的属性跟 video 元素的属性几乎是一样的,常用的如表 7-7 所示。

表 7-7 audio 元素常用的属性

属性	说明
autoplay	是否自动播放
controls	是否显示控件
loop	是否循环播放
preload	是否预加载

autoplay、controls、loop 属性无须多说。而 preload 属性表示是否预加载,它有 3 个取值,如表 7-8 所示。

表 7-8 preload 属性取值

属性	说明
auto	预加载(默认值)
metadata	只预加载元数据(即媒体字节数、第一帧、播放列表等)
none	不预加载

▌ 举例: audio 元素

```
<!DOCTYPE html>
<html>
<head>
    <meta charset="utf-8" />
    <title></title>
</head>
<body>
    <audio src="media/music.mp3" autoplay controls loop></audio>
```

```
</body>
</html>
```

浏览器预览效果如图 7-10 所示。

图 7-10　audio 元素

▎分析

```
<audio src="media/music.mp3" autoplay controls loop></audio>
```

上面这句代码可以等价于下面这句代码：

```
<audio src="" autoplay="autoplay" controls="controls" loop="loop"></audio>
```

▎举例：网页背景音乐

```
<!DOCTYPE html>
<html>
<head>
    <meta charset="utf-8" />
    <title></title>
</head>
<body>
    <audio src="media/music.mp3" autoplay loop></audio>
</body>
</html>
```

浏览器预览效果如图 7-11 所示。

图 7-11　网页背景音乐

▎分析

实现网页背景音乐很简单，只要隐藏控件就可以了，也就是不添加 controls 属性。

7.3.2　音频格式

对于 HTML5 音频格式，主要有 3 种，分别是 ogg、mp3 和 wav。主流浏览器对这 3 种音频格式的支持程度都不一样，如表 7-9 所示。

表 7-9　主流浏览器支持的音频格式

格式	Chrome	Firefox	IE9+	Safari	Opera
ogg	√	√	√	不支持	√
mp3	√	不支持	√	√	不支持
wav	不支持	√	不支持	不支持	√

从上面可以知道，如果想要音频在所有主流浏览器中成功播放，我们还得做兼容处理。在 HTML5 中，我们可以使用 audio 元素和 source 元素来实现多种格式的音频播放。

▌ 语法

```
<audio>
    <source type="audio/ogg" src="文件路径" />
    <source type="audio/mp3" src="文件路径" />
</audio>
```

▌ 说明

一般来说，我们只需要提供 ogg 和 mp3 这两种音频格式，就可以支持所有主流浏览器了。

▌ 举例：多种格式音频

```
<!DOCTYPE html>
<html>
<head>
    <meta charset="utf-8"/>
    <title></title>
</head>
<body>
    <audio autoplay controls loop>
        <source src="music.mp3" type="audio/mp3" />
        <source src="music.ogg" type="audio/ogg" />
    </audio>
</body>
</html>
```

浏览器预览效果如图 7-12 所示。

图 7-12　多种格式音频

7.3.3　自定义音频

在实际开发中，为了获得更好的用户体验，对于音频开发，我们也不会使用浏览器默认样式，而是采用自定义音频样式。其中 audio 元素的 DOM 属性和 DOM 方法，跟 video 元素的是一样的，如表 7-10 ～表 7-12 所示。在这一节中，这些属性和方法我们就不详细展开介绍了，小伙伴们可以参考一下"7.2 开发视频"这一节。

表 7-10 audio 元素的 DOM 属性

属性	说明
volume	音量
currentTime	当前播放时间（单位：秒）
startTime	设置播放时间（单位：秒），也就是在哪里开始播放
duration	总的播放时间（单位：秒）
playbackRate	当前播放速率，默认值为 1
muted	是否静音，默认值为 false
paused	是否处于暂停，取值为 true 或 false
end	是否播放完毕，取值为 true 或 false

表 7-11 audio 元素的 DOM 方法

方法	说明
play()	播放
pause()	暂停

表 7-12 audio 元素的 DOM 事件

事件	说明
timeupdate	音频时间改变时触发

7.4 本章练习

单选题

1. 在 HTML5 中，我们可以使用（　　）属性来实现视频的循环播放。
   A. autoplay　　　B. controls　　　C. loop　　　D. preload
2. 视频的时间改变时，触发的是（　　）事件。
   A. time　　　B. update　　　C. load　　　D. timeupdate
3. 在 HTML5 开发视频时，用于设置静音的 DOM 属性是（　　）。
   A. volume　　　B. muted　　　C. paused　　　D. end
4. 下面有关 HTML5 视频音频的说法中，不正确的是（　　）。
   A. 使用 object 和 embed 这两个元素来开发音频、视频的方式已经被摒弃了
   B. 所有主流浏览器对 ogg、mp4 和 webm 这 3 种视频格式的支持程度是一样的
   C. 如果没有为视频定义 width 和 height，则浏览器显示的是视频原来的大小
   D. 定义视频使用的是 video 元素，定义音频使用的是 audio 元素

编程题

请使用 HTML5 技术来自定义一个音频播放器，需要包含以下功能：暂停与播放、音量控制、是否静音、快进和慢进、进度条、显示时间。只需要实现功能即可，不需要样式美化。

第 8 章 离线应用

8.1 搭建服务器环境

由于离线应用是需要借助服务器环境的，因此在介绍离线应用之前，我们先来介绍一下如何搭建一个服务器环境。实际上，后面几章介绍的离线应用、多线程处理等都需要借助服务器环境。这一节可以说是后面几章的基础，小伙伴们一定要认真对待。

想要配置一个服务器环境，我们可以使用 WampServer 软件。对于 WampServer，大家百度搜索一下就有了，下载后安装即可。安装完成后，WampServer 会生成很多文件夹，其中有一个叫"www"，这个文件夹就是默认指定的网站根目录。也就是说，凡是网站的代码文件都必须放在"www"文件夹下，如图 8-1 所示。

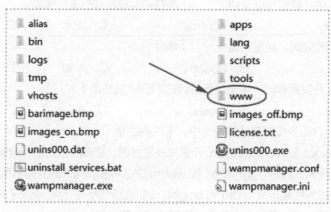

图 8-1 文件目录

双击 WampServer，开启服务器后，我们在电脑桌面右下角可以找到 WampServer 的小图标，鼠标左键点击小图标（注意不是右键），即可开启 WampServer 的管理面板，如图 8-2 所示。

图 8-2　WampServer 管理面板

下面我们举一个简单的例子，给大家说明一下怎么使用 WampServer 的服务器环境。

① **新建文件**：首先我们在"www"文件夹下新建一个"test"文件夹，并且在新建好的"test"文件夹下新建一个 test.html，代码如下：

```
<!DOCTYPE html>
<html>
<head>
    <meta charset="utf-8" />
    <title></title>
</head>
<body>
    <h3>这是一个测试页面</h3>
</body>
</html>
```

② **开启服务器环境**：开启 WampServer 软件，即可开启服务器环境。

③ **通过 localhost 地址访问**：想要访问服务器环境下的网站页面，千万不要像平常那样双击 HTML 文件来打开，而是应该通过 localhost 地址来打开。像上面那个 test.html 文件，我们应该在浏览器中通过以下地址来访问：

```
localhost/test/test.html
```

浏览器预览效果如图 8-3 所示。

图 8-3　页面效果

对于 WampServer 的使用，还有以下 3 点需要强调一下：

▶ 在开启 WampServer 之前，一定要把所有浏览器、下载软件（如迅雷）、播放器软件（如迅雷看看）等关闭，因为这些软件会占用 WampServer 的默认端口（即 80 端口），然后导致开启服务器失败。

▶ WampServer 开启后，如果图标是绿色的，说明开启成功；如果图标是黄色的，说明没有开启成功，原因很可能就是没有把上面提及的软件关闭就开启了 WampServer。

▶ 对于网站的页面，我们一定不要去双击打开，而是应该通过 localhost 地址去访问。

8.2 离线存储

在实际开发中，我们都知道 Web 应用是需要时刻与服务器保持交互的，一旦网络没有信号时，就不能正常访问页面。为了使得没有网络时（即离线状态）也能正常访问，HTML5 新增了一个离线存储的 API，用于实现本地数据的缓存，从而使得开发离线应用成为可能。

所谓"离线存储"，指的是建立一个 URL 列表，该列表可以包含 HTML 文件、CSS 文件、JavaScript 文件和图片等。当与服务器建立连接时，浏览器会在本地缓存 URL 列表中的文件；当与服务器断开连接时，浏览器将调用缓存的文件来支持页面展示。

想要实现离线存储，我们一般需要以下 3 步。

① **配置 httpd.conf 文件**：鼠标左键点击桌面右下角的 WampServer 图标，在管理面板中找到 Apache 选项中的 httpd.conf，如图 8-4 所示。然后在 httpd.conf 文件最底部加入下面这一句代码（特别注意空格），添加后记得重启一下服务器：

```
AddType text/cache-manifest .manifest
```

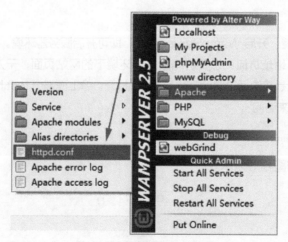

图 8-4　配置 httpd.conf 文件

② **页面头部加入 manifest 属性**：manifest 属性的取值是 cache.manifest 文件的路径。注意，这里是文件路径：

```
<!DOCTYPE html>
<html manifest="cache.manifest">
```

```
<head>
    ……
</html>
```

③ 在 www 文件目录建立一个 cache.manifest 文件,其中 cache.manifest 文件格式如下:

```
CACHE MANIFEST
# 上面这一句必须存在,而且必须放在头部

# version xx.xx.xx

# 指明缓存入口
CACHE:
index.html
style.css
images/logo.png
scripts/main.js

# 以下资源必须在线访问,离线是不可访问
NETWORK:
login.php

# 如果index.php无法访问则用404.html代替
FALLBACK:
/index.php /404.html
```

▌ 说明

CACHE MANIFEST 这一句必须放在文件头部,表示这是一个进行离线存储的格式文件。

CACHE 表示浏览器需要进行缓存的文件列表。

NETWORK 表示只限在线访问的文件列表。这里的文件只有在浏览器与服务器建立连接时才能访问。如果设置为星号(*),则表示除了 CACHE 中的文件之外,所有的文件都不进行本地缓存。

FALLBACK 表示页面无法访问时的 404 页面。

在实际开发中,一般使用 CACHE 比较多,而 NETWORK 和 FALLBACK 用得比较少,了解一下即可。

在下面例子中,我们首先在 www 文件目录下放入 4 个文件: cache.html、cache.css、cache.js、cache.png。

cache.html 代码如下:

```
<!DOCTYPE html>
<html manifest="cache.manifest">
<head>
    <meta charset="utf-8"/>
    <title></title>
    <link href="cache.css" rel="stylesheet" type="text/css" />
    <script src="cache.js"></script>
</head>
<body>
    <img src="cache.png" alt="" />
```

```
        <div>绿叶，给你初恋般的感觉。</div>
        <input type="button" value="欢迎" />
    </body>
</html>
```

cache.css 代码如下：

```
div{color:red;}
```

cache.js 代码如下：

```
window.onload = function(){
    var oBtn = document.getElementsByTagName("input")[0];
    oBtn.onclick = function(){
        alert("欢迎! ")
    };
}
```

然后我们在浏览器地址栏输入：http://localhost/cache/cache.html，此时浏览器预览效果如图 8-5 所示。

图 8-5　页面效果

接着我们关闭服务器，再刷新一下页面，会发现页面不能访问了。如果想要实现关闭服务器还能访问页面，我们还需要在 www 文件目录下添加一个 cache.manifest 文件。

cache.manifest 代码如下：

```
CACHE MANIFEST

# version 1.0.1

CACHE:
cache.js
cache.css
cache.png
```

然后我们在浏览器地址栏重新打开 http://localhost/cache/cache.html，此时浏览器预览效果如图 8-6 所示。

图 8-6　页面效果

接着我们关闭服务器，再刷新页面，此时神奇的一幕出现了：页面可以正常访问！其实，这就是离线存储的特点。实际上，离线存储并没有小伙伴们想象中那么复杂，只需要按照上面 3 个步骤来做，就可以轻松实现。

最后有一点要说明的，浏览器会自动缓存引用清单文件的 HTML 文件，因此我们没必要把 cache.html 文件加入 cache.manifest 文件的 CACHE 列表中。当然，你加上去也没有关系。

8.3　更新缓存

想要更新缓存，我们可以有两种解决方法：一种是"自动更新"，另一种是"手动更新"。
- **自动更新**，指的是通过改变 cache.manifest 文件的内容来触发更新缓存。
- **手动更新**，指的是通过 JavaScript 事件来操作更新缓存。

在实际开发中，我们一般不会主动使用 JavaScript 来操作什么，大多数情况下都是采用自动更新的方式。如果你在其他书上看到使用 applicationCache 对象的 update() 方法来更新缓存，采用的就是手动更新方式。我们并不推荐这种方式，主要是太麻烦了。

在离线缓存中，如果仅仅修改资源文件（指的是 cache.manifest 的缓存文件）的内容，但是没有修改资源文件的名称或路径的话，浏览器将直接从本地离线缓存中获取资源文件，而不是从服务器下载资源文件。

因此，每次修改资源文件内容的同时，我们可以利用修改 cache.manifest 文件的方法来触发资源文件的重新加载或重新缓存。其中，最有效的方法是**修改 cache.manifest 文件内部的版本注释（# version xx.xx.xx）**！（所以说，这句注释相当重要）

在 8.2 节例子的基础上，我们将 cache.manifest 文件中的"# version 1.0.1"改为"# version 1.0.2"，接着将 cache.css 文件中的 div{color:red;} 修改为 div{color:blue;}，然后多刷新几次浏览器，就会发现页面中文本的颜色已经由红色改为蓝色了。然后我们关闭服务器，重新打开 http://localhost/cache/cache.html，会发现文本颜色也是蓝色的，说明缓存已经更新成功了。

最后，对于离线存储来说，我们还需要特别注意以下 4 点。
- 每一个需要使用离线缓存的页面头部都要加上 manifest="cache.manifest"。此外，不要将 cache.manifest 文件加入缓存文件列表中，不然浏览器将不会检测到服务器上 cache.

manifest 文件的更新。
- 在 cache.manifest 文件中定义的资源文件全部被成功加载后，这些资源文件会连同**引用 cache.manifest 文件的 HTML 文件**一并被离线缓存起来。所以，对于只想缓存 JavaScript、CSS、图片等，而不想缓存 HTML 文件的应用来说，这是一大麻烦。
- 离线存储适合用来保存静态文件，不适合保存动态文件。所谓"静态文件"，指的是不经常更新的文件。
- 离线存储的容量上限为 5MB，不适合用来大量存储图片文件，只适合用来保存静态图片，比如 LOGO。

8.4 本章练习

单选题

下面有关 HTML5 离线存储的说法中，正确的是（　　）。
A. 离线存储不需要借助服务器环境就可以实现
B. 在服务器环境下，对于网站的页面，我们可以使用双击文件的方式来打开
C. 更新缓存有两种方式：一种是自动更新，另一种是手动更新
D. 可以将 cache.manifest 文件加入缓存文件列表中

问答题

HTML5 离线存储的工作原理是怎样的，具体是怎么使用的？（前端面试题）

第 9 章 多线程处理

9.1 Web Worker 简介

我们都知道，JavaScript 的执行环境是单线程的。所谓的"单线程"，指的是一次只能执行一个任务。如果有多个任务，就必须排队，后面的任务必须等前面的任务执行完成后才能执行。

单线程这种方式有一个很大的缺点，就是如果前面有一个耗时很长的任务，后面所有任务都必须等待它完成后才能执行。我们经常看到浏览器没有响应（即假死），往往就是因为某一段 JavaScript 代码长时间运行（比如死循环），导致后面的任务无法执行。

在 HTML5 中，我们可以使用 Web Worker 创建一个"**后台线程**"来执行某一段耗时较长的 JavaScript 程序，而不会影响页面响应。Web Worker 其实就是 HTML5 提供的"**JavaScript 多线程**"解决方案。

Web Worker 技术基本原理就是：在当前 JavaScript 的主线程中，使用 Worker() 构造函数新建一个 worker 实例，然后加载某一个 JavaScript 文件，发送给一个后台线程来处理（注意，这里是后台线程）。

▼ 语法

```
//新建worker实例
var worker = new Worker(url);
//向后台发送数据
worker.postMessage(yourdata);
//接收后台处理完成的数据
worker.onmessage = function(e){
    //e.data
};
```

▼ 说明

想要使用 Web Worker，首先我们需要使用 Worker() 构造函数新建一个 worker 实例，其中，参数 url 表示需要发送到后台线程处理的 JavaScript 文件的路径。

worker.postMessage() 表示发送数据给 worker 线程，其中参数 yourdata 可以是数字、字符串、对象等。

worker.onmessage = function(e){}; 表示接收 worker 发过来的数据，然后进行处理。在处理函数内部，我们可以使用 e.data 来获取发过来的数据。

特别注意一点，Web Worker 必须依赖服务器环境，毕竟是开辟了一个"后台线程"嘛。也就是说，想要使用 Web Worker，我们必须先要搭建服务器环境。至于怎么搭建服务器环境，我们在 8.1 节已经详细介绍了，小伙伴们记得回去翻一下。

在下面的例子中，我们在服务器"www"文件夹下建立一个名叫"worker"的文件夹，然后在新建好的"worker"文件夹中再新建两个文件：worker.html、worker.js。

worker.html 代码如下：

```html
<!DOCTYPE html>
<html>
<head>
    <meta charset="utf-8"/>
    <title></title>
    <script>
        var worker = new Worker("worker.js");
        //前台向后台发送数据
        worker.postMessage("绿叶学习网");
        //前台接收后台发来的数据
        worker.onmessage = function(e){
            console.log(e.data);
        };
    </script>
</head>
<body>
</body>
</html>
```

worker.js 代码如下：

```js
onmessage = function(e){
    //通过e.data获取前台发送来的数据
    var d = e.data;
    var str = d.split("").reverse().join("");
    postMessage(str);
};
```

开启 WampServer，然后在浏览器地址栏输入 http://localhost/worker/worker.html，此时浏览器控制台输出结果如图 9-1 所示。

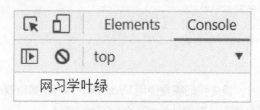

图 9-1　控制台输出结果

▌ 分析

在这个例子中，worker.html 是在前台处理的，而 worker.js 是发送到后台处理的。

```
var worker = new Worker("worker.js");
worker.postMessage("绿叶学习网");
worker.onmessage = function(e){
    console.log(e.data);
};
```

对于 worker.html 这段代码，首先我们使用 Worker() 构造函数来新建一个 worker 实例，然后使用 postMessage() 方法向后台发送数据。特别要注意一点，postMessage() 方法执行之后，此时就跳到后台的 worker.js 进行数据处理，等后台 worker.js 处理完成，前台 worker.html 中的 worker.onmessage = function(e){}; 才能接收数据。很多小伙伴们之所以会有各种疑惑，其实就是没有把这个逻辑顺序搞清楚。

```
onmessage = function(e){
    //通过e.data获取前台发送来的数据
    var d = e.data;
    //数据处理
    var str = d.split("").reverse().join("");
    postMessage(str);
};
```

对于 worker.js 这段代码，格式是固定下来的，都是使用 onmessage = function(e){}; 来处理前台发送过来的数据，处理完成后再使用 postMessage() 方法向前台返回处理完成后的数据。

9.2 Web Worker 应用

通过 9.1 节的学习，我们已经知道怎么去使用 Web Worker 了。但是问题又来了："Web Worker 这个技术到底有什么用？它可以帮我们解决哪些问题呢？"其实，Web Worker 最重要的用途就是使用多线程的方式来处理耗时较长的 JavaScript 程序。

举一个简单的例子，著名的 fibonacci 数列是比较经典的递归数学公式：

$$F_0=0$$
$$F_1=1$$
$$F_n=F_{n-1}+F_{n-2}, n \geq 2$$

用文字来描述就是：fibonacci 数列是由 0 和 1 开始，之后每一个数都是前两个数相加之和。从上面规律可以知道，前几个 fibonacci 数是：

0, 1, 1, 2, 3, 5, 8, 13, 21, 34, 55, 89, 144, 233

如果用 JavaScript 求第 n 个 fibonacci 数，实现代码如下：

```
var fibonacci =function(n) {
    return n<2 ? n : arguments.callee(n-1) + arguments.callee(n-2);
};
```

众所周知，递归是非常耗时的。如果在 Chrome 浏览器中计算 39 的 fibonacci 数列，执行时间约为19秒。而当计算40的fibonacci数列时，浏览器直接提示脚本忙了。这个时候，最好的办法就是使用Web Worker开启后台线程来处理。

如果小伙伴们还是搞不清楚fibonacci数列是什么，或者由于JavaScript基础比较薄弱而看不懂上面代码，这些都没有关系。我们只需要知道一点就可以了：fibonacci数列是非常耗时的！

在下面例子中，我们在服务器中"worker"这个目录下再新建两个文件：fibonacci.html、fibonacci.js。

fibonacci.html代码如下：

```html
<!DOCTYPE html>
<html>
<head>
    <meta charset="utf-8"/>
    <title></title>
    <script>
        var worker = new Worker("fibonacci.js");
        //10
        worker.postMessage(10);
        worker.onmessage = function(e){
            console.log(e.data);
        };
        //20
        worker.postMessage(20);
        worker.onmessage = function(e){
            console.log(e.data);
        };
        //30
        worker.postMessage(30);
        worker.onmessage = function(e){
            console.log(e.data);
        };
    </script>
</head>
<body>
</body>
</html>
```

fibonacci.js代码如下：

```js
var fibonacci = function (n) {
    return n < 2 ? n : arguments.callee(n - 1) + arguments.callee(n - 2);
};
onmessage = function (e) {
    var result = fibonacci(e.data);
    postMessage(result);
};
```

开启WampServer，然后在浏览器地址栏输入http://localhost/worker/fibonacci.html，此时浏览器控制台输出结果如图9-2所示。

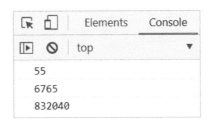

图 9-2　控制台输出结果

分析

对于 Web Worker，最后还有以下 3 点需要跟小伙伴说明一下。

- Web Worker 由于使用的是后台线程，发送给后台线程的那个 JavaScript 文件的使用有一定的限制，例如无法访问 DOM、无法访问全局变量或全局函数等。
- Web Worker 依然可以使用定时器的 4 个函数：setTimeout()、clearTimeout()、setInterval()、clearInterval()。
- Web Worker 不支持跨域加载 JavaScript。

9.3　实战题：后台计算

在 Web 应用中，我们应该把非即时性耗时过长的任务放在后台处理，以减轻前台处理的压力。

在下面例子中，我们在前台页面中随机生成一个整数的数组，然后把这个数组传到后台去处理，让后台挑选出数组中可以同时被 3 和 5 整除的数字，最后再在前台页面中输出。

首先，我们在服务器中"worker"目录下新建两个文件：calculate.html、calculate.js。

calculate.html 代码如下：

```
<!DOCTYPE html>
<html>
<head>
    <meta charset="utf-8"/>
    <title></title>
    <script>
        //随机生成包含200个元素的数组
        var arr=[];
        for(var i=0;i<200;i++){
            arr[i]=Math.floor(Math.random()*(200+1));
        }

        var worker = new Worker("calculate.js");
        //前台向后台发送数据
        worker.postMessage(arr);
        //前台接收后台发来的数据
        worker.onmessage = function(e){
            console.log(e.data);
        };
```

```
        </script>
    </head>
    <body>
    </body>
</html>
```

calculate.js 代码如下：

```
onmessage = function (e) {
    var arr=e.data;
    var result="";
    for(var i=0;i<200;i++){
        if((arr[i]%3==0)&&(arr[i]%5==0)){
            result +=arr[i]+",";
        }
    }
    postMessage(result);
};
```

开启 WampServer，然后在浏览器地址栏输入 http://localhost/worker/calculate.html，此时浏览器控制台输出结果如图 9-3 所示。

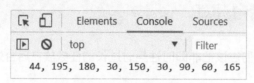

图 9-3　控制台输出结果

▌ 分析

Math.floor(Math.random()*(200+1)) 表示随机生成一个 0 到 200 之间的整数。生成随机数是特效开发、游戏开发中最基本的知识之一，我们在本书的入门篇《从 0 到 1: HTML+CSS+JavaScript 快速上手》中已经详细介绍过了。

9.4　本章练习

单选题

下面有关 Web Worker 的说法中，正确的是（　　）。

A. Web Worker 支持跨域加载 JavaScript
B. 发送给后台的 JavaScript 文件可以操作页面中的 DOM
C. 发送给后台的 JavaScript 文件无法访问全局变量或全局函数
D. Web Worker 中不可以使用定时器

编程题

页面中有一个文本框，用于输入一个数字。如果输入 n，则表示计算 1+2+3+…+n 的和，最后会弹出一个对话框来显示计算结果。请使用 Web Worker 来实现多线程处理。

第 10 章 地理位置

10.1 地理位置简介

在移动设备（如手机、平板电脑等）中，如果浏览器支持定位功能，我们就可以使用 HTML5 的 geolocation 对象来获取用户的地理位置信息。

▌ 语法

```
window.navigator.geolocation
```

▌ 说明

navigator 对象是 window 对象下的一个子对象，而 geolocation 对象是 navigator 对象下的一个子对象。对于 window 对象下的子对象，可以省略 window 前缀，因此 window.navigator.geolocation 可以简写为 navigator.geolocation。

geolocation 对象有 3 个方法，如表 10-1 所示。

表 10-1　geolocation 对象的方法

方法	说明
getCurrentPosition()	当前位置
watchPosition()	监视位置
clearWatch()	清除监视

10.1.1　getCurrentPosition() 方法

在 geolocation 对象中，我们可以使用 getCurrentPosition() 方法获取当前位置的坐标（经度和纬度）。

▌语法

```
navigator.geolocation.getCurrentPosition(function(position){
    ……
}, error, option);
```

▌说明

getCurrentPosition() 方法有 3 个参数：第 1 个参数是一个回调函数，表示在成功获取到当前地理位置后才会执行；第 2 个参数也是一个回调函数，表示在获取当前地理位置失败时才会去执行；第 3 个参数是一些可选属性的列表，它包含多个属性。大多数情况下，我们只会用到第 1 个参数。

如果想要获取当前位置的信息，都是在回调函数中利用 position 对象来获取。position 对象有很多属性，如表 10-2 所示。

表 10-2　position 对象的属性

属性	说明
coords.longitude	经度
coords.latitude	纬度
coords.accuracy	准确度
coords.altitude	海拔
coords.altitudeAccuracy	海拔准确度
coords.heading	行进方向
coords.speed	行走速度
new Date(position, timestamp)	时间戳

▌举例

```
<!DOCTYPE html>
<html>
<head>
    <meta charset="utf-8"/>
    <!--用于实现页面自适应于手机-->
    <meta name="viewport" content="width=device-width,initial-scale=1.0, minimum-scale=1.0, maximum-scale=1.0, user-scalable=no"/>
    <title></title>
    <script>
        window.onload = function () {
            //获取DOM
            var oBtn = document.getElementById("btn");
            var oContent = document.getElementById("content");

            //点击按钮后，获取经度和纬度
            oBtn.onclick = function(){
                navigator.geolocation.getCurrentPosition(function(position){
                    oContent.innerHTML = "经度:" + position.coords.longitude
                                    +"<br/>纬度: " + position.coords.latitude;
                });
            };
```

```
            }
        </script>
    </head>
    <body>
        <input id="btn" type="button" value="获取位置"/>
        <p id="content"></p>
    </body>
</html>
```

在手机上预览效果如图 10-1 所示，点击【获取位置】按钮后，预览效果如图 10-2 所示。

图 10-1　手机上的页面效果

图 10-2　点击按钮后的效果

▼ 分析

特别注意，上面代码在电脑端使用浏览器来查看是没有效果的，而必须使用手机端的浏览器查看才会有效果。这是因为 HTML5 定位就是针对手机端的。

那么怎样才能在手机端查看当前页面呢？想要在手机端查看页面效果，一般需要以下 3 步。

① **开启服务器**：开启 WampServer，界面如图 10-3 所示。然后在"www"文件夹下新建一个名为"geolocation"的文件夹，并且在该目录下新建一个 test.html 用来保存代码。

图 10-3　WampServer 界面

② **获取 IP 地址**：在 cmd 中输入命令"ipconfig"来获取 IP 地址，如图 10-4 所示。如果想要访问"geolocation"文件夹中的 test.html，我们可以通过结合 IP 地址来实现，访问地址为 http://192.168.1.104/geolocation/test.html。在这里，一定要替换成自己电脑的 IP 地址。

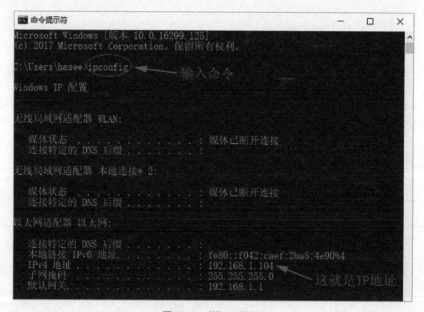

图 10-4　获取 IP 地址

③ **手机连接电脑 Wi-Fi**：想要通过手机来访问电脑中的页面，需要保证手机与电脑在同一个局域网中。这个很好解决，只需要将手机连接电脑开启的 Wi-Fi 就可以实现了。

连接完成后，在手机中的浏览器地址栏输入 http://192.168.1.104/geolocation/test.html，然后页面会弹出一个提示框，此时效果如图 10-5 所示。接着我们只需要点击【共享位置信息】或【拒绝】就可以了。

当然，如果你有自己的服务器，完全可以把页面文件上传到服务器，然后直接通过域名来访问，这样也会更加方便。

图 10-5　手机提示框

10.1.2　watchPosition() 方法

在 geolocation 对象中，我们可以使用 watchPosition() 方法来持续不断地获取当前位置的坐标，也就是追踪移动中的用户的位置。

▼ 语法

```
navigator.geolocation.watchPosition(function(position){
……
}, error, option);
```

▼ 说明

watchPosition() 跟 getCurrentPosition() 方法非常相似，两者有着共同的参数。不过我们只需要关注第 1 个参数就可以了。此外，watchPosition() 回调函数中的 position 对象跟 getCurrentPosition() 回调函数中的 position 对象的用法是一样的。

使用 watchPosition() 方法，它会定期地自动获取位置信息，不需要我们手动刷新页面。也就是说，当你在移动的时候，可以使用 watchPosition() 来动态获取当前位置坐标。

举例

```html
<!DOCTYPE html>
<html>
<head>
    <meta charset="utf-8"/>
     <meta name="viewport" content="width=device-width,initial-scale=1.0, minimum-scale=1.0, maximum-scale=1.0, user-scalable=no"/>
    <title></title>
    <script>
        window.onload = function () {
            var oContent = document.getElementById("content");

            navigator.geolocation.watchPosition(function(position){
                oContent.innerHTML = "经度:" + position.coords.longitude
                                +"<br/>纬度:" + position.coords.latitude;
            });
        }
    </script>
</head>
<body>
    <p id="content"></p>
</body>
</html>
```

在手机上的预览效果如图 10-6 所示。

图 10-6　手机上的页面效果

▼ 分析

当我们在移动的时候，可以发现即使不刷新浏览器，数据也在不断发生变化。不过，测试上面这个例子可能稍微有点困难，因为电脑 Wi-Fi 的覆盖范围有限，最好的办法是把此页面上传到服务器，然后在智能手机上访问这个页面。为了方便小伙伴们测试，我们提供了一个测试地址，小伙伴们用手机浏览器扫一下这个二维码（如图 10-7 所示）就可以测试了。

从上面可以看出，getCurrentPosition() 和 watchPosition() 这两个方法的使用方法几乎是一样的，只不过 getCurrentPosition() 方法是一次性操作，而 watchPosition 会一直监视，每次位置发生改变，都会自动更新数据。

图 10-7　watchPosition() 测试

```
navigator.geolocation.watchPosition(function(position){
    ……
});
```

实际上，对于 watchPosition() 的效果，也可以使用 getCurrentPosition() 结合 setInterval() 来实现。上面这段代码可以等价于以下代码：

```
setInterval(function () {
    navigator.geolocation.getCurrentPosition(function(position){
        ……
    });
},500);
```

10.1.3　clearWatch() 方法

watchPosition() 会一直监视位置，不过在 geolocation 对象中，我们可以使用 clearWatch() 方法来取消这个监视过程。

▼ 语法

```
var watchID = navigator.geolocation.watchPosition(function(position){
……
}, error, option);
navigator.clearWatch(watchID);
```

▼ 说明

watchPosition() 方法会返回一个数字，我们可以把它保存在变量 watchID 中。当想要停止监视用户位置时，把这个 watchID 作为参数传递给 clearWatch() 方法就可以实现。

▼ 举例

```
<!DOCTYPE html>
<html>
<head>
    <meta charset="utf-8"/>
      <meta name="viewport" content="width=device-width,initial-scale=1.0, mini-
```

```
mum-scale=1.0, maximum-scale=1.0, user-scalable=no"/>
        <title></title>
        <script>
            window.onload = function () {
                var oBtn = document.getElementById("btn");
                var oContent = document.getElementById("content");

                var watchID = navigator.geolocation.watchPosition(function(position){
                    oContent.innerHTML = "经度: " + position.coords.longitude
                                     +"<br/>纬度: " + position.coords.latitude;
                });

                //点击按钮后,停止监听
                oBtn.click=function(){
                    navigator.geolocation.clearWatch(watchID);
                };
            }
        </script>
</head>
<body>
    <input id="btn" type="button" value="停止监听"/>
    <p id="content"></p>
</body>
</html>
```

在手机上的预览效果如图10-8所示。

图10-8　手机上的页面效果

▌分析

当我们点击【停止监听】按钮后,可以发现页面数据不再随着移动而变化了,说明已经取消了 watchPosition() 方法的监听行为。

同样,为了方便大家测试,我们也提供了一个测试地址,小伙伴们用手机上的浏览器扫一下二维码(如图 10-9 所示)就可以测试了。

图 10-9　clearWatch() 测试

10.2　百度地图

10.2.1　API 简介

对于百度地图,相信小伙伴们并不陌生,它可以说是平常出门在外必备的软件之一了。百度地图的使用方法很简单,但是我们如果想要使用百度地图来开发,又可以做些什么呢?这一节,我们就来介绍一下怎么使用百度地图 API 来开发各种应用。

百度地图 API 其实并不属于 HTML5,不过它很容易跟 geolocation API 结合使用。百度地图 API 在实际开发中应用非常广泛,像美团、饿了么、滴滴打车等软件也都用上了,相信小伙伴们也接触不少了。

想要使用百度地图 API 来进行开发,我们一般需要以下 7 步。不过有一点要特别说明的,这个网站经常会改版更新,如果发现下面的步骤对不上,小伙伴们自行摸索即可,并不难。

① 进入百度地图开发平台首页,依次找到【开发文档】→【JavaScript API】,并点击,如图 10-10 所示。

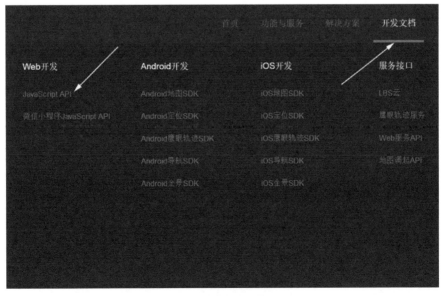

图 10-10　百度地图开发平台首页

② 在 JavaScript API 页面左侧，依次找到【开发指南】→【账号和获取密钥】，然后点击链接，就可以看到页面右侧有详细的使用方法，如图 10-11 所示。

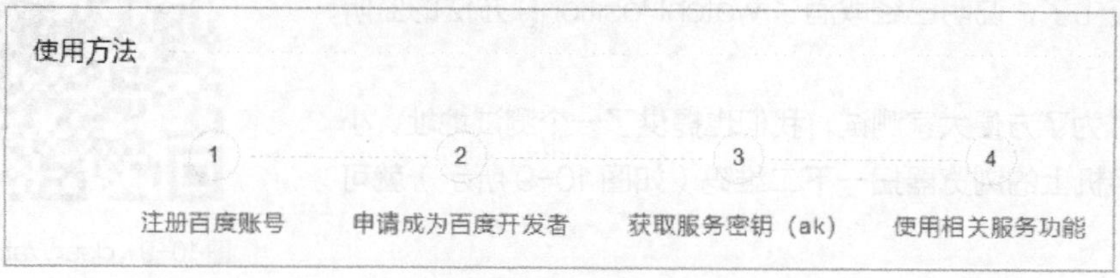

图 10-11　使用方法

③ 点击【注册百度账号】链接，然后注册一个百度账号，如图 10-12 所示。如果你已经有账号了，直接在页面右上角登录即可。

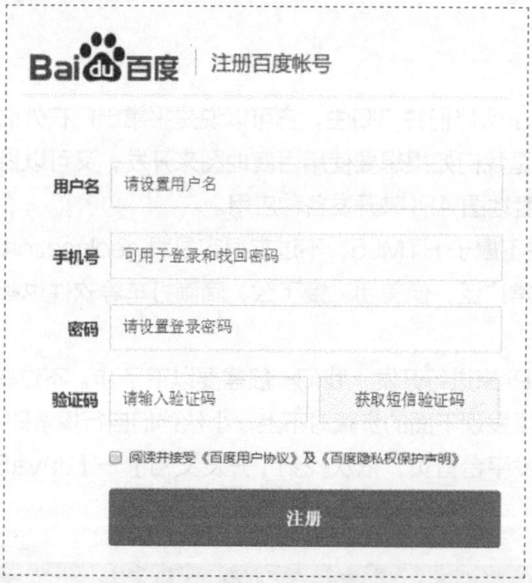

图 10-12　注册百度账号

④ 点击【申请成为百度开发者】链接，填写开发者注册信息，如图 10-13 所示。

图 10-13　申请成为百度开发者

⑤ 点击【获取服务密钥】链接，填写必要的信息，如图 10-14 所示。其中【应用类型】一定要选择【浏览器端】，然后在【Referer 白名单】中填写【*】，最后点击【提交】按钮即可。

图 10-14　创建应用

⑥ 点击按钮后，我们就可以在应用列表中找到"密钥"了。密钥是一个无规律的字符串，如图 10-15 所示。这个密钥非常重要，在后面的每一个程序中都要用到。

图 10-15　获取密钥

⑦ 重新进入 JavaScript API 页面（http://lbsyun.baidu.com/index.php?title=jspopular），然后在左侧依次找到【开发指南】→【Hello World】，并点击就可以在右侧找到非常详细的使用方法了。

▌举例：官方实例

```
<!DOCTYPE html>
<html>
<head>
    <meta charset="utf-8" />
    <meta name="viewport" content="initial-scale=1.0, user-scalable=no" />
```

```
            <title></title>
            <style type="text/css">
                html{height:100%}
                body{height:100%;margin:0px;padding:0px}
                #container{height:100%}
            </style>
             <script src="http://api.map.baidu.com/api?v=2.0&ak=8bAHsDS8gDguHeavuGuEGngmChkSC-Q4Y"></script>
            <script>
                window.onload = function(){
                    // 创建地图实例
                    var map = new BMap.Map("container");
                    // 创建中心点坐标
                    var point = new BMap.Point(116.404, 39.915);
                    // 初始化地图，设置中心点坐标和地图级别
                    map.centerAndZoom(point, 15);
                }
            </script>
        </head>
        <body>
            <div id="container"></div>
        </body>
    </html>
```

浏览器预览效果如图 10-16 所示。

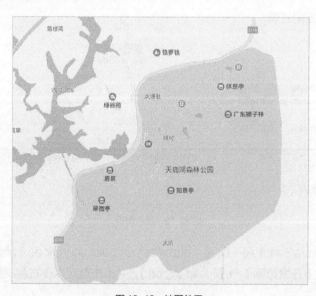

图 10-16　地图效果

▼ 分析

至于怎么使用，官方文档已经有详细的介绍了，这里就不再赘述。这里有一点要特别注意的：在引入百度地图 API 文件的路径中，我们一定要换成自己申请的密钥，不然程序会无法生效。

```
<script src="http://api.map.baidu.com/api?v=2.0&ak=你的密钥"></script>
```

10.2.2 API 应用

百度地图 API 非常强大，可以实现的功能也非常多，常用的包括：定位、出行路线、全景图、本地搜索等。官方文档已经介绍得非常详细了，小伙伴们可以根据实际开发需求，到官网上查找你想要的功能。

▌举例：浏览器定位

```html
<!DOCTYPE html>
<html>
<head>
    <meta charset="utf-8" />
    <meta name="viewport" content="initial-scale=1.0, user-scalable=no" />
    <title></title>
    <style type="text/css">
        html{height:100%}
        body{height:100%;margin:0px;padding:0px}
        #container{height:100%}
    </style>
    <script src="http://api.map.baidu.com/api?v=2.0&ak=8bAHsDS8gDguHeavuGuEGng-mChkSCQ4Y"></script>
    <script>
        window.onload=function(){
            // 百度地图API功能
            var map = new BMap.Map("container");
            var point = new BMap.Point(116.331398, 39.897445);
            map.centerAndZoom(point, 12);

            var geolocation = new BMap.Geolocation();
            geolocation.getCurrentPosition(function (r) {
                if (this.getStatus() == BMAP_STATUS_SUCCESS) {
                    var mk = new BMap.Marker(r.point);
                    map.addOverlay(mk);
                    map.panTo(r.point);
                    alert('您的位置：' + r.point.lng + ',' + r.point.lat);
                }
                else {
                    alert('failed' + this.getStatus());
                }
            }, { enableHighAccuracy: true })

            //关于状态码
            //BMAP_STATUS_SUCCESS           检索成功。对应数值"0"。
            //BMAP_STATUS_CITY_LIST         城市列表。对应数值"1"。
            //BMAP_STATUS_UNKNOWN_LOCATION      位置结果未知。对应数值"2"。
            //BMAP_STATUS_UNKNOWN_ROUTE     导航结果未知。对应数值"3"。
            //BMAP_STATUS_INVALID_KEY       非法密钥。对应数值"4"。
            //BMAP_STATUS_INVALID_REQUEST       非法请求。对应数值"5"。
            //BMAP_STATUS_PERMISSION_DENIED     没有权限。对应数值"6"。(自 1.1 新增)
            //BMAP_STATUS_SERVICE_UNAVAILABLE       服务不可用。对应数值"7"。(自 1.1 新增)
            //BMAP_STATUS_TIMEOUT       超时。对应数值"8"。(自 1.1 新增)
```

```
                }
        </script>
</head>
<body>
        <div id="container"></div>
</body>
</html>
```

浏览器预览效果如图 10-17 所示。

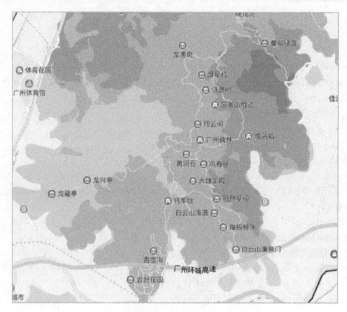

图 10-17　浏览器定位

10.3　本章练习

单选题

1. 在 HTML5 中,哪个方法可以一直监视用户的当前位置?(　　)
   A. getPosition()　　　　　　　　B. watchPosition()
   C. getCurrentPosition()　　　　　D. watchCurrentPosition()
2. 下面有关 HTML5 地理位置的说法中,不正确的是(　　)。
   A. window.navigator.geolocation 可以简写为 navigator.geolocation
   B. getCurrentPosition() 方法是一次获取位置,而 watchPosition() 则会一直监视位置
   C. 使用 watchPosition() 监视位置时,想要更新数据,需要刷新浏览器
   D. 可以使用 clearWatch() 方法来取消 watchPosition() 的监视过程

编程题

请借助百度地图 API 来实现驾车线路规划,也就是根据起点和终点来查询驾车的路线。

第 11 章 桌面通知

11.1 Notification API 简介

对于传统的页面通知，大多数情况下我们都是写一个 div 放到页面右下角，等到有消息的时候就弹出来。但是这种方式有一个很大的弊端：比如在浏览器中同时打开京东网和淘宝网，当我们在京东上购物时，是不知道淘宝网上有消息推送过来的，而必须把当前页面切换到淘宝网上才知道。

在 HTML5 以前，任何网站和 Web App 都不能做到像桌面应用程序一样，直接提供桌面提示服务。各种网站的站内短信、电子通知等，是没有办法让用户在浏览器窗口最小化的情况下看到最新的提示的。虽然可以使用声音的方式辅助提示用户，但对于没有音箱的用户来说，依然不能解决问题。

随着 HTML5 时代的来临，我们可以使用新增的 Notification API 来轻松实现桌面通知功能。Notification API 通知属于桌面性质的通知，有点类似于显示器右下角弹出来的 QQ 弹框、360 杀毒提示等，它跟浏览器是脱离的，消息是置顶的。

Notification API 已经得到绝大多数最新版本主流浏览器的支持。

▌ **语法**

```
var notice = new Notification(title, options);
```

▌ **说明**

我们都是使用 Notification() 这个构建函数来创建一个桌面通知。title 是必选参数，表示通知框的标题内容；options 是一个对象，用来设置一些可选参数。

其中 options 对象中的参数有很多，常见的如表 11-1 所示。

表 11-1 options 对象中的参数

参数	说明
body	主体内容
icon	图标地址
renotify	是否覆盖之前的通知，默认为 false（即不覆盖）
silent	是否要有声音，默认为 false（即无声）
noscreen	是否不在屏幕显示，默认为 false（即显示通知）

最后特别要注意一点，Notification API 必须在服务器环境下才会有效果，仅仅是本地环境是没有效果的。至于怎么搭建服务器环境，我们在 8.1 节已经介绍过了，小伙伴们记得回去翻一下。

▼ 举例

```html
<!DOCTYPE html>
<html>
<head>
    <meta charset="utf-8" />
    <title></title>
    <script>
        window.onload=function(){
            var oBtn = document.getElementById("btn");

            oBtn.onclick = function(){
                //如果用户同意，则创建一个提示框
                if (Notification.permission == "granted") {
                    //定义标题
                    var title = "Welcome";
                    //定义选项
                    var options = {
                        body:"欢迎来到绿叶学习网！",
                        icon:"img/favicon.ico"
                    }
                    var notification = new Notification(title,options);
                }
            };
        }
    </script>
</head>
<body>
    <input id="btn" type="button" value="查看消息" />
</body>
</html>
```

默认情况下，预览效果如图 11-1 所示。当我们点击【查看消息】按钮后，浏览器会弹出一个确认提示框，如果点击【确定】按钮，页面右下角就会弹出一个提示框，效果如图 11-2 所示。

图 11-1　页面效果

图 11-2　通知框

▌ 分析

Notification.permission 表示调用 Notification 对象下的 permission 属性，这个属性用于获取用户的确认信息，也就是确认提示框返回的值。permission 属性有 3 种返回值，如表 11-2 所示。

表 11-2　permission 属性的返回值

返回值	说明
default	默认（即用户目前没有回应）
granted	同意
denied	拒绝

11.2　Notification API 应用

Notification API 的应用非常广，不过用法却非常简单。在这一节里，我们来实现一个很实用的效果：当我们点击【查看消息】按钮后，页面右下角会弹出一个通知框，接着查看通知框（也就是点击通知框），就会在页面输出相应的内容。

▌ 举例

```
<!DOCTYPE html>
<html>
<head>
    <meta charset="utf-8" />
    <title></title>
    <style type="text/css">
```

```
        div
        {
            width:150px;
            height:50px;
            line-height: 50px;
            text-align: center;
            font-family: "微软雅黑";
            font-size:24px;
            border:2px solid orange;;
            border-radius:20px/50px;
            color:#df7813;
            background-color:white;
        }
        div:hover
        {
            color:white;
            background-color:orange;
            transition:all 0.5s ease;
            cursor: pointer;
        }
    </style>
    <script>
        window.onload=function(){
            var oDiv = document.getElementsByTagName("div")[0];
            var oP = document.getElementsByTagName("p")[0];

            oDiv.onclick = function(){
                //如果用户同意
                if (Notification.permission == "granted") {
                    var title = "好友申请";
                    var options = {
                        body:"你好呀~可以加个好友吗? ",
                        icon:"img/nvdi.png"
                    }
                    var notification = new Notification(title,options);

                    //点击通知框后,在页面添加内容,并关闭通知框
                    notification.onclick = function(){
                        oP.innerHTML = "<strong>哇,你已经跟女帝成为了好友! </strong>";
                        notification.close();
                    };
                }
            };
        }
    </script>
</head>
<body>
    <div>查看消息</div>
    <p></p>
</body>
</html>
```

默认情况下，预览效果如图 11-3 所示。当我们点击【查看消息】按钮后，右下角会弹出通知框，如图 11-4 所示。接着点击通知框，此时页面效果如图 11-5 所示。

图 11-3　默认时的页面效果

图 11-4　通知框效果

图 11-5　点击通知框后的效果

11.3　本章练习

单选题

1. 在 HTML5 中，我们可以使用（　　）来实现桌面通知效果。
   A．History API　　　　　　　　　B．Canvas API
   C．File API　　　　　　　　　　　D．Notification API
2. 下面有关 Notification API 的说法中，不正确的是（　　）。
   A．Notification API 必须在服务器环境下才会有效果，在本地环境中是没有效果的
   B．Notification API 跟浏览器是脱离的，消息是置顶的
   C．Notification() 构建函数中，title 参数是必选的
   D．Notification API 的兼容性并不好，并不推荐使用

编程题

请使用 Notification API 来自定义一个桌面通知。

第 12 章 Canvas

12.1 Canvas 是什么

12.1.1 Canvas 简介

在 HTML5 之前，为了使页面更加绚丽多彩，我们很多情况下都是借助"图片"来实现。不过，使用图片这种方式，都是以"低性能"为代价的。因为图片体积大、下载速度慢等。为了应对日渐复杂的 Web 应用开发，W3C 在 HTML5 标准中引入了 Canvas 这一门技术。

Canvas，又称"画布"，是 HTML5 的核心技术之一。HTML5 新增了一个 Canvas 元素，我们常说的 Canvas 技术，指的就是使用 Canvas 元素结合 JavaScript 来绘制各种图形的技术。

既然 Canvas 是 HTML5 核心技术，那它都有哪些厉害之处呢？

1. 绘制图形

Canvas 可以用来绘制各种基本图形，如矩形、曲线、圆等，也可以绘制各种复杂绚丽的图形，如图 12-1 所示。

图 12-1　Canvas 绘制图形（七巧板）

2. 绘制图表

数据展示离不开图表，使用 Canvas 可以绘制满足各种需求的图表，如图 12-2 所示。

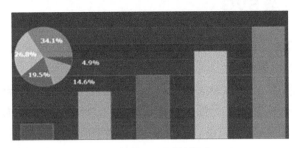

图 12-2　Canvas 绘制图表

3. 动画效果

使用 Canvas，我们也可以制作各种华丽的动画效果，如图 12-3 所示。这也是 Canvas 给我们带来的一大乐趣。

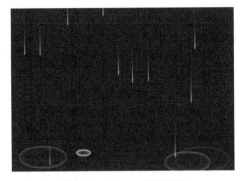

图 12-3　Canvas 动画效果

4. 游戏开发

游戏开发在 HTML5 领域具有举足轻重的地位，现在我们也可以使用 Canvas 来开发各种游戏。这几年非常火的游戏如《捕鱼达人》《围住神经猫》等，也可以使用 HTML5 Canvas 来开发，如图 12-4 所示。

图 12-4　Canvas 游戏开发

此外，Canvas 技术是一门纯 JavaScript 操作的技术，因此大家需要具备 JavaScript 入门知识。

12.1.2　Canvas 与 SVG

HTML5 有两个主要的 2D 图形技术：Canvas 和 SVG。事实上，Canvas 和 SVG 是两门完全不同的技术，两者具有以下区别。

- Canvas 是使用 JavaScript 动态生成的，SVG 是使用 XML 静态描述的。
- Canvas 是基于"位图"的，适用于像素处理和动态渲染，图形放大会影响质量，如图 12-5 所示；SVG 是基于"矢量"的，图形放大不会影响质量，如图 12-6 所示。也就是说，使用 Canvas 绘制出来的是一个"位图"，而使用 SVG 绘制出来的是一个"矢量图"。
- 每次发生修改，Canvas 需要重绘，而 SVG 不需要重绘。
- Canvas 与 SVG 的关系，简单来说就像"美术与几何"的关系一样。

图 12-5　Canvas 位图（放大会失真）

图 12-6　SVG 矢量图（放大不会失真）

现在我们可以很清楚地知道，Canvas 和 SVG 适用的场合是不一样的。在实际开发中，我们应该根据实际开发需求选择合适的技术。

当然，这里只是简单介绍 Canvas 与 SVG 的区别，如果想要真正了解它们，还需要我们认真学习这两门技术。

12.2　Canvas 元素

简单来说，HTML5 Canvas 就是一门使用 JavaScript 来操作 Canvas 元素的技术。使用 Canvas 元素来绘制图形，需要以下 3 步。

① 获取 Canvas 对象。
② 获取上下文环境对象 Context。
③ 开始绘制图形。

▼ 举例

```
<!DOCTYPE html>
<html>
<head>
    <meta charset="utf-8" />
    <title></title>
    <script type="text/javascript">
```

```
            window.onload = function () {
                //1.获取Canvas对象
                var cnv = document.getElementById("canvas");
                //2.获取上下文环境对象Context
                var cxt = cnv.getContext("2d");
                //3.开始绘制图形
                cxt.moveTo(50, 100);
                cxt.lineTo(150, 50);
                cxt.stroke();
            }
        </script>
    </head>
    <body>
        <canvas id="canvas" width="200" height="150" style="border:1px dashed gray;"></canvas>
    </body>
</html>
```

浏览器预览效果如图 12-7 所示。

图 12-7　Canvas 画直线

▌ 分析

在 Canvas 中，我们使用 document.getElementById() 方法来获取 Canvas 对象（这是一个 DOM 对象），然后使用 Canvas 对象的 getContext("2d") 方法获取上下文环境对象 Context，最后使用 Context 对象的属性和方法来绘制各种图形。

12.2.1　Canvas 元素

Canvas 是一个行内块元素（即 inline block），我们一般需要指定其 3 个属性：id、width 和 height。width 和 height 分别定义 Canvas 的宽度和高度。默认情况下，Canvas 的宽度为 300px，高度为 150px。

对于 Canvas 的宽度和高度，我们有两种方法来定义：在 HTML 属性中定义；在 CSS 样式中定义。但是在实际开发中，我们一定不要在 CSS 样式中定义，而是应该在 HTML 属性中定义。为什么呢？我们先来看一个例子。

▌ 举例

```
<!DOCTYPE html>
<html>
```

```
<head>
    <meta charset="utf-8" />
    <title></title>
    <style type="text/css">
        canvas
        {
            width:200px;
            height:150px;
        }
    </style>
    <script type="text/javascript">
        window.onload = function () {
            var cnv = document.getElementById("canvas");
            var str = "canvas的宽度为:" + cnv.width + ",高度为:" + cnv.height;
            alert(str);
        }
    </script>
</head>
<body>
    <canvas id="canvas" style="border:1px dashed gray;"></canvas>
</body>
</html>
```

浏览器预览效果如图 12-8 所示。

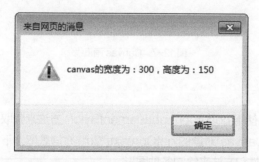

图 12-8　Canvas 无法获取正确的宽度和高度

▼ 分析

从这个例子中我们可以看出：如果在 CSS 样式中定义，我们使用 Canvas 对象获取的宽度和高度是默认值，而不是实际的宽度和高度，这样我们就无法获取 Canvas 对象正确的宽度和高度。获取 Canvas 对象实际的宽度和高度是 Canvas 开发中最常用的操作，因此对于 Canvas 的宽度和高度，我们一定要在 HTML 属性中定义，而不是在 CSS 样式中定义。

12.2.2　Canvas 对象

在 Canvas 中，我们使用 document.getElementById() 来获取 Canvas 对象。Canvas 对象常用的属性和方法如表 12-1、表 12-2 所示。

表 12-1　Canvas 对象常用的属性

属性	说明
width	Canvas 的宽度
height	Canvas 的高度

表 12-2　Canvas 对象常用的方法

方法	说明
getContext("2d")	获取 Canvas 2D 上下文环境对象
toDataURL()	获取 Canvas 对象产生的位图的字符串

也就是说，我们可以使用 cnv.width 和 cnv.height 分别获取 Canvas 的宽度和高度，可以使用 cnv.getContext("2d") 来获取 Canvas 2D 上下文环境对象，也可以使用 toDataURL() 来获取 Canvas 对象产生的位图的字符串。在这里，cnv 指的是 Canvas 对象。

在 Canvas 中，我们使用 getContext("2d") 来获取 Canvas 2D 上下文环境对象，这个对象又被称为 Context 对象。后面章节接触的所有图形的绘制，使用的都是 Context 对象的属性和方法，我们要特别清楚这一点。

▌ 举例

```
<!DOCTYPE html>
<html>
<head>
    <meta charset="utf-8" />
    <title></title>
    <script type="text/javascript">
        window.onload = function () {
            var cnv = document.getElementById("canvas");
            var str = "Canvas的宽度为: " + cnv.width + ", 高度为: " + cnv.height;
            alert(str);
        }
    </script>
</head>
<body>
    <canvas id="canvas" width="200" height="160" style="border:1px dashed gray"></canvas>
</body>
</html>
```

浏览器预览效果如图 12-9 所示。

图 12-9　Canvas 获取正确的宽度和高度

这一节我们特别要注意一点：以后学习的所有图形的绘制，使用的都是 Context 对象（上下文环境对象）的属性和方法。

【解惑】

1. 我们可以使用 getContext（"2d"）来实现 2D 绘图，那是不是意味着可以使用 getContext("3d") 来实现 3D 绘图呢？

HTML5 Canvas 暂时只提供 2D 绘图 API，3D 绘图可以使用 HTML5 中的 WebGL 进行开发。不过，3D 绘图一直以来都是 HTML5 中的"黑科技"，技术要求高并且难度大。等学完了这本书，有兴趣的小伙伴可以关注一下绿叶学习网的 WebGL 教程。

2. 对于 IE 浏览器来说，暂时只有 IE9 及以上版本支持 HTML5 Canvas，那怎么处理 IE7 和 IE8 的兼容性问题呢？

对于 IE7 和 IE8，我们可以借助 ExplorerCanvas 扩展来解决。

我们只需要在页面像引入外部 JavaScript 文件那样引入 excanvas.js 就可以了，代码如下：

```
<!--[if IE]>
    <script src="excanvas.js"></script>
<![end if]-->
```

不过要跟大家说明一下，即使在低版本 IE 浏览器引入了 excanvas.js 来使用 Canvas，但是在功能上也会有很多限制，例如无法使用 fillText() 方法等。

12.3 直线

12.3.1 Canvas 坐标系

在学习 Canvas 之前，我们先来介绍一下 Canvas 使用的坐标系。了解 Canvas 使用的坐标系，是学习 Canvas 的最基本的前提。

我们经常见到的坐标系是数学坐标系，不过 Canvas 使用的坐标系是 W3C 坐标系，这两种坐标系唯一的区别在于 y 轴正方向的不同，如图 12-10 所示。

- 数学坐标系：y 轴正方向向上。
- W3C 坐标系：y 轴正方向向下。

小伙伴们一定要记住：W3C 坐标系的 y 轴正方向是向下的。很多人学到后面对 Canvas 一些代码感到很困惑，那是因为他们没有清楚地认识到这一点。

数学坐标系一般用于数学形式上的应用，而在前端开发中几乎所有涉及坐标系的技术使用的都是 W3C 坐标系，这些技术包括 CSS3、Canvas、SVG 等。了解这一点，以后在学习 CSS3 或者 SVG 的时候，很多知识我们就可以串起来了。

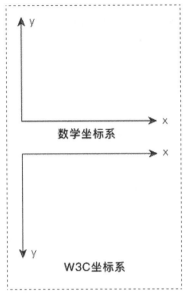

图 12-10　数学坐标系和 W3C 坐标系

12.3.2　直线的绘制

在 Canvas 中，我们可以配合使用 moveTo() 和 lineTo() 这两个方法来画直线。利用这两个方法，我们可以画一条直线，也可以同时画多条直线。

1. 一条直线

▌ 语法

```
cxt.moveTo(x1, y1);
cxt.lineTo(x2, y2);
cxt.stroke();
```

▌ 说明

cxt 表示上下文环境对象 Context。

(x1,y1) 表示直线"起点"的坐标。moveTo 的含义是"将画笔移到该点 (x1,y1) 位置上，然后开始绘图"。

(x2,y2) 表示直线"终点"的坐标。lineTo 的含义是"从起点 (x1,y1) 开始画直线，一直画到终点坐标 (x2,y2)"。

对于 moveTo() 和 lineTo() 这两个方法，从英文意思角度更容易帮助我们理解和记忆。

```
cxt.moveTo(x1, y1);
cxt.lineTo(x2, y2);
```

上面两句代码仅仅是确定直线的"起点坐标"和"终点坐标"这两个状态，但是实际上画笔还没开始"动"。因此，我们还需要调用上下文对象的 stroke() 方法才有效。

使用 Canvas 画直线，跟我们平常用笔在纸张上画直线是一样的道理，都是先确定直线起点 (x1,y1) 与终点 (x2,y2)，然后再用笔连线，即 stroke()。

▌ 举例

```
<!DOCTYPE html>
<html>
<head>
    <meta charset="utf-8" />
    <title></title>
    <script>
        function $$(id){
            return document.getElementById(id);
        }
        window.onload = function () {
            var cnv = $$("canvas");
            var cxt = cnv.getContext("2d");

            cxt.moveTo(50, 100);
            cxt.lineTo(150, 50);
            cxt.stroke();
        }
    </script>
</head>
<body>
    <canvas id="canvas" width="200" height="150" style="border:1px dashed gray;"></canvas>
</body>
</html>
```

浏览器预览效果如图 12-11 所示。

图 12-11 使用 Canvas 画一条直线

▌ 分析

在这个例子中，我们定义了一个获取 DOM 对象元素的函数 $$(id)，这样减少了重复代码量，使得思路更加清晰。记住，Canvas 中使用的坐标系是"**W3C 坐标系**"。这个例子的分析图如图 12-12 所示。

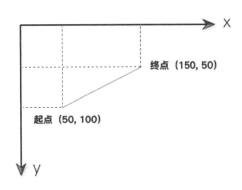

图 12-12　分析图

2. 多条直线

从上面我们知道，使用 moveTo() 和 lineTo() 这两个方法可以画一条直线。其实，如果我们想要同时画多条直线，也是使用这两个方法。

▌ 语法

```
cxt.moveTo(x1, y1);
cxt.lineTo(x2, y2);
cxt.lineTo(x3,y3);
……
cxt.stroke();
```

▌ 说明

lineTo() 方法是可以重复使用的。第 1 次使用 lineTo() 后，画笔将自动移到终点坐标位置，第 2 次使用 lineTo() 后，Canvas 会以"上一个终点坐标"作为第 2 次调用的起点坐标，然后再开始画直线，以此类推。我们还是先来看个例子，这样更容易理解。

▌ 举例：画两条直线

```
<!DOCTYPE html>
<html>
<head>
    <meta charset="utf-8" />
    <title></title>
    <script>
        function $$(id){
            return document.getElementById(id);
        }
        window.onload = function () {
            var cnv = $$("canvas");
            var cxt = cnv.getContext("2d");

            cxt.moveTo(50,50);
            cxt.lineTo(100,50);
            cxt.moveTo(50,100);
            cxt.lineTo(100,100);
```

```
            cxt.stroke();
        }
    </script>
</head>
<body>
    <canvas id="canvas" width="200" height="150" style="border:1px dashed gray;"></canvas>
</body>
</html>
```

浏览器预览效果如图 12-13 所示。

图 12-13　Canvas 画两条直线

▌ 分析

记住，moveTo 的含义是"将画笔移到该点的位置，然后开始绘图"。lineTo 的含义是"从起点开始画直线，一直画到终点坐标"。

如果我们将 cxt.moveTo(50,100); 改为 cxt.lineTo(50,100);，浏览器预览效果如图 12-14 所示。大家根据这个例子仔细琢磨一下 moveTo() 与 lineTo() 两个方法的区别。

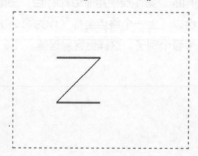

图 12-14　cxt.moveTo(50,100); 改为 cxt.lineTo(50,100);

▌ 举例：用直线画一个三角形

```
<!DOCTYPE html>
<html>
<head>
    <meta charset="utf-8" />
    <title></title>
    <script>
        function $$(id){
            return document.getElementById(id);
        }
```

```
        window.onload = function () {
            var cnv = $$("canvas");
            var cxt = cnv.getContext("2d");

            cxt.moveTo(50, 100);
            cxt.lineTo(150, 50);
            cxt.lineTo(150, 100);
            cxt.lineTo(50, 100);
            cxt.stroke();
        }
    </script>
</head>
<body>
    <canvas id="canvas" width="200" height="150" style="border:1px dashed gray;"></canvas>
</body>
</html>
```

浏览器预览效果如图 12-15 所示。

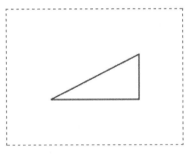

图 12-15　用直线画一个三角形

▼ 分析

这里使用 moveTo() 与 lineTo() 方法画了一个三角形。在画三角形之前，我们要确定三角形 3 个顶点的坐标。

▼ 举例：用直线画一个矩形

```
<!DOCTYPE html>
<html>
<head>
    <meta charset="utf-8" />
    <title></title>
    <script>
        function $$(id){
            return document.getElementById(id);
        }
        window.onload = function () {
            var cnv = $$("canvas");
            var cxt = cnv.getContext("2d");

            cxt.moveTo(50, 100);
            cxt.lineTo(50,50);
```

```
                cxt.lineTo(150, 50);
                cxt.lineTo(150, 100);
                cxt.lineTo(50, 100);
                cxt.stroke();
            }
        </script>
    </head>
    <body>
        <canvas id="canvas" width="200" height="150" style="border:1px dashed gray;"></canvas>
    </body>
</html>
```

浏览器预览效果如图 12-16 所示。

图 12-16　用直线画一个矩形

▎ 分析

这里使用 moveTo() 和 lineTo() 方法画了一个矩形。在画矩形之前，我们要确定矩形 4 个顶点的坐标（这几个坐标值不是随便指定的，而是要计算出来的）。

其实在 Canvas 中，使用 moveTo() 和 lineTo() 方法可以画各种多边形，包括三角形、矩形、多边形等。在实际开发中，对于三角形和多边形，我们都是用 moveTo() 和 lineTo() 来实现。但是对于矩形来说，Canvas 为我们提供了一套更为简单的方法，下面给大家详细介绍。

12.4　矩形

从 12.3 可以知道，我们可以配合使用 moveTo() 和 lineTo() 来画一个矩形。但是这种画矩形的方法代码量过多，因此在实际开发中并不推荐使用。

对于绘制矩形，Canvas 另外为我们提供了独立的方法来实现。在 Canvas 中，矩形分为两种：一种是"描边矩形"，另一种是"填充矩形"。

12.4.1　描边矩形

在 Canvas 中，我们可以配合使用 strokeStyle 属性和 strokeRect() 方法来画一个描边矩形。

▎ 语法

```
cxt.strokeStyle = 属性值;
cxt.strokeRect(x,y,width,height);
```

▌说明

strokeStyle 是 Context 对象的一个属性，strokeRect() 是 Context 对象的一个方法。大家要区分属性和方法。

1. strokeStyle 属性

strokeStyle 属性取值有 3 种：颜色值、渐变色和图案。现在我们先来看一下 strokeStyle 取值为颜色值的几种情况。

```
cxt.strokeStyle = "#FF0000";              //十六进制颜色值
cxt.strokeStyle = "red";                  //颜色关键字
cxt.strokeStyle = "rgb(255,0,0)";         //rgb颜色值
cxt.strokeStyle = "rgba(255,0,0,0.8)";    //rgba颜色值
```

2. strokeRect() 方法

strokeRect() 方法用于确定矩形的坐标，其中 x 和 y 为矩形左上角的坐标。注意，凡是对于 Canvas 中的坐标，大家一定要根据 W3C 坐标系来理解。此外，width 表示矩形的宽度，height 表示矩形的高度，如图 12-17 所示。默认情况下，width 和 height 都是以 px（像素）为单位的。

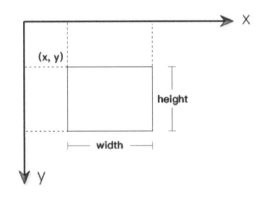

图 12-17　strokeRect() 方法分析图

我们还要特别注意一点，strokeStyle 属性必须在 strokeRect() 方法之前定义，否则 strokeStyle 属性无效。也就是说，在"画（即 strokeRect()）"之前，要把应有的参数（如 strokeStyle）设置好。Canvas 是根据已设置的参数来"画"图形的，其实这跟我们平常画画是一样的道理。在动笔之前，我们要确定画什么，用什么颜色，然后再用笔画出来。你总不能不知道要画什么，就开始动笔乱画，对吧？

▌举例

```
<!DOCTYPE html>
<html>
<head>
    <meta charset="utf-8" />
    <title></title>
    <script>
        function $$(id){
```

```
            return document.getElementById(id);
        }
        window.onload = function () {
            var cnv = $$("canvas");
            var cxt = cnv.getContext("2d");

            cxt.strokeStyle = "red";
            cxt.strokeRect(50, 50, 80, 80);
        }
    </script>
</head>
<body>
    <canvas id="canvas" width="200" height="150" style="border:1px dashed gray;"></canvas>
</body>
</html>
```

浏览器预览效果如图 12-18 所示。

图 12-18　描边矩形

▶ 分析

当我们将 cxt.strokeStyle = "red"; 和 cxt.strokeRect(50, 50, 80, 80); 这两句代码位置互换后，strokeStyle 属性就无效了。大家可以自行在本地编辑器中修改测试一下，看看实际效果。上面例子的分析如图 12-19 所示。

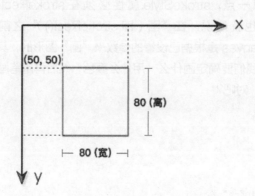

图 12-19　描边矩形分析

12.4.2 填充矩形

在 Canvas 中，我们可以配合使用 fillStyle 属性和 fillRect() 方法来画一个填充矩形。

▌ 语法

```
cxt.fillStyle=属性值；
cxt.fillRect(x, y, width, height);
```

▌ 说明

fillStyle 是 Context 对象的一个属性，fillRect() 是 Context 对象的一个方法。

fillStyle 属性跟 strokeStyle 属性一样，取值也有 3 种：颜色值、渐变色和图案。

fillRect() 方法跟 strokeRect() 方法一样，用于确定矩形的坐标，其中 x 和 y 为矩形左上角的坐标，width 表示矩形的宽度，height 表示矩形的高度，如图 12-20 所示。

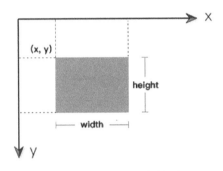

图 12-20　fillRect() 方法分析图

跟描边矩形一样，填充矩形的 fillStyle 属性也必须在 fillRect() 方法之前定义，否则 fillStyle 属性无效。

▌ 举例

```
<!DOCTYPE html>
<html>
<head>
    <meta charset="utf-8" />
    <title></title>
    <script>
        function $$(id){
            return document.getElementById(id);
        }
        window.onload = function () {
            var cnv = $$("canvas");
            var cxt = cnv.getContext("2d");

            cxt.fillStyle = "HotPink";
            cxt.fillRect(50, 50, 80, 80);
```

```
        }
    </script>
</head>
<body>
    <canvas id="canvas" width="200" height="150" style="border:1px dashed gray;"></canvas>
</body>
</html>
```

浏览器预览效果如图 12-21 所示。

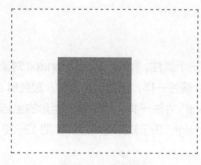

图 12-21　填充矩形

▼ 分析

当我们将 cxt.fillStyle = "HotPink"; 和 cxt.fillRect(50, 50, 80, 80); 这两句代码位置互换后，fillStyle 属性就无效了。大家可以自行在本地编辑器中修改测试一下，看看实际效果。上面例子的分析如图 12-22 所示。

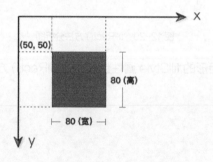

图 12-22　填充矩形分析

▼ 举例

```
<!DOCTYPE html>
<html>
<head>
    <meta charset="utf-8" />
    <title></title>
    <script>
        function $$(id) {
            return document.getElementById(id);
        }
```

```
        window.onload = function () {
            var cnv = $$("canvas");
            var cxt = cnv.getContext("2d");

            cxt.strokeStyle = "red";
            cxt.strokeRect(50, 50, 80, 80);
            cxt.fillStyle = "#FFE8E8";
            cxt.fillRect(50, 50, 80, 80);
        }
    </script>
</head>
<body>
    <canvas id="canvas" width="200" height="150" style="border:1px dashed gray;"></canvas>
</body>
</html>
```

浏览器预览效果如图 12-23 所示。

图 12-23　同时使用描边矩形和填充矩形

▌ 分析

在这个例子中，我们同时使用了描边矩形和填充矩形。

▌ 举例

```
<!DOCTYPE html>
<html>
<head>
    <meta charset="utf-8" />
    <title></title>
    <script>
        function $$(id) {
            return document.getElementById(id);
        }
        window.onload = function () {
            var cnv = $$("canvas");
            var cxt = cnv.getContext("2d");

            cxt.fillStyle = "HotPink";
            cxt.fillRect(50, 50, 80, 80);

            cxt.fillStyle = "rgba(0,0,255,0.3)";
```

```
            cxt.fillRect(30, 30, 80, 80);
        }
    </script>
</head>
<body>
    <canvas id="canvas" width="200" height="150" style="border:1px dashed gray;"></canvas>
</body>
</html>
```

浏览器预览效果如图 12-24 所示。

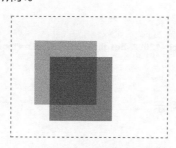

图 12-24　fillStyle 取不同的颜色值

▌ 分析

这里我们画了两个矩形：第 1 个矩形使用了十六进制颜色值，第 2 个矩形使用了 RGBA 颜色值。

12.4.3　rect() 方法

在 Canvas 中，如果想要绘制一个矩形，除了使用 strokeRect() 和 fillRect() 这两个方法之外，我们还可以使用 rect() 方法。

▌ 语法

```
rect(x,y,width,height);
```

▌ 说明

x 和 y 为矩形左上角的坐标，width 表示矩形的宽度，height 表示矩形的高度，如图 12-25 所示。

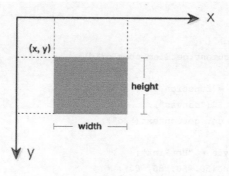

图 12-25　rect() 方法分析图

strokeRect()、fillRect() 和 rect() 都可以画矩形。这 3 种方法的参数是相同的，不同之处在于实现效果方面。其中，strokeRect() 和 fillRect() 方法在调用之后，会立即把矩形绘制出来。而 rect() 方法在调用之后，并不会把矩形绘制出来。只有在使用 rect() 方法之后再调用 stroke() 或者 fill() 方法，才会把矩形绘制出来。

▶ rect() 和 stroke()

```
cxt.strokeStyle="red";
cxt.rect(50,50,80,80);
cxt.stroke();
```

上述代码等价于：

```
cxt.strokeStyle="red";
cxt.strokeRect(50,50,80,80);
```

▶ rect() 和 fill()

```
cxt.fillStyle="red";
cxt.rect(50,50,80,80);
cxt.fill();
```

上述代码等价于：

```
cxt.fillStyle="red";
cxt.fillRect(50,50,80,80);
```

▌举例

```
<!DOCTYPE html>
<html>
<head>
    <meta charset="utf-8" />
    <title></title>
    <script>
        function $$(id){
            return document.getElementById(id);
        }
        window.onload = function () {
            var cnv = $$("canvas");
            var cxt = cnv.getContext("2d");

            //绘制描边矩形
            cxt.strokeStyle = "red";
            cxt.rect(50, 50, 80, 80);
            cxt.stroke();

            //绘制填充矩形
            cxt.fillStyle = "#FFE8E8";
            cxt.rect(50, 50, 80, 80);
            cxt.fill();
        }
    </script>
```

```
</head>
<body>
    <canvas id="canvas" width="200" height="150" style="border:1px dashed gray;"></canvas>
</body>
</html>
```

浏览器预览效果如图 12-26 所示。

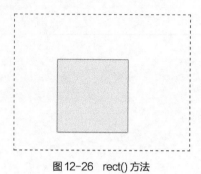

图 12-26 rect() 方法

12.4.4 清空矩形

在 Canvas 中,我们可以使用 clearRect() 方法来清空"指定矩形区域"。

▼ 语法

```
cxt.clearRect(x, y, width, height);
```

▼ 说明

x 和 y 分别表示清空矩形区域左上角的坐标,width 表示矩形的宽度,height 表示矩形的高度。

▼ 举例

```
<!DOCTYPE html>
<html>
<head>
    <meta charset="utf-8" />
    <title></title>
    <script>
        function $$(id){
            return document.getElementById(id);
        }
        window.onload = function () {
            var cnv = $$("canvas");
            var cxt = cnv.getContext("2d");

            cxt.fillStyle = "HotPink";
            cxt.fillRect(50, 50, 80, 80);
            cxt.clearRect(60, 60, 50, 50);
        }
    </script>
```

```
</head>
<body>
    <canvas id="canvas" width="200" height="150" style="border:1px dashed gray;"></canvas>
</body>
</html>
```

浏览器预览效果如图 12-27 所示。

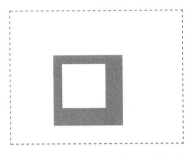

图 12-27　clearRect() 清空指定区域的矩形

▌ 分析

这里使用 clearRect() 方法来清空指定矩形区域。这个例子的分析如图 12-28 所示。

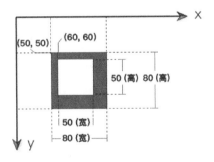

图 12-28　clearRect() 清空指定矩形区域（分析图）

▌ 举例

```
<!DOCTYPE html>
<html>
<head>
    <meta charset="utf-8" />
    <title></title>
    <script>
        function $$(id) {
            return document.getElementById(id);
        }
        window.onload = function () {
            var cnv = $$("canvas");
            var cxt = cnv.getContext("2d");
```

```
                cxt.fillStyle = "HotPink";
                cxt.fillRect(50, 50, 80, 80);

                var btn = $$("btn");
                btn.onclick = function () {
                    cxt.clearRect(0, 0, cnv.width, cnv.height);
                }
            }
        </script>
    </head>
    <body>
        <canvas id="canvas" width="200" height="150" style="border:1px dashed gray;"></canvas><br/>
        <input id="btn" type="button" value="清空canvas"/>
    </body>
</html>
```

浏览器预览效果如图 12-29 所示。

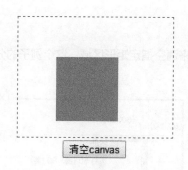

图 12-29　clearRect() 清空整个 Canvas

▌ 分析

cxt.clearRect(0, 0, cnv.width, cnv.height); 用于清空整个 Canvas。其中，cnv.width 表示获取 Canvas 的宽度，cnv.height 表示获取 Canvas 的高度。"清空整个 Canvas"这个技巧在 Canvas 动画开发中会经常用到，大家一定要记住。至于怎么用，在接下来的章节里，我们会慢慢接触到。

最后再次强调一下，所有 Canvas 图形操作的属性和方法都是基于 Context 对象的。

12.5　多边形

从之前的学习知道，我们可以配合使用 moveTo() 和 lineTo() 来画三角形和矩形。其实在 Canvas 中，多边形也是使用 moveTo() 和 lineTo() 这两个方法画出来的。

如果想要在 Canvas 中画多边形，我们需要事先在草稿纸或软件中计算出多边形中各个顶点的坐标，然后再使用 moveTo() 和 lineTo() 在 Canvas 中画出来。

跟矩形不一样，Canvas 没有专门用来绘制三角形和多边形的方法。对于三角形和多边形，我们也是使用 moveTo() 和 lineTo() 这两个方法来实现的。

12.5.1 Canvas 绘制箭头

对于箭头，我们都是事先确定箭头的 7 个顶点坐标，然后使用 moveTo() 和 lineTo() 来绘制。

▌ 举例

```
<!DOCTYPE html>
<html>
<head>
    <meta charset="utf-8" />
    <title></title>
    <script>
        function $$(id) {
            return document.getElementById(id);
        }
        window.onload = function () {
            var cnv = $$("canvas");
            var cxt = cnv.getContext("2d");

            cxt.moveTo(40, 60);
            cxt.lineTo(100, 60);
            cxt.lineTo(100, 30);
            cxt.lineTo(150, 75);
            cxt.lineTo(100, 120);
            cxt.lineTo(100, 90);
            cxt.lineTo(40, 90);
            cxt.lineTo(40, 60);
            cxt.stroke();
        }
    </script>
</head>
<body>
    <canvas id="canvas" width="200" height="150" style="border:1px dashed gray;"></canvas>
</body>
</html>
```

浏览器预览效果如图 12-30 所示。

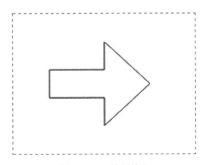

图 12-30　绘制箭头

▌ **分析**

在绘制之前，我们需要计算出箭头各个顶点的坐标。

12.5.2 Canvas 绘制正多边形

正多边形在实际开发中也经常见到，要想绘制正多边形，我们首先来了解一下最简单的正多边形——正三角形。正三角形分析图如图 12-31 所示。

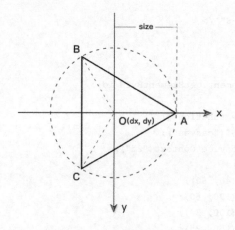

图 12-31 正三角形分析图

根据正三角形的特点，我们可以封装一个绘制正多边形的函数：createPolygon()。

▌ **举例**

```
<!DOCTYPE html>
<html>
<head>
    <meta charset="utf-8" />
    <title></title>
    <script>
        function $$(id) {
            return document.getElementById(id);
        }
        window.onload = function () {
            var cnv = $$("canvas");
            var cxt = cnv.getContext("2d");
            //调用自定义的方法createPolygon()
            createPolygon(cxt, 3, 100, 75, 50);
            cxt.fillStyle = "HotPink";
            cxt.fill();
        }
        /*
         * n：表示n边形
         * dx、dy：表示n边形中心坐标
         * size：表示n边形的大小
```

```
        */
        function createPolygon(cxt, n, dx, dy, size) {
            cxt.beginPath();
            var degree = (2 * Math.PI )/ n;
            for (var i = 0; i < n; i++) {
                var x = Math.cos(i * degree);
                var y = Math.sin(i * degree);
                cxt.lineTo(x * size + dx, y * size + dy);
            }
            cxt.closePath();
        }
    </script>
</head>
<body>
    <canvas id="canvas" width="200" height="150" style="border:1px dashed gray;"></canvas>
</body>
</html>
```

浏览器预览效果如图 12-32 所示。

图 12-32　正三角形

▼ 分析

cxt.beginPath(); 用于开始一条新路径，cxt.closePath(); 用于关闭路径。

在这个例子中，我们定义了一个绘制多边形的函数。对于这个函数，我们可以加入更多的参数，如颜色、边框等，然后把它封装到我们的私人图形库中。

当 createPolygon(cxt, 3, 100, 75, 50); 改为 createPolygon(cxt, 4, 100, 75, 50); 时，浏览器预览效果如图 12-33 所示。

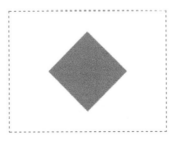

图 12-33　正四边形（即正方形）

当 createPolygon(cxt, 3, 100, 75, 50); 改为 createPolygon(cxt, 5, 100, 75, 50); 时，浏览

器预览效果如图 12-34 所示。

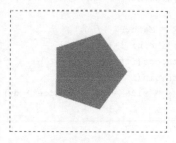

图 12-34　正五边形

当 createPolygon(cxt, 3, 100, 75, 50); 改为 createPolygon(cxt, 6, 100, 75, 50); 时，浏览器预览效果如图 12-35 所示。

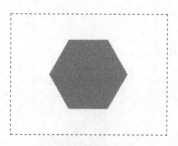

图 12-35　正六边形

createPolygon() 只可以绘制正多边形，不可以用于绘制不规则多边形。对于不规则多边形，方法也很简单，我们都是先确定多边形各个顶点坐标，然后使用 moveTo() 和 lineTo() 慢慢绘制。

12.5.3　Canvas 绘制五角星

同样，我们也是获取各个顶点的坐标，然后使用 moveTo() 和 lineTo() 把五角星绘制出来。根据分析图 12-36，我们可以知道∠BOA=36°、∠AOX=18°、∠BOX=54°，然后结合三角函数，我们很容易得出五角星各个顶点的坐标。

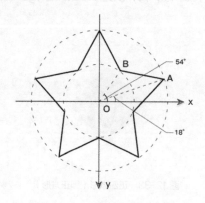

图 12-36　五角星顶点分析

举例

```html
<!DOCTYPE html>
<html xmlns="http://www.w3.org/1999/xhtml">
<head>
    <title></title>
    <meta charset="utf-8" />
    <script type="text/javascript">
        function $$(id) {
            return document.getElementById(id);
        }
        window.onload = function () {
            var cnv = $$("canvas");
            var cxt = cnv.getContext("2d");

            cxt.beginPath();
            for (var i = 0; i < 5; i++) {
                cxt.lineTo(Math.cos((18 + i * 72) * Math.PI / 180) * 50 + 100,
                           -Math.sin((18 + i * 72) * Math.PI / 180) * 50 + 100);
                cxt.lineTo(Math.cos((54 + i * 72) * Math.PI / 180) * 25 + 100,
                           -Math.sin((54 + i * 72) * Math.PI / 180) * 25 + 100);
            }
            cxt.closePath();
            cxt.stroke();
        }
    </script>
</head>
<body>
    <canvas id="canvas" width="200" height="150" style="border:1px dashed gray;"></canvas>
</body>
</html>
```

浏览器预览效果如图 12-37 所示。

图 12-37　Canvas 绘制五角星

分析

当然，对于这一节这些多边形的绘制，我们可以封装成一个个函数，以便实际开发直接调用。

12.6 实战题：绘制调色板

使用绘图软件或取色软件的过程中，我们经常会见到各种调色板效果。常见的调色板有两种：方格调色板和渐变调色板。在这里，我们将使用这一章所学到的绘图方法来绘制这两种调色板。

▼ **举例：方格调色板**

```html
<!DOCTYPE html>
<html>
<head>
    <meta charset="utf-8" />
    <title></title>
    <script>
        function $$(id) {
            return document.getElementById(id);
        }
        window.onload = function () {
            var cnv = $$("canvas");
            var cxt = cnv.getContext("2d");

            for (var i = 0; i < 6; i++) {
                for (var j = 0; j < 6; j++) {
                    cxt.fillStyle = "rgb(" + Math.floor(255 - 42.5 * i) + "," + Math.floor(255 - 42.5 * j) + ",0)";
                    cxt.fillRect(j * 25, i * 25, 25, 25);
                }
            }
        }
    </script>
</head>
<body>
    <canvas id="canvas" width="200" height="200" style="border:1px dashed gray;"></canvas>
</body>
</html>
```

浏览器预览效果如图 12-38 所示。

▼ **分析**

对于这种方格色板，实现思路非常简单：我们可以使用两层 for 循环来绘制方格阵列，每个方格使用不同的颜色。其中变量 i 和 j，用来为每一个方格产生唯一的 RGB 色彩值。我们仅修改其中的红色和绿色的值，而保持蓝色的值不变，就可以产生各种各样的色板。

接下来，我们尝试绘制一个更加复杂的调色板：渐变调色板。

图 12-38 绘制方格调色板

▼ **举例：渐变调色板**

```html
<!DOCTYPE html>
<html>
```

```
<head>
    <meta charset="utf-8" />
    <title></title>
    <script>
        function $$(id) {
            return document.getElementById(id);
        }
        window.onload = function () {
            var cnv = $$("canvas");
            var cxt = cnv.getContext("2d");

            var r = 255, g = 0, b = 0;
            for (i = 0; i < 150; i++) {
                if (i < 25) {
                    g += 10;
                } else if (i > 25 && i < 50) {
                    r -= 10;
                } else if (i > 50 && i < 75) {
                    g -= 10;
                    b += 10;
                } else if (i >= 75 && i < 100) {
                    r += 10;
                } else {
                    b -= 10;
                }
                cxt.fillStyle = "rgb(" + r + "," + g + "," + b + ")";
                cxt.fillRect(3 * i, 0, 3, cnv.height);
            }
        }
    </script>
</head>
<body>
    <canvas id="canvas" width="255" height="150" style="border:1px dashed gray;"></canvas>
</body>
</html>
```

浏览器预览效果如图 12-39 所示。

是不是感到很有趣？现在我们也可以开发一个属于我们自己的调色板了。

图 12-39　绘制渐变调色板

【解惑】

HTML5 Canvas 的内容应该不止这一点吧，为什么不在本书介绍完呢？

HTML5 Canvas 的内容实在是太多了，我们在这一章仅仅学了冰山一角而已。事实上，Canvas 还可以实现曲线图形、文本操作、变形操作、像素操作，甚至还包括高级技术如物理动画、碰撞检测、用户交互、游戏开发等。

如果要把 Canvas 的内容介绍完，必须要用独立的一本书才可以讲完，因此才会有衍生的《从 0 到 1：HTML5 Canvas 动画开发》（本书配套篇）。Canvas 是 HTML5 最强大的 API，可以实现各种酷炫动画，甚至还可以开发游戏，感兴趣的小伙伴可以去看一下。

12.7 本章练习

单选题

1. 下面选项中，哪一个是 Canvas 使用的坐标系？（　　）

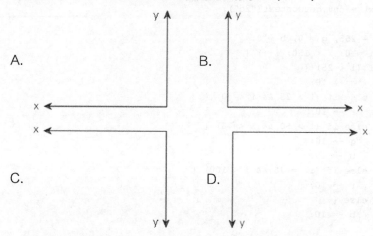

2. 下面有关 Canvas 和 SVG 的说法中，不正确的是（　　）。
   A. Canvas 是基于"位图"的，图形放大的时候不会失真
   B. 每次发生修改时，Canvas 需要重绘，而 SVG 不需要
   C. Canvas 是使用 JavaScript 动态生成的，而 SVG 是使用 XML 静态描述的
   D. SVG 绘制出来的是一个矢量图

3. 下面有关 Canvas 矩形的说法中，正确的是（　　）。
   A. 可以使用 fillRect() 方法来画一个描边矩形
   B. moveTo() 和 lineTo() 只能绘制直线，不能绘制矩形
   C. fillStyle 属性只能取十六进制颜色值（如 #F1F1F1）
   D. fillSytle 属性必须在 fillRect() 方法之前定义

4. 想要绘制多边形，我们都是使用（　　）来实现的。
   A. strokeRect()　　　　　　　B. filleRect()
   C. rect()　　　　　　　　　　D. moveTo() 和 lineTo()

编程题

请使用 HTML5 Canvas 来画一个正五边形，其中心坐标为（100,100），每条边的长度为 50px。

第二部分
CSS3 实战

第 13 章 CSS3 简介

13.1 CSS3 简介

对于刚刚接触 CSS3 的小伙伴，一开始肯定会有这么一个疑问："CSS3 跟 CSS 有什么区别呢？"实际上，CSS 是从 CSS1、CSS2、CSS2.1 到 CSS3 这几个版本一路升级而来的。

我们常说的 CSS 指的是 CSS2.1，而 CSS3 特指相对于 CSS2.1 新增加的内容，注意是"新增加的内容"。换句话说，你要学的 CSS 其实等于 CSS2.1 加上 CSS3（图 13-1）。

图 13-1　CSS3

CSS3 相对于 CSS2.1 来说，新增了大量属性，不仅可以让页面更加酷炫，最重要的是可以提高网站的可维护性以及访问速度。其中，CSS3 新技术包括以下 11 个方面。

- 新选择器
- 文本样式
- 颜色样式
- 边框样式
- 背景样式
- CSS3 变形

- CSS3 过渡
- CSS3 动画
- 多列布局
- 弹性布局
- 用户界面

此外，对于 CSS3 的历史，这里就不详细展开了。

> 【解惑】
>
> 对于 CSS3 的学习，除了这本书，还有什么推荐的学习内容吗？
>
> 给小伙伴们一个很有用的建议：在学习任何编程语言的过程中，一定要养成查阅官方文档的习惯，因为这是最权威的参考资料，并且还能提高自己的英文水平。
>
> 对于 CSS3 的学习，建议大家多看看 W3C 官方文档和 MDN 官方文档。

13.2 浏览器私有前缀

由于 CSS3 新增的一些属性尚未成为 W3C 标准的一部分，因此对于这些属性来说，每种内核的浏览器都只能识别"**带有自身私有前缀的属性**"。也就是说，我们在书写 CSS3 属性的时候，可能需要在属性前面加上浏览器的私有前缀，然后该浏览器才能识别对应的 CSS3 属性。主流浏览器如图 13-2 所示。

图 13-2 主流浏览器

在 CSS3 中，常见的浏览器私有前缀如表 13-1 所示。这些私有前缀以及对应的浏览器，我们都是要记住的，这一点大家要清楚。

表 13-1 浏览器私有前缀

私有前缀	对应的浏览器
-webkit-	Chrome 和 Safari
-moz-	Firefox
-ms-	IE
-o-	Opera

举个例子，如果我们想要使用 CSS3 来实现边框阴影效果，可能会这样写：

```
border-shadow:5px 5px 10px red;
```

但是并非所有浏览器都能识别 border-shadow 这个属性，例如 Chrome 只能识别 -webkit-border-shadow（前缀为 -webkit-），而 Firefox 只能识别 -moz-border-shadow（前缀为 -moz-）。因此，如果想要让所有主流浏览器都能实现边框阴影效果，我们需要这样写：

```
border-shadow:5px 5px 10px red;
-webkit-border-shadow:5px 5px 10px red;
-moz-border-shadow:5px 5px 10px red;
-ms-border-shadow:5px 5px 10px red;
-o-border-shadow:5px 5px 10px red;
```

不过，现在主流浏览器最新版本对 CSS3 的支持都特别好，我们已经不需要再去为大多数属性做兼容处理了。在接下来的学习中，对于 CSS3 属性的书写，如果没有特别说明，我们都不需要再去做兼容处理。如果有特殊说明，我们再去像上面那样做兼容处理。

此外，建议大家安装最新版本的 Chrome、Firefox 等来学习 CSS3。在前端开发中，往往都是需要做兼容处理的，需要经常检查页面在各个浏览器的预览效果是否正常。要是只装个 360 浏览器，那还做什么前端开发呢，对吧？

【解惑】

1. 对于 IE 浏览器来说，暂时只有 IE9 及以上版本支持 CSS3 属性，但是有时候我们需要兼容 IE6~IE8，这该怎么实现呢？

对于 IE6~IE8 的兼容，我们可以借助 ie-css3.htc 这个扩展文件来实现。对于 ie-css3.htc 这个文件，小伙伴们可以到本书配套源代码文件中找一下。

我们只需要把 ie-css3.htc 文件放到站点下，然后在元素的 CSS 中借助 behavior 属性来引入就可以了，代码如下：

```
div
{
    /* 通知IE浏览器调用 ie-css3.htc 文件作用于div元素 */
    behavior: url(ie-css3.htc);
    /*接下来,div元素就可以使用CSS3属性了*/
    border-radius: 15px;
    box-shadow: 10px 10px 20px #000;
}
```

不过，还有以下两点需要跟大家说明。

- 当前元素一定要有定位属性，如 position:relative 或 position:absolute，否则 ie-css3.htc 无法生效。
- ie-css3.htc 文件支持的 CSS3 属性有限，暂时只支持 border-radius、box-shadow、text-shadow 属性。

2. 如果想要兼容 360、搜狗、QQ 等浏览器，浏览器前缀该怎么写呢？

其实，这些浏览器使用的内核跟几个主流浏览器的内核是一样的，因此我们只需要写上 -webkit-、-moz- 等前缀就可以了。

3. 如果我们不清楚某个 CSS3 属性在各大浏览器的兼容性情况，可以去哪里查阅资料呢？

我们可以到 Can I use 这个网站上，输入你想要查找的属性，然后就会显示非常详细的信息，如图 13-3 所示。

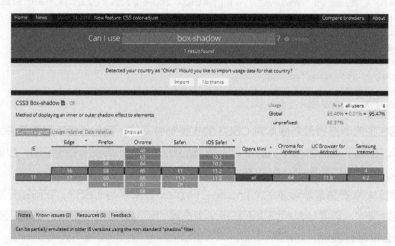

图 13-3　Can I use 网站

13.3　一个酷炫的 CSS3 效果

在学习 CSS3 语法之前，先来看一个例子，让小伙伴们感受一下 CSS3 究竟有多强大。

▼ 举例

```
<!DOCTYPE html>
<html>
<head>
    <meta charset="utf-8" />
    <title></title>
    <style type="text/css">
        body{background:#000;}
        h1
        {
            text-align:center;
            color:#fff;
            font-size:48px;
            text-shadow: 1px 1px 1px #ccc,
                        0 0 10px #fff,
                        0 0 20px #fff,
                        0 0 30px #fff,
                        0 0 40px #ff00de,
                        0 0 70px #ff00de,
                        0 0 80px #ff00de,
```

```css
                0 0 100px #ff00de,
                0 0 150px #ff00de;
    transform-style: preserve-3d;
    -moz-transform-style: preserve-3d;
    -webkit-transform-style: preserve-3d;
    -ms-transform-style: preserve-3d;
    -o-transform-style: preserve-3d;
    animation: run  ease-in-out 9s infinite;
    -moz-animation: run  ease-in-out 9s infinite ;
    -webkit-animation: run  ease-in-out 9s infinite;
    -ms-animation: run  ease-in-out 9s infinite;
    -o-animation: run  ease-in-out 9s infinite;
  }
@keyframes run
{
    0% {transform:rotateX(-5deg) rotateY(0);}
    50%
    {
        transform:rotateX(0) rotateY(180deg);
        text-shadow: 1px  1px 1px #ccc,
                0 0 10px #fff,
                0 0 20px #fff,
                0 0 30px #fff,
                0 0 40px #3EFF3E,
                0 0 70px #3EFFff,
                0 0 80px #3EFFff,
                0 0 100px #3EFFee,
                0 0 150px #3EFFee;
    }
    100% {transform:rotateX(5deg) rotateY(360deg);}
}
@-webkit-keyframes run
{
    0% {transform:rotateX(-5deg) rotateY(0);}
    50%
    {
        transform:rotateX(0) rotateY(180deg);
        text-shadow: 1px  1px 1px #ccc,
                0 0 10px #fff,
                0 0 20px #fff,
                0 0 30px #fff,
                0 0 40px #3EFF3E,
                0 0 70px #3EFFff,
                0 0 80px #3EFFff,
                0 0 100px #3EFFee,
                0 0 150px #3EFFee;
    }
    100% {transform:rotateX(5deg) rotateY(360deg);}
}
@-moz-keyframes run
{
```

```
            0% {transform:rotateX(-5deg) rotateY(0);}
            50%
            {
                transform:rotateX(0) rotateY(180deg);
                text-shadow: 1px  1px 1px #ccc,
                             0 0 10px #fff,
                             0 0 20px #fff,
                             0 0 30px #fff,
                             0 0 40px #3EFF3E,
                             0 0 70px #3EFFff,
                             0 0 80px #3EFFff,
                             0 0 100px #3EFFee,
                             0 0 150px #3EFFee;
            }
            100% {transform:rotateX(5deg) rotateY(360deg);}
        }
        @-ms-keyframes run
        {
            0% {transform:rotateX(-5deg) rotateY(0);}
            50%
            {
                transform:rotateX(0) rotateY(180deg);
                text-shadow: 1px  1px 1px #ccc,
                             0 0 10px #fff,
                             0 0 20px #fff,
                             0 0 30px #fff,
                             0 0 40px #3EFF3E,
                             0 0 70px #3EFFff,
                             0 0 80px #3EFFff,
                             0 0 100px #3EFFee,
                             0 0 150px #3EFFee;
            }
            100% {transform:rotateX(5deg) rotateY(360deg);}
        }
    </style>
</head>
<body>
    <h1>绿叶学习网</h1>
</body>
</html>
```

浏览器预览效果如图 13-4 所示。

图 13-4　酷炫的 CSS3 效果

▶ **分析**

看到这么酷炫的效果，相信小伙伴们都惊呆了吧！这个例子综合运用了 CSS3 中的很多技术，包括文字阴影、变形效果、过渡效果、动画效果等。这还是 CSS3 的冰山一角，小伙伴们还可以到绿叶学习网首页看看各种"爆裂"效果。

当然，还是建议大家直接下载本书的源代码来测试，具体下载方式见本书前言的配套资源下载及使用说明。

13.4 本章练习

单选题

1. Chrome 的浏览器私有前缀是（　　）。
   A. -webkit-   B. -moz-
   C. -ms-   D. -o-

2. 下面有关浏览器私有前缀的说法中，正确的是（　　）。
   A. Safari 的浏览器私有前缀为 -moz-
   B. 可以使用 ie-css3.htc 来使 IE6~IE8 支持 CSS3 部分属性
   C. CSS3 新增的属性已经全部成为 W3C 的标准
   D. 现在主流浏览器最新版本对 CSS3 的支持都非常差

问答题

常见的浏览器内核有哪些？都有哪些浏览器采用这些内核？（前端面试题）

第 14 章 新增选择器

14.1 CSS3 选择器简介

选择器，说白了就是用一种方式把你想要的元素选中。把它选中，你才能操作这个元素的 CSS 样式。CSS 中有很多种选择元素的方式，这些不同的方式就是不同的选择器（如图 14-1 所示）。

图 14-1 CSS3 选择器

在 CSS2.1 中，我们学习了以下几种选择器。
- 元素选择器
- id 选择器
- class 选择器
- 群组选择器
- 层次选择器

上面这些都是 CSS2.1 中最基本的选择器，在这里就不详细展开了。在这一章中，我们只会给大家介绍 CSS3 相对于 CSS2.1 新增加的选择器。

在 CSS3 中，新增加了以下三大类选择器。
- 属性选择器
- 结构伪类选择器
- UI 伪类选择器

刚刚学习 CSS3 的小伙伴在接触这么多选择器时，内心肯定会生出一种疑问："学这么多选择器有用吗？平常那几个基本选择器就已经够用了，干嘛浪费时间去学那么多呢？"

实际上，CSS3 中新增的选择器相对于 CSS2.1 基本选择器来说，用的机会可能会少一点。但是，这些新增的选择器功能是非常强大的，有时可以帮我们轻松解决难题，极大地提高了开发效率。相信大家学完这一章，就会慢慢见识到了。

14.2　属性选择器

属性选择器，指的是通过"元素的属性"来选择元素的一种方式。元素的属性，我们都知道是什么，像下面这句代码中的 id、type、value 就是 input 元素的属性。

```
<input id="btn" type="button" value="按钮" />
```

实际上，属性选择器在 CSS2.1 时已经存在了，而 CSS3 在 CSS2.1 基础上对其进行了扩展，主要新增了 3 种，如表 14-1 所示。

表 14-1　CSS3 属性选择器

选择器	说明
E[attr^="xxx"]	选择元素 E，其中 E 元素的 attr 属性是以 xxx **开头**的任何字符
E[attr$="xxx"]	选择元素 E，其中 E 元素的 attr 属性是以 xxx **结尾**的任何字符
E[attr*="xxx"]	选择元素 E，其中 E 元素的 attr 属性是**包含** xxx 的任何字符

CSS3 新增的这 3 个属性选择器使得选择器具有通配符的功能，有点正则表达式的感觉。

那这些属性选择器都是怎么用的呢？举个例子，我们在使用百度文库下载资料时，经常看到列表前面会显示一个表示文档类型的小图标（如图 14-2 所示）。对于这个效果，我们使用 CSS3 属性选择器就可以轻松实现。

图 14-2　百度文库

▼ 举例

```
<!DOCTYPE html>
<html>
```

```html
<head>
    <meta charset="utf-8" />
    <title></title>
    <style type="text/css">
        /*清除所有元素默认的padding和margin*/
        *{padding:0;margin:0;}
        /*清除列表项符号*/
        ul{list-style-type:none;}
        a
        {
            display:inline-block;
            font-size:12px;
            height:20px;
            line-height:20px;
        }
        /*匹配doc文件*/
        a[href$="doc"]::before
        {
            content:url("img/1.png");
        }
        /*匹配pdf文件*/
        a[href$="pdf"]::before
        {
            content:url("img/2.png");
        }
        /*匹配ppt文件*/
        a[href$="ppt"]::before
        {
            content:url("img/3.png");
        }
    </style>
</head>
<body>
    <ul>
        <li><a href="test.doc" download>下载doc文件</a></li>
        <li><a href="test.pdf" download>下载pdf文件</a></li>
        <li><a href="test.ppt" download>下载ppt文件</a></li>
    </ul>
</body>
</html>
```

浏览器预览效果如图14-3所示。

图14-3 属性选择器

▼ **分析**

我们都知道，文件的类型不同，它们的后缀名也是不同的，比如 Word 文件的后缀名是 .doc，而 PDF 文件的后缀名是 .pdf。百度文库列表图标效果的实现原理其实非常简单，只需要使用 CSS3 属性选择器来匹配 a 标签中 href 属性值中最后几个字符（也就是文件后缀名），然后分别添加不同的图标就可以了。

此外，::before 是伪元素，常配合 content 属性使用，实现为元素插入内容。对于伪元素，我们在后续章节会详细介绍。

14.3 子元素伪类选择器

子元素伪类选择器，指的就是选择某一个元素下的子元素。伪类选择器，相信小伙伴也接触过了，最典型的就是超链接的几个伪类：a:link、a:visited、a:hover、a:active。

在 CSS3 中，子元素伪类选择器有两大类。

- :first-child、:last-child、:nth-child(n)、:only-child
- :first-of-type、:last-of-type、:nth-of-type(n)、:only-of-type

14.3.1 :first-child、:last-child、:nth-child(n)、:only-child

子元素伪类选择器（第 1 类）如表 14-2 所示。

表 14-2 子元素伪类选择器（第 1 类）

选择器	说明
E:first-child	选择父元素下的第一个子元素（该子元素类型为 E，以下类同）
E:last-child	选择父元素下的最后一个子元素
E:nth-child(n)	选择父元素下的第 n 个子元素或奇偶元素，n 取值有 3 种：数字、odd 和 even，其中 n 从 1 开始
E:only-child	选择父元素下唯一的子元素，该父元素只有一个子元素

▼ **举例：每个列表项都有不同样式**

```
<!DOCTYPE html>
<html>
<head>
    <meta charset="utf-8" />
    <title></title>
    <style type="text/css">
        *{padding:0;margin:0;}
        ul{list-style-type:none;}
        ul li
        {
            height:20px;
        }
        ul li:first-child{background-color:red;}
        ul li:nth-child(2){background-color:orange;}
```

```
            ul li:nth-child(3){background-color:yellow;}
            ul li:nth-child(4){background-color:green;}
            ul li:last-child{background-color:blue;}
        </style>
    </head>
    <body>
        <ul>
            <li></li>
            <li></li>
            <li></li>
            <li></li>
            <li></li>
        </ul>
    </body>
</html>
```

浏览器预览效果如图 14-4 所示。

图 14-4　每个列表项都有不同的颜色

▶ 分析

想要实现上面同样的效果，很多初学者首先想到的是为每一个 li 元素都添加 id 或 class 来实现。但是这样会导致 id 和 class 泛滥，不利于网站后期的维护。而使用子元素伪类选择器，可以让结构与样式分离，使得 HTML 结构更加清晰，更利于后期维护和搜索引擎优化（即 SEO）。

在这个例子中，"ul li:first-child{}"表示选择父元素（即 ul）下的第一个子元素，这句代码等价于"ul li:nth-child(1){}"；"ul li:last-child{}"表示选择父元素（即 ul）下的最后一个子元素，这句代码等价于"ul li:nth-child(5){}"。

在实际开发中，子元素伪类选择器特别适合操作列表的不同样式，像绿叶学习网中就大量用到，如图 14-5 所示。

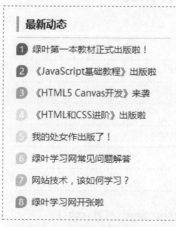

图 14-5　绿叶学习网中的列表

举例：隔行换色

```html
<!DOCTYPE html>
<html>
<head>
    <meta charset="utf-8" />
    <title></title>
    <style type="text/css">
        *{padding:0;margin:0;}
        ul{list-style-type:none;}
        ul li{ height:20px;}
        /*设置奇数列的背景颜色*/
        ul li:nth-child(odd)
        {
            background-color:red;
        }
        /*设置偶数列的背景颜色*/
        ul li:nth-child(even)
        {
            background-color:green;
        }
    </style>
</head>
<body>
    <ul>
        <li></li>
        <li></li>
        <li></li>
        <li></li>
        <li></li>
    </ul>
</body>
</html>
```

浏览器预览效果如图14-6所示。

图14-6　隔行换色

▶ 分析

隔行换色效果也很常见，例如表格隔行换色、列表隔行换色等，这些都是对用户体验非常好的设计细节。像绿叶学习网也用到了很多隔行换色效果，如图 14-7 所示。

图 14-7　绿叶学习网中的隔行换色列表

14.3.2　:first-of-type、:last-of-type、:nth-of-type(n)、:only-of-type

:first-of-type、:last-of-type、:nth-of-type(n)、:only-of-type 和 :first-child、:last-child、:nth-child(n)、:only-child，这两类子元素伪类选择器看起来非常相似，但是两者其实是有着本质上的区别的，如表 14-3 所示。

表 14-3　子元素伪类选择器（第 2 类）

选择器	说明
E:first-of-type	选择父元素下的第一个 E 类型的子元素
E:last-of-type	选择父元素下的最后一个 E 类型的子元素
E:nth-of-type(n)	选择父元素下的第 n 个 E 类型的子元素或奇偶元素，n 取值有 3 种：数字、odd 和 even，n 从 1 开始
E:only-of-type	选择父元素下唯一的 E 类型的子元素，该父元素可以有多个子元素

对于上面的解释，大家可能觉得比较难理解，我们先来看一个简单的例子：

```
<div>
    <h1></h1>
    <p></p>
    <span></span>
    <span></span>
</div>
```

对于 :first-child 来说，我们可以得到以下结果。

▶ **h1:first-child**：选择的是 h1，因为父元素（即 div）下的第一个子元素就是 h1。

- **p:first-child**：选择不到任何元素，因为父元素（即 div）下的第一个子元素是 h1，不是 p。
- **span:first-child**：选择不到任何元素，因为父元素（即 div）下的第一个子元素是 h1，不是 span。

对于 :first-of-type 来说，我们可以得到以下结果。

- **h1:first-of-type**：选择的是 h1，因为 h1 是父元素中 h1 类型的子元素，然后我们选择第一个 h1（实际上也只有一个 h1）。
- **p:first-of-type**：选择的是 p，因为 p 是父元素中 p 类型的子元素，然后我们选择第一个 p（实际上也只有一个 p）。
- **span:first-of-type**：选择的是第一个 span，因为 span 是父元素中 span 类型的子元素，我们选择第一个 span。

从上面这个例子我们可以知道：:first-child 在选择父元素下的子元素时，不仅要区分元素类型，还要求是第一个子元素。而 :first-of-type 在选择父元素下的子元素时，只需要区分元素类型，不要求是第一个子元素。实际上，:last child 和 :last-of-type、:nth-child(n) 和 :nth-of-type(n)、:only-child 和 :only-of-type 的区别都是相似的，这里不再赘述。

大多数初学的小伙伴很容易将这两类伪类选择器搞混。不过大家不用担心，在实际开发中，一般情况下只会用到第一类子元素伪类选择器。也就是说，我们把第一类子元素伪类选择器掌握好就可以了。

14.4　UI 伪类选择器

UI 伪类选择器，指的是针对"元素的状态"来选择元素的一种伪类选择器。UI，全称"User Interface"，也就是用户界面。

元素的状态包括：可用、不可用、选中、未选中、获取焦点、失去焦点等。UI 伪类选择器的共同特点是：对于指定的样式，在默认状态下不起作用，只有当元素处于某种状态时才起作用。此外，大多数 UI 伪类选择器都是针对表单元素的。

在 CSS3 中，UI 伪类选择器主要包括以下 5 类。

- :focus
- ::selection
- :checked
- :enabled 和 :disabled
- :read-write 和 :read-only

14.4.1　:focus

在 CSS3 中，我们可以使用 :focus 选择器来定义元素获取焦点时使用的样式。不过，并不是所有的 HTML 元素都有焦点样式，具有"获取焦点"和"失去焦点"特点的元素只有两种。

- 表单元素（按钮、单选框、复选框、文本框、下拉列表）
- 超链接

判断一个元素是否具有焦点很简单，我们打开一个页面后按 Tab 键，能够被选中的就是带有焦点特性的元素。

▌ 举例

```
<!DOCTYPE html>
<html>
<head>
    <meta charset="utf-8" />
    <title></title>
    <style type="text/css">
        input:focus
        {
            outline:1px solid red;
        }
    </style>
</head>
<body>
    <p><label for="user">账号: </label><input id="user" type="text"/></p>
    <p><label for="pwd">密码: </label><input id="pwd" type="password"/></p>
</body>
</html>
```

浏览器预览效果如图 14-8 所示。

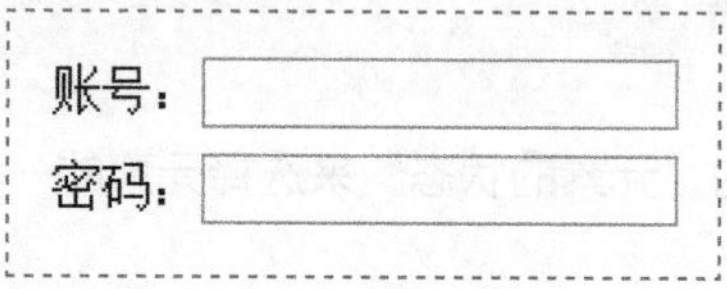

图 14-8　默认效果

▌ 分析

当文本框获取焦点时，会为文本框添加一个红色的外轮廓线，浏览器预览效果如图 14-9 所示。

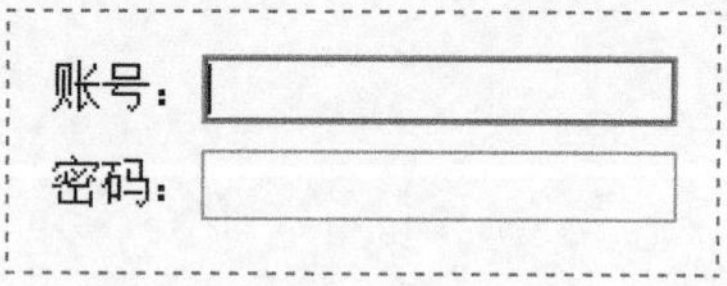

图 14-9　获取焦点时效果

outline 属性用于定义文本框的外轮廓线样式，我们在后续章节会给大家详细介绍。

14.4.2　::selection

默认情况下，使用鼠标来选取页面的文本内容时，该文本内容都是以"蓝色背景、白色字体"来显示的，如图 14-10 所示。

图 14-10　被选中文本的样式

在 CSS3 中，我们可以使用 ::selection 选择器来定义页面中被选中文本的样式。注意，::selection 选择器使用的是双冒号，而不是单冒号。实际上，单冒号往往都是伪类，而双冒号往往都是伪元素。

▌举例：定义单独元素

```
<!DOCTYPE html>
<html>
<head>
    <meta charset="utf-8" />
    <title></title>
    <style type="text/css">
        div::selection
        {
            color:white;
            background-color:red;
        }
        p::selection
        {
            color:white;
            background-color:orange;
        }
        /*兼容Firefox浏览器*/
        div::-moz-selection
        {
            color:white;
            background-color:red;
        }
        p::-moz-selection
        {
            color:white;
            background-color:orange;
        }
    </style>
</head>
<body>
    <div>绿叶学习网，给你初恋般的感觉。</div>
    <p>绿叶学习网，给你初恋般的感觉。</p>
</body>
</html>
```

浏览器预览效果如图 14-11 所示。

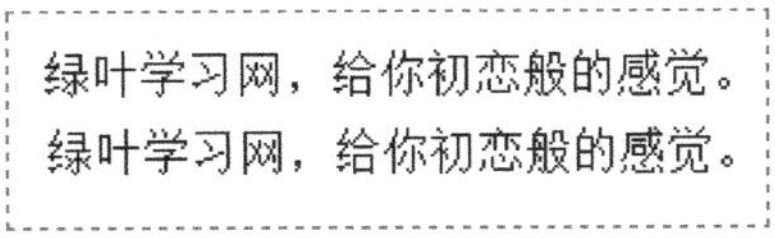

图 14-11　默认效果

▶ 分析

"div::-moz-selection{}"和"p::-moz-selection{}"是为了兼容 Firefox 浏览器，因为 Firefox 只能识别"::-moz-selection"，而不能识别"::selection"。

当使用鼠标选择"初恋般的感觉"文本时，会发现背景颜色和字体颜色都变了，效果如图 14-12 所示。

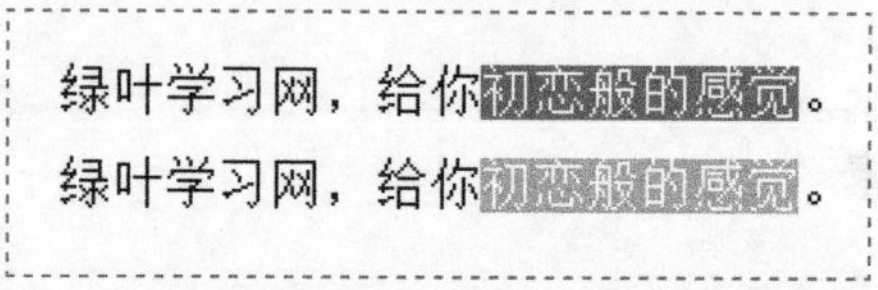

图 14-12　选中文本时效果

在实际开发中，我们很少单独对某个元素定义选中样式，一般都是统一为整个页面的选中文本定义样式，那这又该怎么实现呢？请看下面的例子。

▶ 举例：定义整个页面

```
<!DOCTYPE html>
<html>
<head>
    <meta charset="utf-8" />
    <title></title>
    <style type="text/css">
        ::selection
        {
            color:white;
            background-color:red;
        }
        /*兼容Firefox浏览器*/
        ::-moz-selection
        {
            color:white;
            background-color:red;
        }
    </style>
</head>
<body>
    <div>绿叶学习网，给你初恋般的感觉。</div>
    <p>绿叶学习网，给你初恋般的感觉。</p>
</body>
</html>
```

浏览器预览效果如图 14-13 所示。

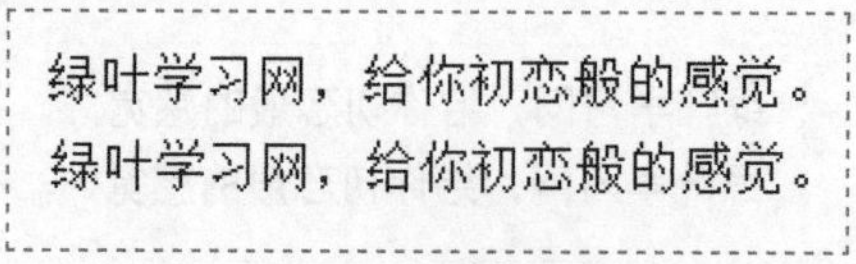

图 14-13　默认效果

▌ 分析

当使用鼠标选择"初恋般的感觉"文本时,会发现背景颜色和字体颜色都变了,效果如图 14-14 所示。

绿叶学习网,给你初恋般的感觉。
绿叶学习网,给你初恋般的感觉。

图 14-14 选中文本时效果

想要为整个页面的选中文本定义样式,我们只需要使用 ::selection{} 就可以实现。其中,::selection 前面是不需要加任何元素的。

14.4.3 :checked

我们都知道,单选框 radio 和复选框 checkbox 都有"选中"和"未选中"这两种状态。在 CSS3 中,我们可以使用 :checked 选择器来定义单选框或复选框被选中时的样式。

在兼容性方面,暂时只有 Opera 浏览器支持 :checked。由于兼容性很差,所以我们只需要简单了解一下即可。

▌ 举例

```
<!DOCTYPE html>
<html>
<head>
    <meta charset="utf-8" />
    <title></title>
    <style type="text/css">
        input:checked {
            background-color: red;
        }
    </style>
</head>
<body>
    <form method="post">
        性别:
        <label><input type="radio" name="gender" value="boy" checked />男</label>
        <label><input type="radio" name="gender" value="girl" />女<br /></label>
        你喜欢的水果:<br />
        <label><input name="fruit" type="checkbox" checked/>苹果</label>
        <label><input name="fruit" type="checkbox" />香蕉</label>
        <label><input name="fruit" type="checkbox" />西瓜</label>
        <label><input name="fruit" type="checkbox" />凤梨</label>
    </form>
</body>
</html>
```

浏览器预览效果如图 14-15 所示。

图 14-15　:checked 效果

14.4.4　:enabled 和 :disabled

我们都知道，某些表单元素如文本框、单选框、复选框等，都有"可用"和"不可用"这两种状态。

在 CSS3 中，我们可以使用 :enabled 选择器来定义表单元素"可用"时的样式，也可以使用 :disabled 选择器来定义表单元素"不可用"时的样式。

▌ 举例

```
<!DOCTYPE html>
<html>
<head>
    <meta charset="utf-8" />
    <title></title>
    <style type="text/css">
        input:enabled
        {
            outline:1px solid red;
        }
        input:disabled
        {
            background-color:orange;
        }
    </style>
</head>
<body>
    <form>
        <p><label for="enabled">可用:</label><input id="enabled" type="text"/></p>
        <p><label for="disabled">禁用:</label><input id="disabled" type="text" disabled/></p>
    </form>
</body>
</html>
```

浏览器预览效果如图 14-16 所示。

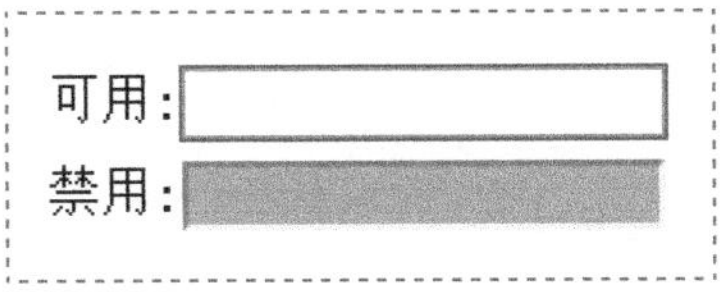

图 14-16　:enabled 和 :disabled 效果

14.4.5　:read-write 和 :read-only

我们都知道，某些表单元素如单行文本框、多行文本框等，都有"可读写"和"只读"这两种状态。

在 CSS3 中，我们可以使用 :read-write 选择器来定义表单元素"可读写"时的样式，也可以使用 :read-only 选择器来定义表单元素"只读"时的样式。

▌举例

```html
<!DOCTYPE html>
<html>
<head>
    <meta charset="utf-8" />
    <title></title>
    <style type="text/css">
        input:read-write
        {
            outline:1px solid red;
        }
        input:read-only
        {
            background-color:silver;
        }
        /*兼容Firefox浏览器*/
        input:-moz-read-write
        {
            outline:1px solid red;
        }
        input:-moz-read-only
        {
            background-color:silver;
        }
    </style>
</head>
<body>
    <form method="post">
        <p><label for="txt1">读写:</label><input id="txt1" type="text" /></p>
        <p><label for="txt2">只读:</label><input id="txt2" type="text" readonly /></p>
    </form>
</body>
</html>
```

浏览器预览效果如图 14-17 所示。

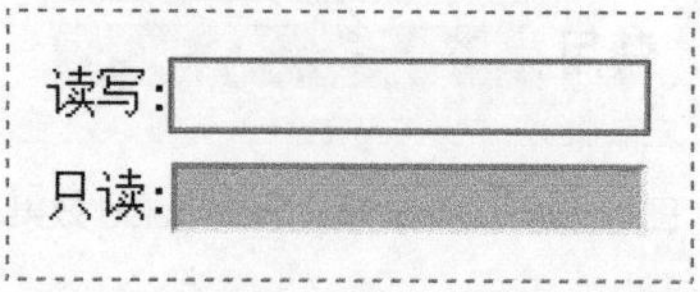

图 14-17　:read-write 和 :read-only 效果

▶ 分析

Firefox 浏览器只能识别带有 -moz- 前缀的 :read-write 和 :read-only。

14.5　其他伪类选择器

除了前几节中介绍的伪类选择器之外，CSS3 还为我们提供了其他几种伪类选择器。
- :root
- :empty
- :target
- :not()

14.5.1　:root

在 CSS3 中，我们可以使用 :root 选择器来选择 HTML 页面的根元素，也就是 <html></html>。

▶ 举例

```html
<!DOCTYPE html>
<html>
<head>
    <meta charset="utf-8" />
    <title></title>
    <style type="text/css">
        :root
        {
            background-color:gray;
        }
        body
        {
            background-color:red;
        }
    </style>
</head>
<body>
    <h1>绿叶学习网</h1>
</body>
</html>
```

浏览器预览效果如图 14-18 所示。

图 14-18　:root 效果

▌ 分析

在这个例子中，我们使用 :root 选择器来定义整个页面的背景色为灰色，然后将 body 元素的背景色定义为红色。其中，下面两句代码是等价的：

```
:root{background-color:gray;}
html{background-color:gray;}
```

从这个例子的预览效果，我们也应该知道：如果想要设置整个页面的背景色，应该针对 html 元素来设置，而不是 body 元素。

14.5.2　:empty

在 CSS3 中，我们可以使用 :empty 选择器来选择一个"不包含任何子元素和内容"的元素，也就是选择一个空元素。

▌ 举例

```
<!DOCTYPE html>
<html>
<head>
    <meta charset="utf-8" />
    <title></title>
    <style type="text/css">
        table,tr,td
        {
            border:1px solid silver;
        }
        td
        {
            width:60px;
            height:60px;
            line-height:60px;
            text-align:center;
            background-color: #FFA722;
        }
```

```
            td:empty
            {
                background-color:red;
            }
        </style>
    </head>
    <body>
        <table>
            <tr>
                <td>2</td>
                <td>4</td>
                <td>8</td>
            </tr>
            <tr>
                <td>16</td>
                <td>32</td>
                <td>64</td>
            </tr>
            <tr>
                <td>128</td>
                <td>256</td>
                <td></td>
            </tr>
        </table>
    </body>
</html>
```

浏览器预览效果如图 14-19 所示。

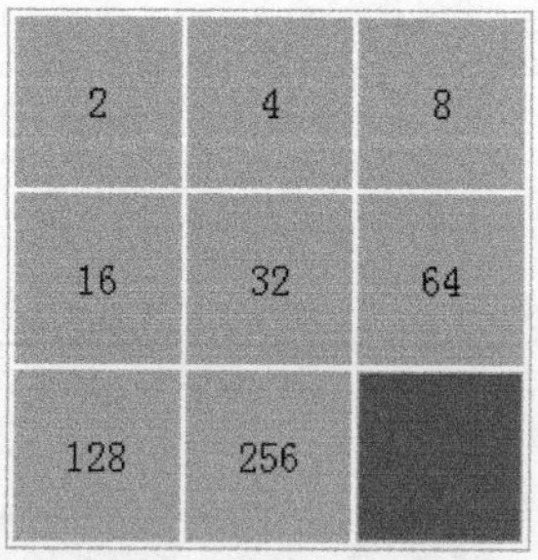

图 14-19 :empty 效果

▼ 分析

像 HTML5 的 2048 小游戏就可以用到 :empty 选择器。此外在实际开发中，对于表格中内容为空的单元格，我们往往为其设置不同的颜色，这样也会使得用户体验更好。

14.5.3 :target

在 CSS3 中，我们可以使用 :target 选择器来选取页面中的某一个 target 元素。所谓的 target 元素，指的是 id 被当成页面的锚点链接来使用的元素。

举例

```html
<!DOCTYPE html>
<html>
<head>
    <meta charset="utf-8" />
    <title></title>
    <style type="text/css">
        :target h3
        {
            color:red;
        }
    </style>
</head>
<body>
    <div>
        <a href="#music">推荐音乐</a><br />
        <a href="#movie">推荐电影</a><br />
        <a href="#article">推荐文章</a><br />
    </div>
    ……<br />
    ……<br />
    ……<br />
    ……<br />
    ……<br />
    ……<br />
    <div id="music">
        <h3>推荐音乐</h3>
        <ul>
            <li>林俊杰-被风吹过的夏天</li>
            <li>曲婉婷-我的歌声里</li>
            <li>许嵩-灰色头像</li>
        </ul>
    </div>
    ……<br />
    ……<br />
    ……<br />
    ……<br />
    ……<br />
    ……<br />
    <div id="movie">
        <h3>推荐电影</h3>
        <ul>
            <li>蜘蛛侠系列</li>
            <li>钢铁侠系列</li>
            <li>复仇者联盟</li>
        </ul>
    </div>
    ……<br />
    ……<br />
```

```
        ……<br />
        ……<br />
        ……<br />
        ……<br />
        <div id="article">
            <h3>推荐文章</h3>
            <ul>
                <li>朱自清-荷塘月色</li>
                <li>余光中-乡愁</li>
                <li>鲁迅-阿Q正传</li>
            </ul>
        </div>
</body>
</html>
```

浏览器预览效果如图 14-20 所示。

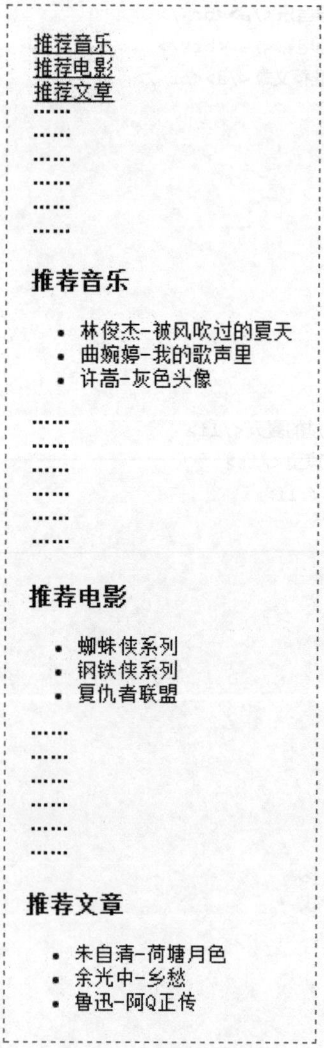

推荐音乐
推荐电影
推荐文章
……
……
……
……
……

推荐音乐

- 林俊杰-被风吹过的夏天
- 曲婉婷-我的歌声里
- 许嵩-灰色头像

……
……
……
……
……

推荐电影

- 蜘蛛侠系列
- 钢铁侠系列
- 复仇者联盟

……
……
……
……
……

推荐文章

- 朱自清-荷塘月色
- 余光中-乡愁
- 鲁迅-阿Q正传

图 14-20　:target 效果

▼ 分析

当我们点击锚点链接时，对应的 target 元素下面的 h3 字体颜色就会变成红色。在实际开发中，:target 选择器一般都是结合锚点链接来使用的，这样可以实现用户体验更好的导航效果。

14.5.4　:not()

在 CSS3 中，我们可以使用 :not() 选择器来选取某一个元素之外的所有元素。这个选择器非常重要，在实际开发中用得非常多，大家要重点掌握。

▼ 举例

```
<!DOCTYPE html>
<html>
<head>
    <meta charset="utf-8" />
    <title></title>
    <style type="text/css">
        *{padding:0;margin:0;}
        ul{list-style-type:none;}
        ul li:not(.first)
        {
            color:red;
        }
    </style>
</head>
<body>
    <ul>
        <li class="first">绿叶学习网</li>
        <li>绿叶学习网</li>
        <li>绿叶学习网</li>
        <li>绿叶学习网</li>
    </ul>
</body>
</html>
```

浏览器预览效果如图 14-21 所示。

图 14-21　:not() 效果

▼ 分析

对于"ul li:not(.first)"这个选择器，我们分两步来看：首先 .first 表示选择 class="first" 的元素，即第一个 li 元素。然后，"ul li:not(.first)"表示选择 ul 元素下除了第一个 li 元素之外的所有 li 元素。

如果没有借助 :not() 选择器，想要实现上面这种效果是非常麻烦的一件事，冗余代码也非常多。实际上，:not() 选择器跟数学集合中的补集（如图 14-22 所示）是非常相似的，我们可以对比联系一下。

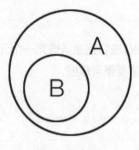

图 14-22　补集

14.6　本章练习

选择题

1. 在 CSS3 中，我们可以使用（　　）选择器来定义单行文本框获取焦点时的样式。
   A. :focus   B. :blur
   C. :checked   D. :enabled
2. 在 CSS3 中，我们可以使用（　　）选择器来定义复选框不可用状态下的样式。
   A. :disabled   B. :enabled
   C. ::selection   D. :read-only
3. 下面有关 CSS3 新增的伪类选择器的说法中，正确的是（　　）。
   A. :root 选择器选中的是页面中的 body 元素
   B. 大多数 UI 伪类选择器都是针对表单元素的
   C. :first-child 跟 :first-of-type 是完全等价的
   D. :first-child 可以等价于 :nth-child(0)
4. 下面有一段代码，其中能够选中第一个 p 元素的是（　　）。（多选）

```
<!DOCTYPE html>
<html>
<head>
    <meta charset="utf-8"/>
    <title></title>
</head>
<body>
    <div>绿叶学习网</div>
    <p>绿叶学习网</p>
    <p>绿叶学习网</p>
    <p>绿叶学习网</p>
```

```
</body>
</html>
```

  A. div+p{}   B. div~p{}
  C. p:first-of-type{}   D. p:first-child{}

5. 下面有一段代码，其中能够选中"除了第 3 个 li 元素以外所有 li 元素"的选择器是（　　）。

```
<!DOCTYPE html>
<html>
<head>
    <meta charset="utf-8" />
    <title></title>
</head>
<body>
    <ul>
        <li>绿叶学习网</li>
        <li>绿叶学习网</li>
        <li class="third">绿叶学习网</li>
        <li>绿叶学习网</li>
    </ul>
</body>
</html>
```

  A. ul li:not(.third)   B. ul li:not(#third)
  C. ul li:not(li:nth-child(3))   D. ul li:not(li:nth-of-type(3))

第 15 章 文本样式

15.1 文本样式简介

在 CSS3 中，增加了丰富的文本修饰效果，使得页面更加美观舒服。其中，常用的文本样式属性如表 15-1 所示。

表 15-1 CSS3 文本样式属性

属性	说明
text-shadow	文本阴影
text-stroke	文本描边
text-overflow	文本溢出
word-wrap	强制换行
@font-face	嵌入字体

在这一章中，我们会详细介绍这些文本样式属性。

15.2 文本阴影：text-shadow

15.2.1 W3C 坐标系

在介绍 text-shadow 之前，我们先来学习一下 CSS3 使用的坐标系是怎样的。了解 CSS3 使用的坐标系，这也是学习 CSS3 的最基本的前提。

我们经常见到的坐标系是数学坐标系，不过 CSS3 使用的坐标系是 W3C 坐标系，这两种坐标系唯一的区别在于 y 轴正方向的不同，如图 15-1 所示。

- 数学坐标系：y 轴正方向向上。
- W3C 坐标系：y 轴正方向向下。

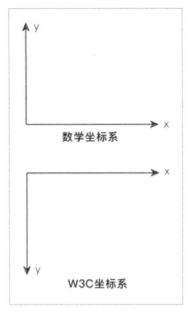

图 15-1　数学坐标系和 W3C 坐标系

小伙伴们一定要记住：W3C 坐标系的 y 轴正方向是向下的。小伙伴们对很多 CSS3 属性的取值感到很疑惑，那是因为他们没有清楚地意识到这一点。

数学坐标系一般用于数学形式上的应用，而在前端开发中几乎所有涉及坐标系的技术使用的都是 W3C 坐标系，这些技术包括 CSS3、Canvas 和 SVG 等。了解这一点，以后在学习 Canvas 或者 SVG 的时候，很多知识就可以串起来了。

15.2.2　text-shadow 属性简介

在 CSS2.1 中，如果想要实现文本的阴影效果，大多数情况下都是使用 Photoshop 制作一张图片来实现。在 CSS3 中，我们可以使用 text-shadow 属性为文本添加阴影效果，几行代码就可以轻松搞定，非常简单。

▌ 语法

```
text-shadow:x-offset  y-offset  blur  color;
```

▌ 说明

x-offset 是"水平阴影"，表示阴影的水平偏移距离，单位可以是 px、em 和百分比等。由于 CSS3 采用的是 W3C 坐标系，因此如果值为正，则阴影向右偏移；如果值为负，则阴影向左偏移。

y-offset 是"垂直阴影"，表示阴影的垂直偏移距离，单位可以是 px、em 和百分比等。由于 CSS3 采用的是 W3C 坐标系，因此如果值为正，则阴影向下偏移；如果值为负，则阴影向上偏移。

blur 是"模糊距离"，表示阴影的模糊程度，单位可以是 px、em 和百分比等。blur 值越大，阴影越模糊；blur 值越小，阴影越清晰。此外，blur 不能为负值。如果不需要阴影模糊效果，可以把 blur 值设置为 0。

color 是"阴影颜色"，表示阴影的颜色。

▎举例：一般文本阴影效果

```html
<!DOCTYPE html>
<html>
<head>
    <meta charset="utf-8" />
    <title></title>
    <style type="text/css">
        div
        {
            font-size:40px;
            text-shadow:4px 4px 2px gray;
        }
    </style>
</head>
<body>
    <div>绿叶学习网</div>
</body>
</html>
```

浏览器预览效果如图 15-2 所示。

图 15-2　阴影效果

▎举例：凹凸效果

```html
<!DOCTYPE html>
<html>
<head>
    <meta charset="utf-8" />
    <title></title>
    <style type="text/css">
        div
        {
            display: inline-block;
            padding: 16px;
            font-size: 32px;
            font-weight: bold;
            background-color: #CCC;
            color: #ddd;
            text-shadow: -1px 0 0 #333,   /*向左阴影*/
                          0 -1px 0 #333,  /*向上阴影*/
                          1px 0 0 #333,   /*向右阴影*/
                          0 1px 0 #333;   /*向下阴影*/
```

```
                }
        </style>
</head>
<body>
        <div>绿叶学习网</div>
</body>
</html>
```

浏览器预览效果如图15-3所示。

图15-3　凹凸效果

▌ 分析

为了表现更加丰富，每个方向上的阴影颜色可以是不同的设置。如果将向左和向上的阴影颜色设置为白色，文本就会出现"凸起效果"，text-shadow属性修改如下：

```
text-shadow:-1px 0 0 white,     /*向左阴影*/
            0 -1px 0 white,     /*向上阴影*/
            1px 0 0 #333,       /*向右阴影*/
            0 1px 0 #333;       /*向下阴影*/
```

此时，浏览器预览效果如图15-4所示。

图15-4　凸起效果

如果将向右和向下的阴影颜色设置为白色，文本就会出现"凹陷效果"，text-shadow属性修改如下：

```
text-shadow:-1px 0 0 #333,      /*向左阴影*/
            0 -1px 0 #333,      /*向上阴影*/
            1px 0 0 white,      /*向右阴影*/
            0 1px 0 white;      /*向下阴影*/
```

此时，浏览器预览效果如图15-5所示。

图15-5　凹陷效果

是不是觉得很神奇呢？其实对于 text-shadow 属性来说，颜色的取值以及阴影的方向是很有技巧的，大家好好琢磨一下上面效果是怎么实现的。

15.2.3 定义多个阴影

在 CSS3 中，我们可以使用 text-shadow 属性为文本定义多个阴影，并且针对每个阴影使用不同的颜色。当定义多个阴影时，text-shadow 属性是一个以英文逗号隔开的值列表，例如：

```
text-shadow:0 0 4px red, 0 -5px 4px green, 2px -10px 6px blue;
```

当 text-shadow 属性是一个值列表时，阴影效果会按从左到右的顺序应用到文本上，因此可能会出现相互覆盖的效果。但是 text-shadow 属性永远不会覆盖文本本身，阴影效果也不会改变文本的大小。

▼ **举例：多个阴影**

```html
<!DOCTYPE html>
<html>
<head>
    <meta charset="utf-8" />
    <title></title>
    <style type="text/css">
        div
        {
            font-size:40px;
            text-shadow:4px 4px 2px gray, 6px 6px 2px gray, 8px 8px 8px gray;
        }
    </style>
</head>
<body>
    <div>绿叶学习网</div>
</body>
</html>
```

浏览器预览效果如图 15-6 所示。

图 15-6　多个阴影效果

15.3　文本描边：text-stroke

在 CSS3 中，我们可以使用 text-stroke 属性为文本添加描边效果。所谓的"描边效果"，指的是给文字添加边框。

▌ 语法

```
text-stroke:width color;
```

▌ 说明

text-stroke 是一个复合属性,它是由 text-stroke-width 和 text-stroke-color 两个子属性组成的。

- ▶ text-stroke-width:定义边框的宽度。
- ▶ text-stroke-color:定义边框的颜色。

▌ 举例:text-stroke 实现文本描边

```
<!DOCTYPE html>
<html>
<head>
    <meta charset="utf-8" />
    <title></title>
    <style type="text/css">
        div
        {
            font-size:30px;
            font-weight:bold;
        }
        #div2
        {
            text-stroke:1px red;
            /*兼容Chrome浏览器*/
            -webkit-text-stroke:1px red;
        }
    </style>
</head>
<body>
    <div id="div1">文本未被描边</div>
    <div id="div2">文本已被描边</div>
</body>
</html>
```

浏览器预览效果如图 15-7 所示。

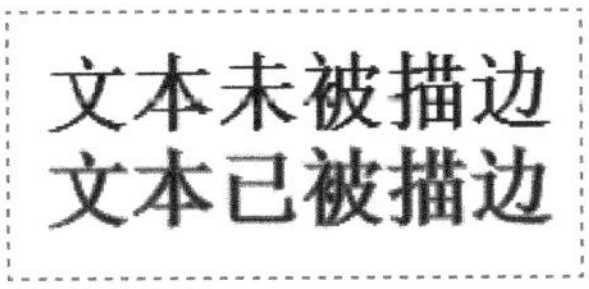

图 15-7　描边文字

▌ 分析

Chrome 和 Firefox 这两个浏览器都只能识别带有 -webkit- 前缀的 text-stroke 属性。你没看错,Firefox 浏览器也是。这个 text-stroke 属性有点特殊。

文字描边效果在实际开发中并不常用,如果你有创意的话,可以结合其他技术来看看。例如,使用 text-stroke 配合 color:transparent;，我们还可以实现镂空文字。请看下面的例子。

▌ 举例：text-stroke 实现镂空文字

```html
<!DOCTYPE html>
<html>
<head>
    <meta charset="utf-8" />
    <title></title>
    <style type="text/css">
        div
        {
            font-family:Verdana;
            font-size:50px;
            font-weight:bold;
            color:transparent;       /*设置文字颜色为透明*/
            text-stroke:2px red;
            -webkit-text-stroke:2px red;
        }
    </style>
</head>
<body>
    <div>lvyestudy</div>
</body>
</html>
```

浏览器预览效果如图 15-8 所示。

图 15-8　镂空文字效果

▌ 分析

color:transparent; 表示定义字体颜色为透明。镂空文字的效果很棒吧？在这本书中，我们在各个章节中会穿插各种特效的实现技巧，希望小伙伴们能够积累一下，这样可以为你的页面添色不少。

15.4　文本溢出：text-overflow

在浏览网页时，我们经常能看到这样一种效果：当文本超出一定范围时，会以省略号（…）显示，并且隐藏多余的文字，如图 15-9 所示。

图 15-9　省略号效果

在 CSS3 中，我们可以使用 text-overflow 属性来定义文本的溢出样式。

▌语法

```
text-overflow:取值;
```

▌说明

text-overflow 的属性取值只有两个，如表 15-2 所示。

表 15-2　text-overflow 属性取值

属性值	说明
ellipsis	当文本溢出时，显示省略号，并且隐藏多余的文字
clip	当文本溢出时，不显示省略号，而是将溢出的文字裁切掉

实际上，单独使用 text-overflow 属性是无法得到省略号效果的。要想实现文本溢出时就显示省略号效果，我们还需要结合 white-space 和 overflow 这两个属性来实现，下面是完整的语法：

```
overflow:hidden;
white-space:nowrap;
text-overflow:ellipsis;
```

▌举例

```
<!DOCTYPE html>
<html>
<head>
    <meta charset="utf-8"/>
    <title></title>
    <style type="text/css">
        div
        {
            width:200px;
            height:100px;
            border:1px solid silver;
            overflow:hidden;
            white-space:nowrap;
            text-overflow:ellipsis;
        }
    </style>
</head>
<body>
    <div>绿叶学习网成立于2015年4月1日，是一个最富有活力的Web技术学习网站。在这里，我们只提供互联网最好的Web技术教程和最佳的学习体验。每一个教程、每一篇文章、甚至每一个知识点，都体现绿叶精品的态度。没有最好，但是我们可以做到更好！</div>
</body>
</html>
```

浏览器预览效果如图 15-10 所示。

绿叶学习网成立于2015年…

图 15-10　省略号效果

▼ 分析

overflow:hidden;、white-space:nowrap; 和 text-overflow:ellipsis; 这三个是固定搭配的，我们直接搬过去用就可以了。

上面的语法只能实现"单行文本"的省略号效果。如果想要实现"多行文本"的省略号效果（如图 15-11 所示），此时又该怎么做呢？

图 15-11　多行文本的省略号

在图 15-11 所示效果中，文字并非都在同一行，我们只是限定某个容器的宽度和高度，对于超出部分再使用省略号来显示。想要实现这种多行文字的省略号效果，单纯使用 CSS 是无法实现的，必须借助 JavaScript 或 jQuery 才行。

这里推荐一个 jQuery 插件：jquery.dotdotdot.js，感兴趣的小伙伴可以自行搜索了解一下。

15.5　强制换行：word-wrap、word-break

在 CSS3 中，我们可以使用 word-wrap 或 word-break 来定义长单词或 URL 地址是否换行到下一行。

▼ 语法

```
word-wrap:取值;
```
或
```
word-break:取值;
```

▼ 说明

word-wrap 属性只有 2 个取值，如表 15-3 所示。

表 15-3　word-wrap 属性取值

属性值	说明
normal	自动换行（默认值）
break-word	强制换行

word-break 属性有 3 个取值，如表 15-4 所示。

表 15-4　word-break 属性取值

属性值	说明
normal	自动换行（默认值）
break-all	允许在单词内换行
keep-all	只能在半角空格或连字符处换行

一般情况下，我们只会用到 word-wrap:break-word; 或 word-break:break-all；这两个来实现强制换行，其他属性值不需要去了解。

word-wrap:break-word; 和 word-break:break-all；这两个长得跟亲兄弟一样，功能又非常相似，相信至今还是有很多人分不清两者的区别，甚至包括从事前端开发工作多年的小伙伴。想要了解两者的区别，我们先来看一个简单的例子。

▌举例

```
<!DOCTYPE html>
<html>
<head>
    <meta charset="utf-8" />
    <title></title>
    <style type="text/css">
        div
        {
            width: 200px;
            height: 120px;
            border: 1px solid gray;
        }
    </style>
</head>
<body>
    <div>Welcome, everyone! Please remember our homepage website is: http://www.lvyestudy.com/index.html</div>
</body>
</html>
```

浏览器预览效果如图 15-12 所示。

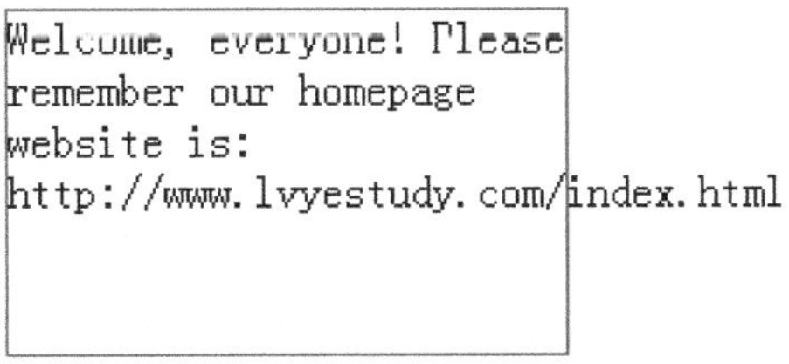

图 15-12　默认效果

▌分析

默认情况下，文本是自动换行的。但是如果单词或者 URL 太长的话，就会超出元素的宽度。

在这个例子中，如果我们为 div 元素添加 word-wrap:break-word;，此时浏览器预览效果如图 15-13 所示。

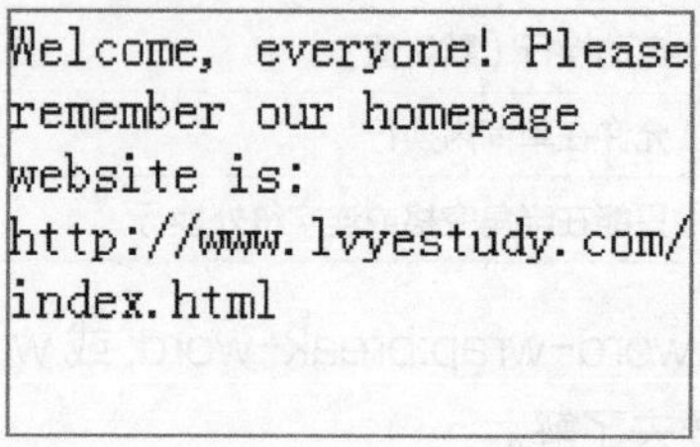

图 15-13　添加 word-wrap:break-word; 后的换行效果

如果我们为 div 元素添加 word-break:break-all;，此时浏览器预览效果如图 15-14 所示。

图 15-14　添加 word-break:break-all; 后的换行效果

看到了吧？ word-wrap:break-word; 是用来决定是否允许单词内断句的。如果不允许的话，长单词就会溢出。最重要的一点是，它还是会首先尝试挪到下一行，看看下一行的宽度够不够，不够的话再进行单词内的断句。

word-break:break-all; 则更变态，因为它断句的方式非常粗暴，它不会尝试把长单词挪到下一行，而是直接就进行单词内的断句。

word-wrap 和 word-break 这两个属性都是针对英文页面来说的，在中文页面中很少用到，因此我们只需要简单了解一下即可。

15.6　嵌入字体：@font-face

我们都知道，每个用户电脑装的字体都是不太一样的。下面这句代码表示 p 元素优先使用 Arial 字体来显示，如果你的电脑没有装 Arial 字体，那么就接着考虑 Verdana 字体；如果你的电脑也没有装 Verdana 字体，那么就接着考虑 Georgia 字体……以此类推。

```
p{font-family: Arial, Verdana, Georgia;}
```

那么，如果想要使所有用户的电脑上都能正常显示某一种字体，应该怎么做呢？此时就需要用到这一节介绍的嵌入字体了。所谓"嵌入字体"，指的是把服务器中的字体文件下载到本地电脑，然后让浏览器端可以显示用户电脑没有安装的字体。说白了，就是给你的电脑安装某一种字体。

在 CSS3 中，我们可以使用 @font-face 方法来加载服务器端的字体，从而使得所有用户的电脑都能正常显示该字体。

▌语法

```
@font-face
{
    font-family: 字体名称;
    src:url(文件路径);
}
```

▌说明

font-family 属性用于定义字体的名称，src 属性中的"文件路径"指的是服务器端中字体文件的路径。

▌举例

```
<!DOCTYPE html>
<html>
<head>
    <meta charset="utf-8" />
    <title></title>
    <style type="text/css">
        /*定义字体*/
        @font-face
        {
            font-family: myfont;         /*定义字体名称为myfont*/
            src: url("css/font/Horst-Blackletter.ttf");
        }
        div
        {
            font-family:myfont;          /*使用自定义的myfont字体*/
            font-size:60px;
            background-color:#ECE2D6;
            color:#626C3D;
            padding:20px;
        }
    </style>
</head>
<body>
    <div>lvyestudy</div>
</body>
</html>
```

浏览器预览效果如图 15-15 所示。

图 15-15　嵌入字体效果

▌ **分析**

在这个例子中,我们使用 @font-face 方法定义了一个名为"myfont"的字体,然后在 div 元素中使用 font-family 属性来引用 myfont 字体。通过这种方式,我们就可以使得所有用户的浏览器都能够显示相同的字体效果。

从这个例子我们可以总结一下,如果想要实现嵌入字体,一般需要以下两步。

① 使用 @font-face 定义字体。

② 使用 font-family 引用字体。

有一点要特别注意,我们并不建议使用 @font-face 来实现嵌入中文字体。这是因为中文字体文件大多数都是 10MB 以上。这么大的字体文件,会严重影响页面的加载速度,导致用户体验非常差。不过对于英文字体来说,字体文件往往只有几十千字节,非常适合使用 @font-face。之所以中文字体文件大,而英文字体文件小,原因很简单:常用中文有几千个汉字,而英文却只有 26 个字母。

实际上,@font-face 方法不仅可以用于嵌入字体,还可以用于实现字体图标技术(即 iconfont)。对于字体图标(如图 15-16 所示)技术,小伙伴们可以参考《从 0 到 1:CSS 进阶之旅》中的相关章节。

图 15-16 字体图标

15.7 实战题:火焰字

对于火焰字效果,大多数小伙伴首先想到的是使用 Photoshop 来制作。实际上,我们使用 CSS3 的 text-shadow 属性同样可以实现。

▌ **举例:火焰字效果**

```
<!DOCTYPE html>
<html>
<head>
    <meta charset="utf-8" />
    <title></title>
    <style type="text/css">
        div
        {
            text-align:center;
            color:#45B823;
            padding:20px 0 0 20px;
            background-color:#FFF;
```

```
                font-size:60px;
                font-weight:bold;
                text-shadow:0 0 4px white,0 -5px 4px #ff3,2px -10px 6px #fd3,-2px -15px 11px #f80,2px -25px 18px #f20;
            }
        </style>
    </head>
    <body>
        <div>绿叶学习网</div>
    </body>
</html>
```

浏览器预览效果如图 15-17 所示。

图 15-17　火焰字效果

▌分析

这就是使用 text-shadow 属性实现的火焰字效果。相信小伙伴们再次为 CSS3 所折服了吧！

实际上，实现火焰字效果原理很简单：text-shadow 属性取值是一个值列表，但是这些颜色和模糊半径等的取值需要我们细心地测试才能做出来，所以也会比较费时间。

15.8　本章练习

单选题

1. 想要为一段文本定义阴影效果，可以使用（　　）属性来实现。
   A. text-shadow　　　　　　B. box-shadow
   C. text-stroke　　　　　　D. text-overflow

2. 下面有关 CSS3 新增的文本样式属性的说法中，正确的是（　　）。
   A. CSS3 中使用的坐标系是数学坐标系（即 y 轴向上）
   B. 可以使用 box-shadow 属性来实现文本的阴影效果
   C. 单独使用 text-overflow:ellipsis; 是无法得到省略号效果的
   D. word-wrap:break-word; 可以等价于 word-break:break-all;

3. 下面有关 @font-face 的说法中，不正确的是（　　）。
   A. 不建议使用 @font-face 来实现嵌入中文字体
   B. 字体图标技术也是使用 @font-face 来实现的
   C. @font-face 用来加载服务器端的字体，使得所有用户的电脑都能正常显示该字体
   D. 对于嵌入字体，都是先使用 font-family 定义字体，然后使用 @font-face 引用字体

第 16 章 颜色样式

16.1 颜色样式简介

在 CSS3 中,增加了大量定义颜色方面样式的属性,主要包括以下 3 种。
- opacity 透明度
- RGBA 颜色
- CSS3 渐变

在这一章中,我们将会详细介绍这些颜色属性。

16.2 opacity 透明度

在 CSS3 中,我们可以使用 opacity 属性来定义元素的透明度。

▼ 语法

```
opacity:数值;
```

▼ 说明

opacity 属性取值是一个数值,取值范围为 0.0~1.0。其中 0.0 表示完全透明,1.0 表示完全不透明。

▼ 举例

```
<!DOCTYPE html>
<html>
<head>
    <meta charset="utf-8" />
    <title></title>
    <style type="text/css">
        a
```

```
        {
            display:inline-block;
            padding:5px 10px;
            font-family:微软雅黑;
            color:white;
            background-color:hotpink;
            cursor:pointer;
        }
        a:hover
        {
            opacity:0.6;
        }
    </style>
</head>
<body>
    <a>调试代码</a>
</body>
</html>
```

默认情况下，预览效果如图 16-1 所示。当将鼠标指针移到超链接上方时，预览效果如图 16-2 所示。

图 16-1　默认效果 　　　　　　图 16-2　鼠标指针移到上面时的效果

▌ 分析

注意，opacity 属性不仅作用于元素的背景颜色，还会作用于内部所有子元素以及文本内容。

opacity 属性在实际开发中用得也比较多，大多数时候都是配合 :hover 来定义鼠标指针移动到某个按钮或图片上时，改变透明度来呈现动态的效果。

16.3　RGBA 颜色

RGB 是一种色彩标准，由红（Red）、绿（Green）、蓝（Blue）3 种颜色变化来得到各种颜色。而 RGBA，说白了就是在 RGB 基础上增加了一个透明度通道 Alpha。

▌ 语法

```
rgba(R, G, B, A)
```

▌ 说明

R，指的是红色值（Red）；G，指的是绿色值（Green）；B，指的是蓝色值（Blue）；A，指的是透明度（Alpha）。

R、G、B 这三个参数可以为整数，取值范围为 0~255，也可以为百分比，取值范围为 0%~100%。参数 A 为透明度，跟 opacity 属性是一样的，取值范围为 0.0~1.0。

下面两种有关 RGBA 颜色的写法都是正确的：

```
rgba(255, 255, 0, 0.5)
rgba(50%, 80%, 50%, 0.5)
```

▌举例:background-color 属性取值为 RGBA

```html
<!DOCTYPE html>
<html>
<head>
    <meta charset="utf-8" />
    <title></title>
    <style type="text/css">
        *{padding:0;margin:0;}
        ul
        {
            display:inline-block;
            list-style-type:none;
            width:200px;
        }
        li
        {
            height:30px;
            line-height:30px;
            font-size:20px;
            font-weight:bold;
            text-align:center;
        }
        /*第1个li,透明度为1.0*/
        li:first-child
        {
            background-color:rgba(255,0,255,1.0);
        }
        /*第2个li,透明度为0.6*/
        li:nth-child(2)
        {
            background-color:rgba(255,0,255,0.6);
        }
        /*第3个li,透明度为0.3*/
        li:last-child
        {
            background-color:rgba(255,0,255,0.3);
        }
    </style>
</head>
<body>
    <ul>
        <li>绿叶学习网</li>
        <li>绿叶学习网</li>
        <li>绿叶学习网</li>
    </ul>
</body>
</html>
```

浏览器预览效果如图 16-3 所示。

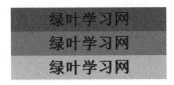

图 16-3　background-color 属性取值为 RGBA

▶ 分析

在这个例子中，我们定义背景颜色 background-color 为 RGBA 颜色，因此 RGBA 颜色中的透明度也只是针对元素的背景颜色，而不会改变元素内部文本的透明度。那么，如果定义字体颜色 color 为 RGBA 颜色，又会怎么样呢？请看下面的例子。

▶ 举例：color 属性取值为 RGBA

```
<!DOCTYPE html>
<html>
<head>
    <meta charset="utf-8" />
    <title></title>
    <style type="text/css">
        *{padding:0;margin:0;}
        ul
        {
            display:inline-block;
            list-style-type:none;
            width:200px;
        }
        li
        {
            height:30px;
            line-height:30px;
            font-size:20px;
            font-weight:bold;
            text-align:center;
            background-color:lightskyblue;
        }
        /*第1个li，透明度为1.0*/
        li:first-child
        {
            color:rgba(255, 0, 0, 1.0);
        }
        /*第2个li，透明度为0.6*/
        li:nth-child(2)
        {
            color:rgba(255, 0, 0, 0.6);
        }
        /*第3个li，透明度为0.3*/
```

```
            li:last-child
            {
                color:rgba(255, 0, 0, 0.3);
            }
        </style>
    </head>
    <body>
        <ul>
            <li>绿叶学习网</li>
            <li>绿叶学习网</li>
            <li>绿叶学习网</li>
        </ul>
    </body>
</html>
```

浏览器预览效果如图 16-4 所示。

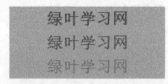

图 16-4　color 属性取值为 RGBA

▸ **分析**

在这个例子中，我们定义字体颜色 color 为 RGBA 颜色，因此 RGBA 颜色中的透明度也只是针对内部文本的颜色，而不会改变元素背景颜色的透明度。

从上面两个例子我们可以知道，RGBA 中的透明度只会针对当前设置的属性起作用。

▸ **举例：RGBA 颜色和 opacity 属性比较**

```
<!DOCTYPE html>
<html>
<head>
    <meta charset="utf-8" />
    <title></title>
    <style type="text/css">
        *{padding:0;margin:0;}
        ul
        {
            display:inline-block;
            list-style-type:none;
            width:200px;
        }
        li
        {
            height:30px;
            line-height:30px;
            font-size:20px;
            font-weight:bold;
            text-align:center;
```

```
            }
            /*第1个li使用RGBA*/
            li:first-child
            {
                background-color:rgba(255, 0, 255, 0.6);
            }
            /*第2个li使用opacity*/
            li:nth-child(2)
            {
                background-color:rgb(255, 0, 255);
                opacity:0.3;
            }
        </style>
    </head>
    <body>
        <ul>
            <li>绿叶学习网</li>
            <li>绿叶学习网</li>
        </ul>
    </body>
</html>
```

浏览器预览效果如图 16-5 所示。

图 16-5　RGBA 颜色和 opacity 属性的比较

▼ 分析

从上面例子可以清楚地看出来，如果对某个元素使用 opacity 属性，则该元素中的所有子元素以及文本内容都会受到影响。

很多初学的小伙伴在尝试改变某个元素的透明度时，大多数是用 opacity 属性来处理的。而当查看浏览器效果时，却发现文字的透明度也被改变了（本来是不想改变文字透明度的）。基本上每一个从事前端开发的小伙伴都被这个问题困扰过。实际上，我们使用 RGBA 颜色来代替 opacity 属性，就可以轻松实现了。

16.4　CSS3 渐变

在浏览网页时，我们经常可以看到各种渐变效果，包括渐变背景、渐变按钮（如图 16-6 所示）和渐变导航等。为页面元素添加适当的渐变效果，可以使得页面更加美观大方，用户体验更好。

图 16-6　渐变按钮

在 CSS3 中共有两种渐变：一种是线性渐变，另一种是径向渐变。

16.4.1 线性渐变

线性渐变，指的是在一条直线上进行的渐变。我们见到的大多数渐变效果都是线性渐变。

▎**语法**

```
background:linear-gradient(方向，开始颜色，结束颜色)
```

▎**说明**

线性渐变的"方向"取值有两种：一种是使用角度（单位为 deg），另一种是使用关键字，如表 16-1 所示。

表 16-1　线性渐变的"方向"取值

属性值	对应角度	说明
to top	0deg	从下到上
to bottom	180deg	从上到下（默认值）
to left	270deg	从右到左
to right	90deg	从左到右
to top left	无	从右下角到左上角（斜对角）
to top right	无	从左下角到右上角（斜对角）

特别注意一点，线性渐变使用的是 background 属性，而不是 background-color 属性。如果使用 background-color 属性，则无效。

▎**举例**

```html
<!DOCTYPE html>
<html>
<head>
    <meta charset="utf-8" />
    <title></title>
    <style type="text/css">
        div
        {
            width:200px;
            height:150px;
            background:linear-gradient(to right,blue,yellow);
        }
    </style>
</head>
<body>
    <div></div>
</body>
</html>
```

浏览器预览效果如图 16-7 所示。

图 16-7 从左到右渐变

▌分析

background:linear-gradient(to right,blue,yellow) 表示线性渐变的方向为"从左到右",开始颜色为 blue,结束颜色为 yellow。

如果改为 background:linear-gradient(to left,blue,yellow),此时浏览器预览效果如图 16-8 所示。

图 16-8 从右到左渐变

我们要特别注意线性渐变的方向,虽然颜色值相同,但由于渐变方向的不同,实际得到的效果也会不一样。

▌举例:多种颜色渐变

```
<!DOCTYPE html>
<html>
<head>
    <meta charset="utf-8" />
    <title></title>
    <style type="text/css">
        div
        {
            width:200px;
            height:150px;
            background:linear-gradient(to right, red, orange, yellow, green, blue, indigo, violet);
        }
    </style>
</head>
<body>
    <div></div>
</body>
</html>
```

浏览器预览效果如图 16-9 所示。

图 16-9　多种颜色渐变

▎ 分析

线性渐变也可以接受一个"值列表"，用于同时定义多种颜色的线性渐变，颜色值之间用英文逗号隔开即可。

16.4.2　径向渐变

径向渐变，指的是颜色从内到外进行的圆形渐变（从中间往外拉，像圆一样）。径向渐变是圆形渐变或椭圆渐变，颜色不再沿着一条直线渐变，而是从一个起点向所有方向渐变。

▎ 语法

```
background:radial-gradient(position, shape size, start-color, stop-color)
```

▎ 说明

position 用于定义圆心位置。shape size 用于定义形状大小，由两部分组成，shape 定义形状，size 定义大小。start-color 和 stop-color 分别用于定义开始颜色和结束颜色。

其中，position 和 shape size 都是可选参数。如果省略，则表示采用默认值。start-color 和 stop-color 都是必选参数，可以有多个颜色值。

1. 圆心位置 position

参数 position 用于定义径向渐变的"圆心位置"，取值跟 background-position 属性取值一样。常用取值有两种：一种是"长度值"（如 10px），另一种是"关键字"（如 top），如表 16-2 所示。

表 16-2　参数 position 取值（关键字）

属性值	说明
center	中部（默认值）
top	顶部
bottom	底部
left	左部
right	右部
top center	靠上居中
top left	左上

续表

属性值	说明
top right	右上
left center	靠左居中
center center	正中
right center	靠右居中
bottom left	左下
bottom center	靠下居中
bottom right	右下

▌ 举例

```html
<!DOCTYPE html>
<html>
<head>
    <meta charset="utf-8" />
    <title></title>
    <style type="text/css">
        /*设置div公共样式*/
        div
        {
            width:200px;
            height:150px;
            margin-bottom:10px;
            line-height:150px;
            text-align:center;
            color:white;
        }
        #div1
        {
            background:-webkit-radial-gradient(center,orange,blue);
        }
        #div2
        {
            background:-webkit-radial-gradient(top,orange,blue);
        }
    </style>
</head>
<body>
    <div id="div1">center</div>
    <div id="div2">top</div>
</body>
</html>
```

浏览器预览效果如图 16-10 所示。

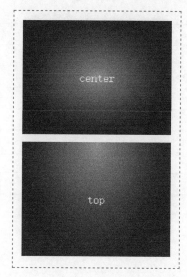

图 16-10　圆心位置

▼ 分析

Chrome 和 Firefox 只能识别以 -webkit- 作为前缀的径向渐变属性。此外，大家可以尝试改变圆心位置属性值，看看实际效果如何。

2. shape size

参数 shape 用于定义径向渐变的"形状"，而参数 size 用于定义径向渐变的"大小"，如表 16-3 和表 16-4 所示。

表 16-3　参数 shape 取值

属性值	说明
ellipse	椭圆形（默认值）
circle	圆形

表 16-4　参数 size 取值

属性值	说明
closet-side	指定径向渐变的半径长度为从圆心到离圆心最近的边
closet-corner	指定径向渐变的半径长度为从圆心到离圆心最近的角
farthest-side	指定径向渐变的半径长度为从圆心到离圆心最远的边
farthest-corner	指定径向渐变的半径长度为从圆心到离圆心最远的角

从上面的定义完全不知道怎么回事。不用担心，这不是你的错，我们先来看几个例子就知道了。

▼ 举例：参数 shape

```
<!DOCTYPE html>
<html>
<head>
    <meta charset="utf-8" />
```

```
<title></title>
<style type="text/css">
    /*设置div公共样式*/
    div
    {
        width:200px;
        height:150px;
        line-height:150px;
        margin-bottom:10px;
        text-align:center;
        color:white;
    }
    #div1
    {
        background:-webkit-radial-gradient(ellipse, orange,blue);
    }
    #div2
    {
        background:-webkit-radial-gradient(circle,orange,blue);
    }
</style>
</head>
<body>
    <div id="div1">ellipse</div>
    <div id="div2">circle</div>
</body>
</html>
```

浏览器预览效果如图 16-11 所示。

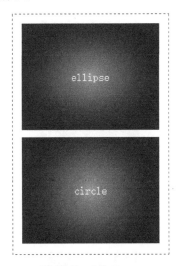

图 16-11　参数 shape

▌ 举例：参数 size

```
<!DOCTYPE html>
<html>
```

```
<head>
    <meta charset="utf-8" />
    <title></title>
    <style type="text/css">
        /*设置div公共样式*/
        div
        {
            width:120px;
            height:80px;
            line-height:80px;
            margin-top:10px;
            text-align:center;
            color:white;
        }
        #div1{background:-webkit-radial-gradient(circle closest-side, orange, blue);}
        #div2{background:-webkit-radial-gradient(circle closest-corner, orange, blue);}
        #div3{background:-webkit-radial-gradient(circle farthest-side, orange, blue);}
        #div4{background:-webkit-radial-gradient(circle farthest-corner, orange, blue);}
    </style>
</head>
<body>
    <div id="div1">closest-side</div>
    <div id="div2">closest-corner</div>
    <div id="div3">farthest-side</div>
    <div id="div4">farthest-corner</div>
</body>
</html>
```

浏览器预览效果如图 16-12 所示。

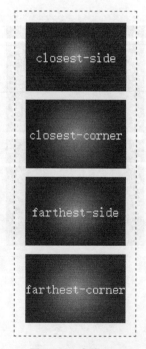

图 16-12　参数 size

3. start-color 和 stop-color

参数 start-color 用于定义径向渐变的"开始颜色",而参数 stop-color 用于定义径向渐变的"结束颜色"。此外,径向渐变也可以接受一个"值列表",用于同时定义多种颜色的径向渐变。

▌ 举例:均匀分布

```
<!DOCTYPE html>
<html>
<head>
    <meta charset="utf-8" />
    <title></title>
    <style type="text/css">
        div
        {
            width:200px;
            height:150px;
            background:-webkit-radial-gradient(red, orange, yellow, green, blue);
        }
    </style>
</head>
<body>
    <div></div>
</body>
</html>
```

浏览器预览效果如图 16-13 所示。

图 16-13 均匀分布

▌ 分析

默认情况下,径向渐变的颜色节点是均匀分布的,不过我们可以为每一种颜色添加百分比,从而使得各个颜色节点不均匀分布。

▌ 举例:不均匀分布

```
<!DOCTYPE html>
<html>
<head>
    <meta charset="utf-8" />
    <title></title>
    <style type="text/css">
        div
```

```
        {
            width:200px;
            height:150px;
            line-height:150px;
            margin-top:10px;
            text-align:center;
            color:white;
        }
        #div1{background:-webkit-radial-gradient(red,green,blue);}
        #div2{background:-webkit-radial-gradient(red 5%,green 30%,blue 60%);}
    </style>
</head>
<body>
    <div id="div1">颜色均匀分布</div>
    <div id="div2">颜色不均匀分布</div>
</body>
</html>
```

浏览器预览效果如图 16-14 所示。

图 16-14　不均匀分布

学了那么多，为了减轻记忆负担，让大家少走弯路，还是有必要跟小伙伴们说一句：在真正的开发中，大多数渐变效果都是线性渐变，因此我们只需要重点掌握线性渐变就可以了。

16.5　实战题：渐变按钮

渐变按钮我们经常可以见到，为按钮定义渐变效果，可以为页面的用户体验添色不少。大多数情况下，我们都是使用**线性渐变**来实现渐变按钮。

实现代码如下：

```
<!DOCTYPE html>
<html>
<head>
```

```
    <meta charset="utf-8" />
    <title></title>
    <style type="text/css">
        div
        {
            width:100px;
            height:36px;
            line-height:36px;
            text-align:center;
            border:1px solid #DADADA;
            border-radius:5px;
            font-family: "微软雅黑";
            cursor:pointer;
            background: linear-gradient(to bottom,#F8F8F8,#DCDCDC);
        }
        div:hover
        {
            color:white;
            background:linear-gradient(to bottom,#FFC559,#FFAF19);
        }
    </style>
</head>
<body>
    <div>渐变按钮</div>
</body>
</html>
```

默认情况下，预览效果如图 16-15 所示。当将鼠标指针移到元素上面时，预览效果如图 16-16 所示。

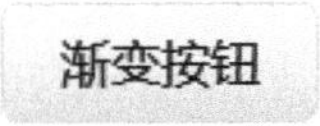

图 16-15　默认样式 　　　图 16-16　鼠标指针移到元素上时的样式

16.6　实战题：鸡蛋圆

这里我们尝试使用径向渐变来实现一个鸡蛋圆，虽然在实际开发中，我们并不会这样做，但是它可以让小伙伴们熟悉一下径向渐变是怎么使用的。

实现代码如下：

```
<!DOCTYPE html>
<html>
<head>
    <meta charset="utf-8"/>
    <title></title>
    <style type="text/css">
        div
        {
            width:160px;
            height:100px;
```

```
            line-height: 200px;
            text-align: center;
            border-radius:80px/50px;
            color:white;
            background:-webkit-radial-gradient(top left,yellow,orangered);
        }
    </style>
</head>
<body>
    <div></div>
</body>
</html>
```

浏览器预览效果如图 16-17 所示。

图 16-17　鸡蛋圆

▼ 分析

border-radius:80px/50px; 表示画一个椭圆，其中椭圆水平半径为 80px，垂直半径为 50px。对于 border-radius 属性，我们会在"17.2 圆角效果"这一节中详细介绍。

16.7　本章练习

单选题

1. 如果想要定义一个元素为半透明，并且不能影响内部文本的透明度，可以使用（　　）来实现。
   A．RGB 颜色　　　　　　　　B．RGBA 颜色
   C．opacity 属性　　　　　　　D．十六进制颜色
2. 下面有关 CSS3 颜色样式的说法中，正确的是（　　）。
   A．"opacity:1.0;"表示完全透明，"opacity:0.0;"表示完全不透明
   B．RGBA 颜色只能用于 background-color 属性
   C．RGBA 是在 RGB 的基础上增加了一个透明度通道
   D．如果对元素的 background-color 属性使用 RGBA 颜色，则会影响元素内部的文本
3. 下面有关 CSS3 渐变的说法中，正确的是（　　）。
   A．径向渐变使用的是 background:linear-gradient();
   B．线性渐变一次只能定义两种颜色的渐变
   C．径向渐变使用的是 background-color 属性
   D．在实际开发中，大多数渐变效果都是线性渐变

第 17 章 边框样式

17.1 边框样式简介

在 CSS3 中，针对元素边框增加了丰富的修饰属性。常见的边框样式属性有 4 种，如表 17-1 所示。

表 17-1 CSS3 边框样式属性

属性	说明
border-radius	圆角效果
box-shadow	边框阴影
border-colors	多色边框
border-image	边框背景

在这一章中，我们会详细介绍这些边框样式属性。

17.2 圆角效果：border-radius

在浏览网页时，我们经常可以看到各种圆角效果（如图 17-1 所示）。从用户体验上来说，圆角效果更加美观大方。在 CSS2.1 中，为元素添加圆角效果是一件很头疼的事情，大多数情况下都是借助背景图片这种老办法来实现的。

在前端开发中，我们都是秉着"尽量少用图片"的原则。能用 CSS 实现的效果，就尽量不要用图片。因为每一个图片都会引发一次 HTTP 请求，加上图片体积大，会极大影响页面的加载速度。

图 17-1 圆角效果

17.2.1 border-radius 实现圆角

1. border-radius 属性简介

在 CSS3 中，我们可以使用 border-radius 属性为元素添加圆角效果。

▼ 语法

```
border-radius:取值;
```

▼ 说明

border-radius 属性取值是一个长度值，单位可以是 px、em 和百分比等。

▼ 举例

```
<!DOCTYPE html>
<html>
<head>
    <meta charset="utf-8" />
    <title></title>
    <style type="text/css">
        div
        {
            width:200px;
            height:150px;
            border:1px solid gray;
            border-radius:20px;
        }
    </style>
</head>
<body>
    <div></div>
</body>
</html>
```

浏览器预览效果如图 17-2 所示。

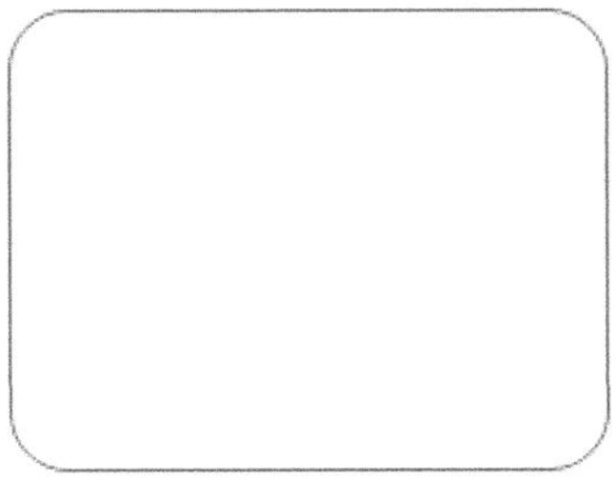

图 17-2 border-radius 属性

分析

border-radius:20px; 指的是元素 4 个角的圆角半径都是 20px。

2. border-radius 属性值的 4 种写法

border-radius 属性跟 border、padding、margin 等属性相似，其属性值也有 4 种写法。

- border-radius 设置 1 个值

例如，border-radius:10px; 表示 4 个角的圆角半径都是 10px，效果如图 17-3 所示。

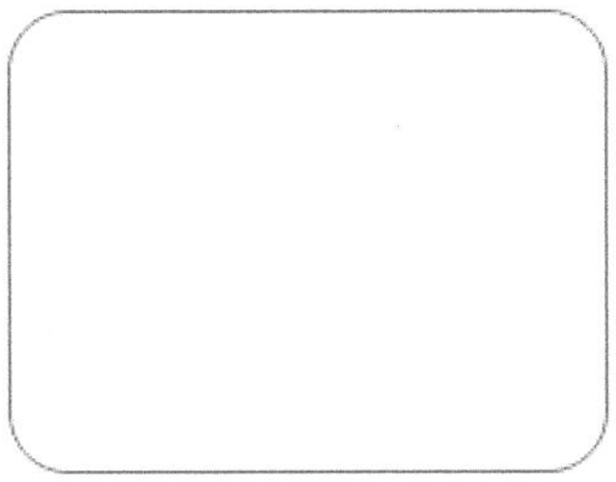

图 17-3 border-radius 取 1 个值

- border-radius 设置两个值

例如，border-radius:10px 20px; 表示左上角和右下角的圆角半径是 10px，右上角和左下角的圆角半径是 20px，效果如图 17-4 所示。

图 17-4 border-radius 取两个值

- border-radius 设置 3 个值

例如，border-radius:10px 20px 30px; 表示左上角的圆角半径是 10px，左下角和右上角的圆角半径是 20px，右下角的圆角半径是 30px，效果如图 17-5 所示。

图 17-5 border-radius 取 3 个值

▶ border-radius 设置 4 个值

例如，border-radius:10px 20px 30px 40px; 表示左上角、右上角、右下角和左下角的圆角半径依次是 10px、20px、30px、40px，效果如图 17-6 所示。

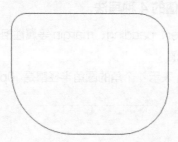

图 17-6 border-radius 取 4 个值

这里的"左上角、右上角、右下角、左下角"，大家按照顺时针方向来记忆就好了。

▌ 举例

```
<!DOCTYPE html>
<html>
<head>
    <meta charset="utf-8" />
    <title></title>
    <style type="text/css">
        div
        {
            width:200px;
            height:100px;
            border:1px solid red;
            border-radius:10px 20px 30px 40px;
            background-color:#FCE9B8;
        }
    </style>
</head>
<body>
    <div></div>
</body>
</html>
```

浏览器预览效果如图 17-7 所示。

图 17-7　border-radius 设置 4 个值

▼ 分析

大家可以自行在本地编辑器中为 border-radius 属性设置不同值,然后查看实际效果如何。

在实际开发中,border-radius 属性一般都是设置一个值,使得 4 个圆角效果都一样。而对于图 17-8 所示的效果,关键是怎么实现标签前面的圆形。

图 17-8　美观的圆角效果

▼ 举例

```
<!DOCTYPE html>
<html>
<head>
    <meta charset="utf-8" />
    <title></title>
    <style type="text/css">
        div
        {
            width:50px;
            line-height:50px;
            border-radius:80% 90% 100% 20%;
            background-color:#E61588;
            font-size:30px;
            text-align:center;
            color:White;
        }
    </style>
</head>
<body>
    <div>6</div>
</body>
</html>
```

浏览器预览效果如图 17-9 所示。

图 17-9　花哨的圆角效果

17.2.2　border-radius 实现半圆和圆

1. 半圆

半圆分为上半圆、下半圆、左半圆、右半圆。我们只要学会制作某一个方向的半圆，其他方向的半圆都可以轻松实现，因为原理是一样的。

假如我们要制作上半圆，实现原理是这样的：把高度（height）设为宽度（width）的一半，并且左上角和右上角的圆角半径定义与元素的高度一致，而右下角和左下角的圆角半径定义为 0。

▼ 举例

```
<!DOCTYPE html>
<html>
<head>
    <meta charset="utf-8" />
    <title></title>
    <style type="text/css">
        div
        {
            width:100px;
            height:50px;
            border:1px solid red;
            border-radius:50px 50px 0 0;
            background-color:#FCE9B8;
        }
    </style>
</head>
<body>
    <div></div>
</body>
</html>
```

浏览器预览效果如图 17-10 所示。

图 17-10　border-radius 实现半圆

▼ 分析

在这个例子中，border-radius 属性值等于圆角的半径。大家结合一下圆和矩形的数学知识，稍微想一想就知道上半圆该如何实现。

此外，请大家根据上面的原理自行思考下半圆、左半圆以及右半圆如何实现。

2. 圆

在 CSS3 中，圆的实现原理是这样的：元素的宽度和高度定义为相同值，4 个角的圆角半径定义为宽度（或高度）的一半（或者 50%）。

▌ 举例

```
<!DOCTYPE html>
<html>
<head>
    <meta charset="utf-8" />
    <title></title>
    <style type="text/css">
        div
        {
            width:100px;
            height:100px;
            border:1px solid red;
            border-radius:50px;         /*或者:border-radius: 50%*/
            background-color:#FCE9B8;
        }
    </style>
</head>
<body>
    <div></div>
</body>
</html>
```

浏览器预览效果如图 17-11 所示。

图 17-11　border-radius 实现圆

▌ 分析

在这个例子中，width 和 height 属性值相同，border-radius 属性值为 width（或 height）的一半，然后就可以实现一个圆了。

border-radius 属性很强大，图 17-12 所示的"哆啦 A 梦"其实就是用 border-radius 结合其他 CSS 属性来实现的，很神奇吧？大家可以自己尝试制作一下（本书附有源码）。

图 17-12　border-radius 实现"哆啦 A 梦"

17.2.3　border-radius 实现椭圆

在 CSS 中，我们也是使用 border-radius 属性来实现椭圆的。

▎语法

```
border-radius:x/y;
```

▎说明

x 表示圆角的水平半径，y 表示圆角的垂直半径。从之前的学习我们知道，border-radius 属性取值可以是一个值，也可以是两个值。

当 border-radius 属性取值为一个值时，例如，"border-radius:30px;"表示圆角水平半径和垂直半径为 30px，也就是说"border-radius:30px;"等价于"border-radius:30px/30px;"，前者是后者的缩写，效果如图 17-13 所示。

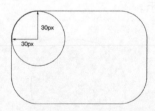

图 17-13　border-radius:30px; 效果

当 border-radius 属性取值为两个值时，例如，"border-radius:20px/40px;"表示圆角的水平半径为 20px，垂直半径为 40px，效果如图 17-14 所示。

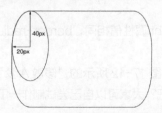

图 17-14　border-radius:20px/40px; 效果

如果想要实现椭圆，原理如下：元素的宽度和高度不相等，其中 4 个角的圆角水平半径定义为宽度的一半，垂直半径定义为高度的一半。

▎ 举例

```
<!DOCTYPE html>
<html>
<head>
    <meta charset="utf-8" />
    <title></title>
    <style type="text/css">
        div
        {
            width:160px;
            height:100px;
            border:1px solid gray;
            border-radius:80px/50px;
        }
    </style>
</head>
<body>
    <div></div>
</body>
</html>
```

浏览器预览效果如图 17-15 所示。

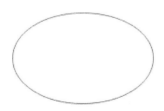

图 17-15　border-radius 实现椭圆

▎ 分析

用 CSS 实现椭圆在实际开发中也比较常见。此外，我们可以尝试使用 border-radius 属性来实现图 17-16 所示各种图形效果，以便加深理解。

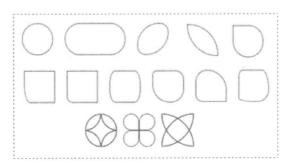

图 17-16　border-radius 实现各种图形效果

17.2.4　border-radius 的派生子属性

border-radius 属性可以分别为 4 个角设置相应的圆角值，这 4 个角的属性如下。
- border-top-right-radius：右上角。
- border-bottom-right-radius：右下角。
- border-bottom-left-radius：左下角。
- border-top-left-radius：左上角。

17.3　边框阴影：box-shadow

17.3.1　box-shadow 属性简介

在 CSS2.1 中，如果想要为元素添加边框阴影，也是只能使用背景图片的方式来实现。在 CSS3 中，我们可以使用 box-shadow 属性轻松为元素添加阴影效果。

▼ **语法**

```
box-shadow:x-offset y-offset blur spread color style;
```

▼ **说明**

box-shadow 属性的参数非常多，每一个参数说明如下。
- x-offset：定义水平阴影的偏移距离，可以使用负值。由于 CSS3 采用的是 W3C 坐标系（如图 17-17 所示），因此 x-offset 取值为正时，向右偏移；取值为负时，向左偏移。
- y-offset：定义垂直阴影的偏移距离，可以使用负值。由于 CSS3 采用的是 W3C 坐标系，因此 y-offset 取值为正时，向下偏移；取值为负时，向上偏移。
- blur：定义阴影的模糊半径，只能为正值。
- spread：定义阴影的大小。
- color：定义阴影的颜色。
- style：定义是外阴影还是内阴影。

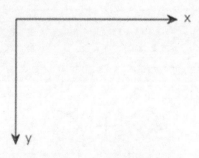

图 17-17　W3C 坐标系

▼ 举例

```
<!DOCTYPE html>
<html>
<head>
    <meta charset="utf-8" />
    <title></title>
    <style type="text/css">
        div
        {
            width:200px;
            height:100px;
            border:1px solid silver;
            box-shadow:5px 5px 8px 0px red;
        }
    </style>
</head>
<body>
    <div></div>
</body>
</html>
```

浏览器预览效果如图 17-18 所示。

图 17-18　边框阴影

▼ 分析

box-shadow:5px 5px 8px 0px red; 表示阴影的水平偏移距离为 5px，垂直偏移距离为 5px，模糊半径为 8px，阴影大小为 0px，阴影颜色为 red。

1. 偏移距离：x-offset 和 y-offset

对于 box-shadow 属性来说，x-offset 用于定义水平阴影的偏移距离，y-offset 用于定义垂直阴影的偏移距离。

▼ 举例

```
<!DOCTYPE html>
<html>
<head>
    <meta charset="utf-8" />
    <title></title>
    <style type="text/css">
        div
```

```
            {
                width:200px;
                height:100px;
                border:1px solid silver;
                box-shadow:-5px -5px 8px 0px red;
            }
        </style>
    </head>
    <body>
        <div></div>
    </body>
</html>
```

浏览器预览效果如图 17-19 所示。

图 17-19　偏移距离

▌ 分析

小伙伴们可以自行测试一下，看看 x-offset 和 y-offset 分别设置为正数或负数时，阴影的方向有什么不同。

2. 模糊半径：blur

对于 box-shadow 属性来说，blur 用于定义阴影的模糊半径。

▌ 举例

```
<!DOCTYPE html>
<html>
<head>
    <meta charset="utf-8" />
    <title></title>
    <style type="text/css">
        div
        {
            width:200px;
            height:100px;
            border:1px solid silver;
            box-shadow:5px 5px 0px 0px red;
        }
    </style>
    <script>
        window.onload = function(){
            var oInput = document.getElementsByTagName("input")[0];
```

```
                var oSpan = document.getElementsByTagName("span")[0];
                var oDiv = document.getElementsByTagName("div")[0];

                oInput.onchange = function(){
                    var value = this.value;
                    oSpan.innerText = value;
                    oDiv.style.boxShadow = "5px 5px " + value + "px 0px red";
                };
            }
        </script>
    </head>
    <body>
        <input type="range" min="0" max="25" value="0"/>
        <span>0</span>
        <div></div>
    </body>
</html>
```

浏览器预览效果如图 17-20 所示。

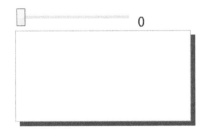

图 17-20　模糊半径

▼ 分析

在这个例子中，当我们拖动滑动条时，可以动态地观察 blur 变化时阴影形态的变化。

3. 阴影大小：spread

对于 box-shadow 属性来说，spread 用于定义阴影的尺寸大小。

▼ 举例

```
<!DOCTYPE html>
<html>
<head>
    <meta charset="utf-8" />
    <title></title>
    <style type="text/css">
        div
        {
            width:200px;
            height:100px;
            border:1px solid silver;
            box-shadow:5px 5px 0px 0px red;
```

```
            }
        </style>
        <script>
            window.onload = function(){
                var oInput = document.getElementsByTagName("input")[0];
                var oSpan = document.getElementsByTagName("span")[0];
                var oDiv = document.getElementsByTagName("div")[0];

                oInput.onchange = function(){
                    var value = this.value;
                    oSpan.innerText = value;
                    oDiv.style.boxShadow = "5px 5px 0px " + value + "px red";
                };
            }
        </script>
    </head>
    <body>
        <input type="range" min="0" max="25" value="0"/>
        <span>0</span>
        <div></div>
    </body>
</html>
```

浏览器预览效果如图 17-21 所示。

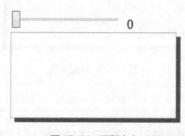

图 17-21 阴影大小

▶ 分析

在这个例子中,当我们拖动滑动条时,可以动态地观察 spread 变化时阴影形态的变化。注意,这两个例子代码相似,但是每次改变的对象是不一样的。

4. 内外阴影:style

对于 box-shadow 属性来说,参数 style 用于定义是内阴影还是外阴影。其中,style 取值有两种:outset 和 inset。当取值为 outset 时(默认值),表示外阴影;当取值为 inset 时,表示内阴影。

▶ 举例

```
<!DOCTYPE html>
<html>
<head>
    <meta charset="utf-8" />
    <title></title>
```

```
<style type="text/css">
    div
    {
        width:100px;
        height:100px;
        line-height:100px;
        text-align:center;
        margin-top:10px;
    }
    #div1{box-shadow:0 0 12px 0px red;}
    #div2{box-shadow:0 0 12px 0px red inset;}
</style>
</head>
<body>
    <div id="div1">外阴影</div>
    <div id="div2">内阴影</div>
</body>
</html>
```

浏览器预览效果如图 17-22 所示。

图 17-22　内外阴影的区别

▼ 分析

默认情况下，边框阴影是外阴影效果。不过我们可以设置最后一个属性值为 inset，从而变为内阴影效果。这里要注意一个技巧，当 x-offset 和 y-offset 都为 0 时，阴影都是向外发散或者向内发散。之前很多初学的小伙伴想要实现这种效果，纠结半天也找不到解决方法，就是因为不知道这个小技巧。

17.3.2　4 个方向阴影独立样式

我们可以使用 box-shadow 属性为 4 个方向的边框定义独立的阴影效果。其中每条边的阴影属性值之间用英文逗号隔开。

语法

```
box-shadow:左阴影，上阴影，下阴影，右阴影；
```

举例

```html
<!DOCTYPE html>
<html>
<head>
    <meta charset="utf-8" />
    <title></title>
    <style type="text/css">
    body{padding:100px;}
        div
        {
            width:100px;
            height:100px;
            line-height:100px;
            text-align:center;
            box-shadow:-5px 0 12px red,
                      0 -5px 12px yellow,
                      0 5px 12px blue,
                      5px 0 12px green;
        }
    </style>
</head>
<body>
    <div></div>
</body>
</html>
```

浏览器预览效果如图 17-23 所示。

图 17-23　4 个方向的阴影

分析

小伙伴们好好琢磨一下这个例子中的 x-offset 和 y-offset 是怎么取值的。

17.4 多色边框：border-colors

在 CSS3 中，我们可以使用 border-colors 属性来实现多色边框。注意，这里是 border-colors，而不是 border-color。

语法

```
border-top-colors:颜色值;
border-right-colors:颜色值;
border-bottom-colors:颜色值;
border-left-colors:颜色值;
```

说明

对于多色边框，我们需要注意以下 3 点。

- border-colors 属性兼容性很差，并没有得到各大主流浏览器支持，暂时只有 Firefox 浏览器支持。
- 不能使用 -moz-border-colors 属性为 4 条边同时设定颜色，必须像上面语法那样分别为 4 条边设定颜色。
- 如果边框宽度（即 border-width）为 n 个像素，则该边框可以使用 n 种颜色，即每像素显示一种颜色。

举例：多色边框

```
<!DOCTYPE html>
<html>
<head>
    <meta charset="utf-8" />
    <title></title>
    <style type="text/css">
        div
        {
            width:200px;
            height:100px;
            border-width:7px;
            border-style:solid;
            -moz-border-top-colors:red orange yellow green cyan blue purple;
            -moz-border-right-colors: red orange yellow green cyan blue purple;
            -moz-border-bottom-colors: red orange yellow green cyan blue purple;
            -moz-border-left-colors: red orange yellow green cyan blue purple;
        }
    </style>
</head>
<body>
    <div></div>
</body>
</html>
```

浏览器预览效果如图 17-24 所示。

图 17-24　多色边框

▶ 分析

在这个例子中，我们定义 border-width 为 7px，因此可以为边框定义 7 种颜色。除了多色边框，我们还可以使用 border-colors 实现渐变边框。

▶ 举例：渐变边框

```
<!DOCTYPE html>
<html>
<head>
    <meta charset="utf-8" />
    <title></title>
    <style type="text/css">
        div
        {
            width:200px;
            height:100px;
            border-width:8px;
            border-style:solid;
            -moz-border-top-colors:#D0EDFD #B8E4FD #9DD9FC #8DD4FC #71C9FC #4ABBFC #1DACFE #00A2FF;
            -moz-border-right-colors:#D0EDFD #B8E4FD #9DD9FC #8DD4FC #71C9FC #4ABBFC #1DACFE #00A2FF;
            -moz-border-bottom-colors:#D0EDFD #B8E4FD #9DD9FC #8DD4FC #71C9FC #4ABBFC #1DACFE #00A2FF;
            -moz-border-left-colors:#D0EDFD #B8E4FD #9DD9FC #8DD4FC #71C9FC #4ABBFC #1DACFE #00A2FF;
        }
    </style>
</head>
<body>
    <div></div>
</body>
</html>
```

浏览器预览效果如图 17-25 所示。

图 17-25　渐变边框

▌分析

由于 border-colors 兼容性太差，只有 Firefox 浏览器支持，因此在实际开发中用得不多，这里我们简单了解一下即可。

17.5　边框背景：border-image

17.5.1　border-image 属性简介

在 CSS 入门阶段，我们学习了 border-style 属性，也知道边框只有实线、虚线等几种简单的样式。如果我们想要为边框添加漂亮的背景图片，该怎么做呢？

在 CSS3 中，我们可以使用 border-image 属性为边框添加背景图片。现在所有主流浏览器最新版本都支持 border-image 属性。

▌语法

border-image 属性的语法如图 17-26 所示。

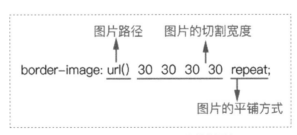

图 17-26　border-image 属性的语法

▌说明

border-image 属性需要定义 3 个方面的内容。

- **图片路径**。
- **切割宽度**：4 条边的切割宽度，依次为上边、右边、下边、左边（顺时针）。
- **平铺方式**：有 3 种取值，分别为 repeat、round 和 stretch。

在本节所有例子中，我们都是使用图 17-27 所示的这张 90px×90px 的图片作为边框的背景图片。

图 17-27 背景图片

▌举例

```
<!DOCTYPE html>
<html>
<head>
    <meta charset="utf-8" />
    <title></title>
    <style type="text/css">
        div
        {
            width:210px;
            height:150px;
            border:30px solid gray;
            border-image:url(img/border.png) 30 repeat;
        }
    </style>
</head>
<body>
    <div></div>
</body>
</html>
```

浏览器预览效果如图 17-28 所示。

图 17-28　border-image 属性

▌ 分析

从预览效果我们可以知道，位于 4 个角的数字 1、3、7、9 还是乖乖地位于 4 个角，4 条边框的 2、4、6、8 会不断地平铺。

对于 border-image 属性，我们总结如下。

▸ 在制作边框背景图片时，应该制作 4 条边，中间部分需要挖空。
▸ 边框背景图片每条边的宽度跟对应的边框宽度（即 border-width）应该相同。

▌ 举例：平铺方式

```
<!DOCTYPE html>
<html>
<head>
    <meta charset="utf-8" />
    <title></title>
    <style type="text/css">
        div
        {
            width:170px;
            height:110px;
            line-height:110px;
            text-align: center;
            border:30px solid gray;
            margin-top:20px;
        }
        /*第1个div平铺方式为: repeat*/
        #div1{border-image:url(img/border.png) 30 repeat;}
        /*第2个div平铺方式为: round*/
        #div2{border-image:url(img/border.png) 30 round;}
        /*第3个div平铺方式为: stretch*/
        #div3{border-image:url(img/border.png) 30 stretch;}
    </style>
</head>
<body>
    <div id="div1">repeat</div>
    <div id="div2">round</div>
    <div id="div3">stretch</div>
</body>
</html>
```

浏览器预览效果如图 17-29 所示。

图 17-29 平铺方式

▶ 分析

border-image 属性的平铺方式有 3 种：repeat、round、stretch。

- 取值为 repeat 时，表示 4 条边的小方块会不断重复，超出元素部分将会被剪切掉。
- 取值为 round 时，表示 4 条边的小方块会铺满。为了铺满，边框图片会压缩或拉伸。
- 取值为 stretch 时，表示 4 条边的小方块会拉伸，边长有多长就拉多长。

17.5.2 border-image 的派生子属性

border-image 属性可以分开，分别为 4 条边设置相应的背景图片，这 4 条边的属性如表 17-2 所示。

表 17-2 border-image 的派生子属性

子属性	说明
border-top-image	定义上边框背景图片
border-bottom-image	定义下边框背景图片
border-left-image	定义左边框背景图片
border-right-image	定义右边框背景图片

17.6 实战题：3D 卡通头像

在这一节中，我们尝试使用 border-radius 来实现一个非常有趣的 3D 卡通头像。这个例子代码很多，但是并不难。虽然实际开发中，我们并不会这样去做，但是感兴趣的小伙伴可以把源代码下载下来，自己尝试模仿做一下。

实现代码如下：

```html
<!DOCTYPE html>
<html>
<head>
    <meta charset="utf-8"/>
    <title></title>
    <style type="text/css">
        /*整体布局方式*/
        body {background: #68b8ed;}
        .eye-brow,.eye,.pupil,.shine,.nose,.mouth {display: inline-block;}
        .mr-border-radius,.eye,.pupil,.shine,.nose,.mouth {position: relative;}
        .left-eye,.left-blush {float: left;}
        .right-eye,.right-blush {float: right;}
        /*外层div样式*/
        .mr-border-radius
        {
            margin: auto;
            margin-top: 10%;
            width: 550px;
            height: 430px;
            background-color: #FFB010;
            background-image: radial-gradient(circle, #FFD47F, #FFB010);
            border: solid #CC8800;
            border-radius: 40px;
            border-width: 10px 20px 0 0;
            box-shadow: 20px 10px 30px 0 rgba(0, 0, 0, .6);
            transition: all .5s;
        }
        /*眉毛*/
        .eye-brow
        {
            position: absolute;
            top: 15%;
            width: 135px;
            height: 90px;
            border-radius: 100%;
            background: transparent;
            box-shadow: 0 -15px 0 0 #995E00;
            transition: top .5s;
        }
        .left-eye-brow {left: 10%; transform: rotate(-15deg);}
        .right-eye-brow {right: 10%;transform: rotate(15deg);}
```

```css
/*眼睛*/
.eye
{
    width: 130px;
    height: 130px;
    margin-top: 20%;
    border-radius: 100%;
    background: white;
}
/*脸红*/
.blush
{
    width: 65px;
    height: 55px;
    margin-top: 43%;
    border-radius: 90%;
    background: #FFA249;
}
/*瞳孔*/
.pupil
{
    height: 80px;
    width: 80px;
    margin-top: 25%;
    margin-left: 10%;
    background: black;
    border-radius: 100%;
    transition: margin-left .5s;
}
.shine
{
    height: 15px;
    width: 15px;
    margin-top: 15%;
    margin-left: 25%;
    border-radius: 100%;
    background: white;
    transition: all .5s;
}
.shine:after
{
    content: "";
    position: relative;
    display: inline-block;
    top: 65%;
    left: -50%;
    height: 8px;
    width: 8px;
    border-radius: 100%;
    background: white;
}
.eye.left-eye {margin-left: 15%;}
```

```
            .blush.left-blush {margin-left: -15%; }
            .eye.right-eye { margin-right: 15%;}
            .blush.right-blush {margin-right: -15%;}
            /*鼻子*/
            .nose
            {
                left: 8%;
                top: 55%;
                width: 40px;
                height: 35px;
                border-radius: 100%;
                box-shadow: 0 10px 0 0 #E59200;
            }
            /*嘴巴*/
            .mouth
            {
                left: 2.5%;
                top: 50%;
                width: 100px;
                height: 100px;
                border-radius: 100%;
                background: transparent;
                box-shadow: 0 15px 0 0;
                transition: box-shadow .5s;
            }
            /*鼠标指针移到头像上时*/
            .mr-border-radius:hover
            {
                border-width: 10px 0 0 20px;
                box-shadow: -20px 10px 30px 0 rgba(0, 0, 0, .6);
            }
            .mr-border-radius:hover .pupil {margin-left: 27%; }
            .mr-border-radius:hover .shine {margin-left: 60%;}
            .mr-border-radius:hover .mouth {box-shadow: 0 35px 0 0;}
            .mr-border-radius:hover .eye-brow {top: 10%;}
        </style>
    </head>
    <body>
        <div class="mr-border-radius">
            <span class="eye-brow left-eye-brow"></span>
            <span class="eye left-eye">
                <span class="pupil">
                    <span class="shine"></span>
                </span>
            </span>
            <span class="eye-brow right-eye-brow"></span>
            <span class="eye right-eye">
                <span class="pupil">
                    <span class="shine"></span>
                </span>
            </span>
            <span class="blush left-blush"></span>
```

```
            <span class="blush right-blush"></span>
            <span class="nose"></span>
            <span class="mouth"></span>
        </div>
    </body>
</html>
```

默认情况下,预览效果如图 17-30 所示。当鼠标指针移到卡通人物上时,预览效果如图 17-31 所示。

图 17-30 默认效果

图 17-31 鼠标指针移到上面时的效果

17.7 本章练习

单选题

1. 在 CSS3 中,我们可以使用(　　)属性来为元素定义一个边框阴影效果。
   A. text-shadow　　　　　　B. box-shadow
   C. border-shadow　　　　　D. border-colors
2. 如果想要实现图 17-32 所示的椭圆,正确的写法是(　　)。

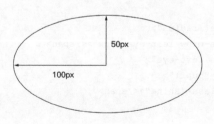

图 17-32 椭圆

   A. border-radius: 50px/100px;
   B. border-radius: 100px/50px;
   C. border-radius: 100px/200px;
   D. border-radius: 200px/100px;

3. 下面有关 CSS3 边框样式的说法中，不正确的是（　　）。
   A. border-radius 属性既可以用来实现圆，也可以用来实现椭圆
   B. border-radius:20px/40px; 表示圆角的垂直半径为 20px，水平半径为 40px
   C. 在 box-shadow 属性中，可以使用 inset 值来实现内阴影
   D. border-colors 属性可以实现多色边框，但是兼容性并不好，不推荐使用
4. 如果想要实现图 17-33 所示的四分之一圆，正确的写法是（　　）。

图 17-33　四分之一圆

A.
```
div
{
    width: 100px;
    height: 100px;
    border: 1px solid gray;
    border-top-right-radius: 100px;
    border-bottom-width: 0;
    border-left-width: 0;
}
```

B.
```
div
{
    width: 100px;
    height: 100px;
    border: 1px solid gray;
    border-bottom-left-radius: 100px;
    border-top-width: 0;
    border-right-width: 0;
}
```

C.
```
div
{
    width: 100px;
    height: 100px;
    border: 1px solid gray;
    border-bottom-right-radius: 100px;
    border-top-width: 0;
    border-left-width: 0;
}
```

D.
```
div
{
    width: 100px;
    height: 100px;
    border: 1px solid gray;
    border-top-left-radius: 100px;
    border-bottom-width: 0;
    border-right-width: 0;
}
```

编程题

请使用 CSS3 中的 border-radius 属性来实现图 17-34 所示的图案。

图 17-34　图案

第 18 章 背景样式

18.1 背景样式简介

在 CSS2.1 中，我们接触了很多有关背景样式的属性，例如 background-color、background-image、background-position 等。在 CSS3 中，为了满足更多开发需求，新增了 3 个背景属性，如表 18-1 所示。

表 18-1 CSS3 背景样式属性

属性	说明
background-size	背景大小
background-origin	背景位置
background-clip	背景剪切

在这一章中，我们会详细介绍这些背景样式属性。

18.2 背景大小：background-size

在 CSS2.1 中，我们是不能使用 CSS 来控制背景图片大小的，背景图片的大小都是由图片实际大小决定的。

在 CSS3 中，我们可以使用 background-size 属性来定义背景图片的大小，这样可以使得同一张背景图片可以在不同的场景重复使用。

▼ 语法

```
background-size:取值;
```

▼ 说明

background-size 属性取值有两种：一种是长度值，如 px、em、百分比等；另一种是使用关键字,如表 18-2 所示。

表 18-2 background-size 关键字取值

属性值	说明
cover	即"覆盖",表示将背景图片等比缩放来填满整个元素
contain	即"容纳",表示将背景图片等比缩放至某一边紧贴元素边沿为止

图 18-1 所示是一张大小为 120px×80px 的图片,这一节的例子都使用它作为背景图片。

图 18-1 背景图片

▌ 举例:background-size 取值为"长度值"

```
<!DOCTYPE html>
<html>
<head>
    <meta charset="utf-8" />
    <title></title>
    <style type="text/css">
        div
        {
            width:160px;
            height:100px;
            border:1px solid red;
            margin-top:10px;
            background-image:url(img/battle.png);
            background-repeat:no-repeat;
        }
        #div2{background-size:160px 100px;}
    </style>
</head>
<body>
    <div id="div1"></div>
    <div id="div2"></div>
</body>
</html>
```

浏览器预览效果如图 18-2 所示。

图 18-2　background-size 取值为"长度值"

▌ 分析

在这个例子中，第 1 个 div 元素背景图片大小使用默认值（即图片实际大小），而第 2 个 div 元素使用 background-size 属性重新定义背景图片大小。

其中，background-size:160px 100px; 表示定义背景图片的宽度为 160px，高度为 100px。

▌ 举例：background-size 取值为"关键字"

```
<!DOCTYPE html>
<html>
<head>
    <meta charset="utf-8" />
    <title></title>
    <style type="text/css">
        div
        {
            width:160px;
            height:100px;
            border:1px solid red;
            margin-top:10px;
            background-image:url(img/battle.png);
            background-repeat:no-repeat;
        }
        #div2{background-size:cover;}
        #div3{background-size:contain;}
    </style>
</head>
<body>
    <div id="div1"></div>
    <div id="div2"></div>
    <div id="div3"></div>
</body>
</html>
```

浏览器预览效果如图 18-3 所示。

图 18-3　background-size 取值为"关键字"

▌ 分析

在这个例子中,第 1 个 div 元素没有使用 background-size 属性,第 2 个 div 元素 background-size 属性取值为"cover",第 3 个 div 元素 background-size 属性取值为"contain"。小伙伴们对比理解一下。

【解惑】

对于背景图片的大小,不是可以使用 width 和 height 这两个属性来定义吗,为什么还要增加一个 background-size 属性呢?

大家一定要搞清楚,背景图片跟普通图片(即 img 标签)是不同的东西!width 和 height 这两个属性只能用来定义 img 标签图片的大小,而不能用于控制背景图片的大小。

18.3　背景位置:background-origin

在 CSS3 中,我们可以使用 background-origin 属性来定义背景图片是从什么地方开始平铺的,也就是定义背景图片的位置。

▌ 语法

```
background-origin:取值;
```

▌ 说明

background-origin 属性取值有 3 种,如表 18-3 所示。

表 18-3　background-origin 属性取值

属性值	说明
border-box	从边框开始平铺
padding-box	从内边距开始平铺（默认值）
content-box	从内容区开始平铺

边框、内边距、内容区这些都是属于盒子模型的内容，三者区别如图 18-4 所示。

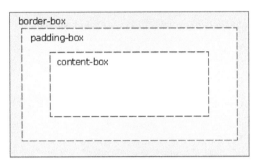

图 18-4　盒子模型

▌举例

```
<!DOCTYPE html>
<html>
<head>
    <meta charset="utf-8" />
    <title></title>
    <style type="text/css">
        body
        {
            font-family:微软雅黑;
            font-size:14px;
        }
        #view
        {
            display:inline-block;
            width:400px;
            padding:15px;
            margin-top:15px;
            font-size:15px;
            border:15px dashed silver;
            background-image:url(img/judy.png);
            background-origin:border-box;
            background-repeat:no-repeat;
        }
    </style>
    <script>
        window.onload = function(){
            var ckb1 = document.getElementById("ckb1");
```

```
                var ckb2 = document.getElementById("ckb2");
                var ckb3 = document.getElementById("ckb3");
                var view = document.getElementById("view");

                ckb1.onchange = function(){
                    view.style.backgroundOrigin = "border-box";
                };
                ckb2.onchange = function(){
                    view.style.backgroundOrigin = "padding-box";
                };
                ckb3.onchange = function(){
                    view.style.backgroundOrigin = "content-box";
                };
            }
        </script>
    </head>
    <body>
        <div id="select">
            background-origin：
            <input id="ckb1" name="group" type="radio" value="border-box" checked="checked"/><label for="ckb1">border-box</label>
            <input id="ckb2" name="group" type="radio" value="padding-box"/><label for="ckb2">padding-box</label>
            <input id="ckb3" name="group" type="radio" value="content-box"/><label for="ckb3">content-box</label>
        </div>
        <div id="view">绿叶学习网，绿叶学习网，绿叶学习网，绿叶学习网，绿叶学习网，绿叶学习网，绿叶学习网，绿叶学习网，绿叶学习网，绿叶学习网，绿叶学习网，绿叶学习网，绿叶学习网，绿叶学习网，绿叶学习网，绿叶学习网，绿叶学习网，绿叶学习网，绿叶学习网，绿叶学习网，绿叶学习网，绿叶学习网，绿叶学习网，绿叶学习网，绿叶学习网，绿叶学习网，绿叶学习网，绿叶学习网，绿叶学习网，绿叶学习网，绿叶学习网，绿叶学习网。</div>
    </body>
</html>
```

浏览器预览效果如图 18-5 所示。

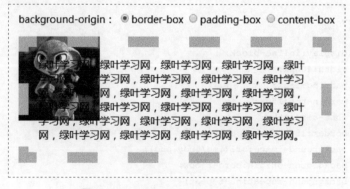

图 18-5　background-origin:border-box;

▌ 分析

在这个例子中，当我们点击不同的单选框时，可以动态地观察 background-origin 取不同值时的实际效果。

当 background-origin 取值为 padding-box 时，预览效果如图 18-6 所示。

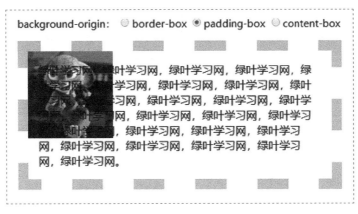

图 18-6　background-origin:padding-box;

当 background-origin 取值为 content-box 时，预览效果如图 18-7 所示。

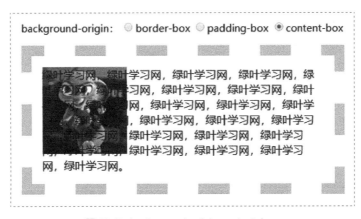

图 18-7　background-origin:content-box;

实际上，background-origin 属性的本质是：定义 background-position 属性相对于什么位置来定位。由于这个例子没有指定 background-position，因此浏览器采用默认值，即"background-position:top left;"。

从上面我们可以总结：background-origin 往往都是配合 background-position 来使用的，其中 background-origin 定义 background-position 相对于什么位置来定位。

18.4　背景剪切：background-clip

在 CSS3 中，我们可以使用 background-clip 属性来剪切背景图片。

▼ 语法

```
background-clip:取值;
```

说明

background-clip 属性取值有 3 个，如表 18-4 所示。

表 18-4　background-clip 属性取值

属性值	说明
border-box	从边框开始剪切（默认值）
padding-box	从内边距开始剪切
content-box	从内容区开始剪切

边框、内边距、内容区这些都是属于盒子模型的内容，三者区别如图 18-8 所示。

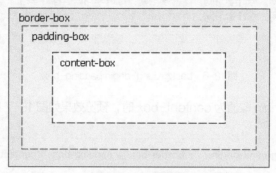

图 18-8　盒子模型

举例

```
<!DOCTYPE html>
<html>
<head>
    <meta charset="utf-8" />
    <title></title>
    <style type="text/css">
        body
        {
            font-family:微软雅黑;
            font-size:14px;
        }
        #view
        {
            display:inline-block;
            width:400px;
            padding:15px;
            margin-top:15px;
            font-size:15px;
            border:15px dashed silver;
            background-image:url(img/judy.png);
            background-origin:border-box;
            background-repeat:no-repeat;
        }
    </style>
    <script>
```

```
            window.onload = function(){
                var ckb1 = document.getElementById("ckb1");
                var ckb2 = document.getElementById("ckb2");
                var ckb3 = document.getElementById("ckb3");
                var view = document.getElementById("view");

                ckb1.onchange = function(){
                    view.style.backgroundClip = "border-box";
                };
                ckb2.onchange = function(){
                    view.style.backgroundClip = "padding-box";
                };
                ckb3.onchange = function(){
                    view.style.backgroundClip = "content-box";
                };
            }
        </script>
    </head>
    <body>
        <div id="select">
            background-clip :
            <input id="ckb1" name="group" type="radio" value="border-box" checked="checked"/><label for="ckb1">border-box</label>
            <input id="ckb2" name="group" type="radio" value="padding-box"/><label for="ckb2">padding-box</label>
            <input id="ckb3" name="group" type="radio" value="content-box"/><label for="ckb3">content-box</label>
        </div>
        <div id="view">绿叶学习网，绿叶学习网，绿叶学习网，绿叶学习网，绿叶学习网，绿叶学习网，绿叶学习网，绿叶学习网，绿叶学习网，绿叶学习网，绿叶学习网，绿叶学习网，绿叶学习网，绿叶学习网，绿叶学习网，绿叶学习网，绿叶学习网，绿叶学习网，绿叶学习网，绿叶学习网，绿叶学习网，绿叶学习网，绿叶学习网，绿叶学习网。</div>
    </body>
</html>
```

浏览器预览效果如图18-9所示。

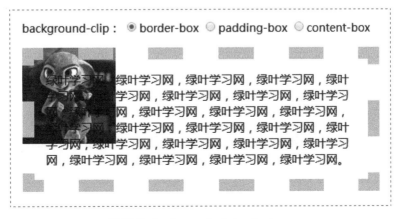

图18-9　background-clip:border-box;

▼ 分析

在这个例子中，当我们点击不同的单选框时，可以动态地观察 background-clip 取不同值时的实际效果。

当 background-clip 取值为 padding-box 时，预览效果如图 18-10 所示。

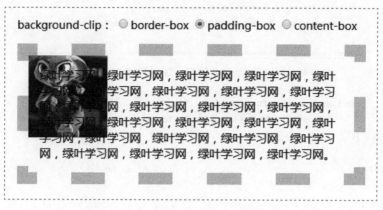

图 18-10　background-clip: padding-box;

当 background-clip 取值为 content-box 时，预览效果如图 18-11 所示。

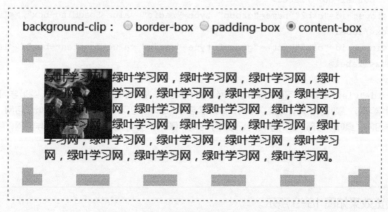

图 18-11　background-clip: content-box;

简单来说，background-clip 属性用于指定背景图片在元素盒子模型中的哪些区域被剪切，非常简单。

18.5　多背景图片

在 CSS3 中，我们可以为元素设置多背景图片。所谓"多背景图片"，指的是该元素的背景图片不止一张。

▼ 举例

```
<!DOCTYPE html>
<html>
```

```
<head>
    <meta charset="utf-8" />
    <title></title>
    <style type="text/css">
        div
        {
            width:400px;
            height:200px;
            border:1px solid silver;
            background:url(img/frame1.png) bottom left no-repeat,
                       url(img/frame2.png) top right no-repeat;
        }
    </style>
</head>
<body>
    <div></div>
</body>
</html>
```

浏览器预览效果如图 18-12 所示。

图 18-12　多背景图片

▌ 分析

在这个例子中，我们使用了图 18-13 所示两张图片作为背景图片，其中左下角是一张图片，右上角是一张图片。

图 18-13　背景图片

```
background:url(img/frame1.png) bottom left no-repeat,
          url(img/frame2.png) top right no-repeat;
```

background 是一个复合属性，上面代码其实等价于：

```
background:url(img/frame1.png), url(img/frame2.png);
background-position: bottom left, top right;
background-repeat:no-repeat, no-repeat;
```

在实际开发中，我们并不建议使用多背景图片，而是应该制作一张复合图片来实现。因为多一张图片就会多引发一次 HTTP 请求，势必影响页面加载速度。

18.6 本章练习

单选题

1. 如果想要定义背景图片的大小，我们应该使用（　　）来实现。
   A. background-size　　　　　　　　B. width 和 height
   C. background-clip　　　　　　　　D. A 和 B 都可以
2. 下面有关 CSS3 背景样式属性的说法中，不正确的是（　　）。
   A. background-size 取值可以是长度值，如 px、em、百分比等
   B. background-origin 属性用来定义背景图片是从什么地方开始平铺的
   C. background-clip 属性一般用来剪切背景图片
   D. 实现多背景图片，使用的是 background-image 属性

第 19 章 CSS3 变形

19.1 CSS3 变形简介

从这一章开始，我们正式开始学习 CSS3 的动画效果了。在 CSS3 中，动画效果包括 3 个部分：变形（transform）、过渡（transition）、动画（animation）。这 3 个部分有很多相似的地方，不过也有着本质的区别。我们在学习的过程中一定要认真对比区分三者，这样才能加深理解和记忆。在这一章中，我们先来学习一下 CSS3 变形（如图 19-1 所示）。

图 19-1　CSS3 变形

在实际开发中，有时候需要实现元素的各种变形效果，如平移、缩放、旋转、倾斜等。在 CSS3 中，我们可以使用 transform 属性来实现元素的变形效果。其中，transform 属性一般都是配合表 19-1 所示的方法来实现各种变形效果。

表 19-1　transform 属性的变形方法

方法	说明
translate()	平移
scale()	缩放
skew()	倾斜
rotate()	旋转

从表 19-1 可以看出，CSS3 这些变形操作跟中学数学接触的图形操作是一样的，非常简单。有一点要跟大家说一下，这一章介绍的都是 2D 变形。

19.2 平移：translate()

在 CSS3 中，我们可以使用 transform 属性的 translate() 方法来实现元素的平移效果。

▌ 语法

```
transform: translateX(x);          /*沿x轴方向平移*/
transform: translateY(y);          /*沿y轴方向平移*/
transform: translate(x, y);        /*沿x轴和y轴同时平移*/
```

▌ 说明

从上面可以看出，平移有 3 种情况：translateX()、translateY()、translate()。参数 x 表示元素在 x 轴方向上的移动距离，参数 y 表示元素在 y 轴方向上的移动距离，两者的单位可以为 px、em 和百分比等。

注意，所有的 CSS3 变形采用的坐标系都是 W3C 坐标系（如图 19-2 所示）。对于 W3C 坐标系，我们在"15.2 文本阴影"这一节已经详细介绍过了。

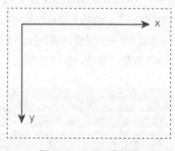

图 19-2　W3C 坐标系

▌ 举例：translateX(x)

```
<!DOCTYPE html>
<html>
<head>
    <meta charset="utf-8" />
    <title></title>
    <style type="text/css">
        /*设置原始元素样式*/
        #origin
        {
            width:200px;
            height:100px;
            border:1px dashed gray;
        }
        /*设置当前元素样式*/
        #current
```

```
        {
            width:200px;
            height:100px;
            color:white;
            background-color: rgb(30, 170, 250);
            opacity: 0.6;
            transform:translateX(20px);
        }
    </style>
</head>
<body>
    <div id="origin">
        <div id="current"></div>
    </div>
</body>
</html>
```

浏览器预览效果如图 19-3 所示。

图 19-3　transform:translateX(20px);

分析

transform:translateX(20px); 表示元素在 x 轴方向向右平移 20px。如果把 20px 改为 -20px，则元素会在 x 轴方向向左平移 20px，此时浏览器预览效果如图 19-4 所示。

图 19-4　transform:translateX(-20px);

实际上，transform:translateX(20px); 可以等价于 transform:translate(20px, 0);，小伙伴们可以自行测试一下。

举例：translateY(y)

```
<!DOCTYPE html>
<html>
<head>
    <meta charset="utf-8" />
    <title></title>
    <style type="text/css">
        /*设置原始元素样式*/
```

```
            #origin
            {
                width:200px;
                height:100px;
                border:1px dashed gray;
            }
            /*设置当前元素样式*/
            #current
            {
                width:200px;
                height:100px;
                color:white;
                background-color: rgb(30, 170, 250);
                opacity: 0.6;
                transform:translateY(20px);
            }
        </style>
    </head>
    <body>
        <div id="origin">
            <div id="current"></div>
        </div>
    </body>
</html>
```

浏览器预览效果如图 19-5 所示。

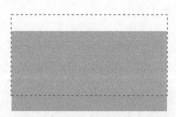

图 19-5　transform:translateY(20px);

▶ 分析

transform:translateY(20px); 表示元素在 y 轴方向向下平移 20px。如果把 20px 改为 -20px，则元素会在 y 轴方向向上平移 20px，此时浏览器预览效果如图 19-6 所示。

图 19-6　transform:translateY(-20px);

实际上，transform:translateY(20px); 可以等价于 transform:translate(0, 20px);，小伙伴们

可以自行测试一下。

▌ 举例: translate(x, y)

```
<!DOCTYPE html>
<html>
<head>
    <meta charset="utf-8" />
    <title></title>
    <style type="text/css">
    body{padding: 100px;}
        /*设置原始元素样式*/
        #origin
        {
            width:200px;
            height:100px;
            border:1px dashed gray;
        }
        /*设置当前元素样式*/
        #current
        {
            width:200px;
            height:100px;
            color:white;
            background-color: rgb(30, 170, 250);
            opacity: 0.6;
            transform:translate(20px, 40px);
        }
    </style>
</head>
<body>
    <div id="origin">
        <div id="current"></div>
    </div>
</body>
</html>
```

浏览器预览效果如图 19-7 所示。

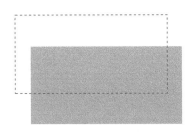

图 19-7　transform:translate(20px, 40px);

▌ 分析

transform:translate(20px, 40px); 表示元素在 x 轴和 y 轴两个方向上同时平移，其中 x 轴方

向平移20px，y轴方向平移40px。实际上，transform:translate(20px, 40px);可以等价于以下代码：

```
transform:translateX(20px);
transform:translateY(40px);
```

在实际开发中，单纯对某个元素定义平移是没有太多意义的。这一章介绍的变形效果一般都是结合 CSS3 动画一起使用的。因此，在这一章的学习中，我们只需要掌握变形效果的语法，先不用管怎么用。至于怎么用，等我们学完 CSS3 动画自然就会知道了。

19.3 缩放：scale()

在 CSS3 中，我们可以使用 transform 属性的 scale() 方法来实现元素的缩放效果。缩放，指的是"缩小"和"放大"的意思。

▌ **语法**

```
transform: scaleX(x);          /*沿x轴方向缩放*/
transform: scaleY(y);          /*沿y轴方向缩放*/
transform: scale(x, y);        /*沿x轴和y轴同时缩放*/
```

▌ **说明**

跟 translate() 方法类似，缩放也有 3 种情况：scaleX()、scaleY()、scale()。参数 x 表示元素在 x 轴方向的缩放倍数，参数 y 表示元素在 y 轴方向的缩放倍数。

当 x 或 y 取值为 0~1 时，元素进行缩小；当 x 或 y 取值大于 1 时，元素进行放大。大家思考一下"倍数"的概念，很快就懂了。

▌ **举例：scaleX(x)**

```html
<!DOCTYPE html>
<html>
<head>
    <meta charset="utf-8" />
    <title></title>
    <style type="text/css">
        /*设置原始元素样式*/
        #origin
        {
            width:200px;
            height:100px;
            border:1px dashed gray;
        }
        /*设置当前元素样式*/
        #current
        {
            width:200px;
            height:100px;
            color:white;
            background-color: rgb(30, 170, 250);
            opacity: 0.6;
```

```
            transform:scaleX(1.5);
        }
    </style>
</head>
<body>
    <div id="origin">
        <div id="current"></div>
    </div>
</body>
</html>
```

浏览器预览效果如图 19-8 所示。

图 19-8　transform:scaleX(1.5);

分析

transform:scaleX(1.5); 表示元素在 x 轴方向放大为原来的 1.5 倍。如果把 1.5 改为 0.5，则元素会在 x 轴方向缩小为原来的 1/2 倍，此时预览效果如图 19-9 所示。

图 19-9　transform:scaleX(0.5);

实际上，transform:scaleX(1.5); 可以等价于 transform:scale(1.5, 0);，小伙伴们可以自行测试一下。

举例：scaleY(y)

```
<!DOCTYPE html>
<html>
<head>
    <meta charset="utf-8" />
    <title></title>
    <style type="text/css">
        /*设置原始元素样式*/
        #origin
        {
            width:200px;
            height:100px;
            border:1px dashed gray;
        }
```

```
            /*设置当前元素样式*/
            #current
            {
                width:200px;
                height:100px;
                color:white;
                background-color: rgb(30, 170, 250);
                opacity: 0.6;
                transform:scaleY(1.5);
            }
        </style>
    </head>
    <body>
        <div id="origin">
            <div id="current"></div>
        </div>
    </body>
</html>
```

浏览器预览效果如图 19-10 所示。

图 19-10　transform:scaleY(1.5);

▼ 分析

transform:scaleY(1.5); 表示元素在 y 轴方向放大为原来的 1.5 倍。如果把 1.5 改为 0.5，则元素会在 y 轴方向缩小为原来的 1/2，此时浏览器预览效果如图 19-11 所示。

图 19-11　transform:scaleY(0.5);

实际上，transform:scaleY(1.5); 可以等价于 transform:scale(0, 1.5);，小伙伴们可以自行测试一下。

▼ 举例: scale(x, y)

```
<!DOCTYPE html>
<html>
```

```
<head>
    <meta charset="utf-8" />
    <title></title>
    <style type="text/css">
        /*设置原始元素样式*/
        #origin
        {
            width:200px;
            height:100px;
            border:1px dashed gray;
        }
        /*设置当前元素样式*/
        #current
        {
            width:200px;
            height:100px;
            color:white;
            background-color: rgb(30, 170, 250);
            opacity: 0.6;
            transform:scale(1.2, 1.5);
        }
    </style>
</head>
<body>
    <div id="origin">
        <div id="current"></div>
    </div>
</body>
</html>
```

浏览器预览效果如图 19-12 所示。

图 19-12　transform:scale(1.2, 1.5);

▼ 分析

transform:scale(1.2, 1.5); 表示元素在 x 轴和 y 轴两个方向上同时放大，x 轴方向放大为原来的 1.2 倍，y 轴方向放大为原来的 1.5 倍。实际上，transform:scale(1.2, 1.5); 可以等价于以下代码：

```
transform:scaleX(1.2);
transform:scaleY(1.5);
```

19.4 倾斜：skew()

在 CSS3 中，我们可以使用 transform 属性的 skew() 方法来实现元素的倾斜效果。

▌ 语法

```
transform: skewX(x);        /*沿x轴方向倾斜*/
transform: skewY(y);        /*沿y轴方向倾斜*/
transform: skew(x, y);      /*沿x轴和y轴同时倾斜*/
```

▌ 说明

跟 translate()、scale() 方法类似，倾斜也有 3 种情况：skewX()、skewY()、skew()。

参数 x 表示元素在 x 轴方向的倾斜度数，单位为 deg（即 degree 的缩写）。如果度数为正，则表示元素沿 x 轴方向逆时针倾斜；如果度数为负，则表示元素沿 x 轴方向顺时针倾斜。

参数 y 表示元素在 y 轴方向的倾斜度数，单位为 deg。如果度数为正，则表示元素沿 y 轴方向顺时针倾斜；如果度数为负，则表示元素沿 y 轴方向逆时针倾斜。

对于倾斜的方向，我们不需要去记忆，因为在实际开发中，稍微测试一下就知道了。

▌ 举例：skewX(x)

```
<!DOCTYPE html>
<html>
<head>
    <meta charset="utf-8" />
    <title></title>
    <style type="text/css">
        /*设置原始元素样式*/
        #origin
        {
            width:200px;
            height:100px;
            border:1px dashed gray;
        }
        /*设置当前元素样式*/
        #current
        {
            width:200px;
            height:100px;
            color:white;
            background-color: lightskyblue;
            transform:skewX(30deg);
        }
    </style>
</head>
<body>
    <div id="origin">
        <div id="current"></div>
    </div>
```

```
</body>
</html>
```

浏览器预览效果如图 19-13 所示。

图 19-13　transform:skewX(30deg);

▌ 分析

transform:skewX(30deg); 表示元素沿 x 轴方向逆时针倾斜 30°。如果把 30° 改为 -30°，则元素会沿 x 轴方向顺时针倾斜 30°，此时预览效果如图 19-14 所示。

图 19-14　transform:skewX(-30deg);

实际上，transform:skewX(30deg); 可以等价于 transform:skew(30deg, 0);，小伙伴们可以自行测试一下。此外，在实际开发中，如果忘了究竟什么时候顺时针倾斜，什么时候逆时针倾斜，只需要稍微写一小段代码测试一下就知道了。

对于初学者来说，可能一时半会看不出 skewX() 方法是怎么一回事。其实 skewX() 方法的变形原理是这样的：由于元素限定了高度为 100px，而 skewX() 方法是沿着 x 轴方向倾斜的，因此只要倾斜角度不超过 180°，元素都会保持 100px 的高度，同时为了保持倾斜，元素只能沿着 x 轴方向拉长本身。

▌ 举例: skewY(y)

```
<!DOCTYPE html>
<html>
<head>
    <meta charset="utf-8" />
    <title></title>
    <style type="text/css">
        /*设置原始元素样式*/
        #origin
        {
            width:200px;
            height:100px;
            border:1px dashed gray;
        }
```

```
            /*设置当前元素样式*/
            #current
            {
                width:200px;
                height:100px;
                color:white;
                background-color: lightskyblue;
                transform:skewY(30deg);
            }
        </style>
    </head>
    <body>
        <div id="origin">
            <div id="current"></div>
        </div>
    </body>
</html>
```

浏览器预览效果如图 19-15 所示。

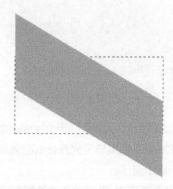

图 19-15　transform:skewY(30deg);

▌ 分析

transform:skewY(30deg); 表示元素沿 y 轴方向顺时针倾斜 30°。如果把 30° 改为 -30°，则元素会沿 y 轴方向逆时针倾斜 30°，此时预览效果如图 19-16 所示。

图 19-16　transform:skewY(-30deg);

实际上，transform:skewY(30deg); 可以等价于 transform:skew(0, 30deg);，小伙伴们可以自行测试一下。

▌举例：skew(x, y)

```
<!DOCTYPE html>
<html>
<head>
    <meta charset="utf-8" />
    <title></title>
    <style type="text/css">
        /*设置原始元素样式*/
        #origin
        {
            width:200px;
            height:100px;
            border:1px dashed gray;
        }
        /*设置当前元素样式*/
        #current
        {
            width:200px;
            height:100px;
            color:white;
            background-color: lightskyblue;
            transform:skew(10deg, 20deg);
        }
    </style>
</head>
<body>
    <div id="origin">
        <div id="current"></div>
    </div>
</body>
</html>
```

浏览器预览效果如图 19-17 所示。

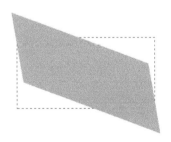

图 19-17　transform:skew(10deg, 20deg);

▌分析

transform:skew(10deg, 20deg); 表示元素同时在 x 轴和 y 轴两个方向倾斜，x 轴方向逆时针倾斜 10°，y 轴方向顺时针倾斜 20°。如果把 10deg 改为 -10deg，20deg 改为 -20deg，此时预览效果如图 19-18 所示。

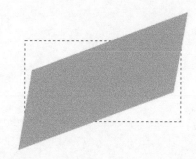

图 19-18　transform:skew(-10deg, -20deg);

实际上，transform:skew(10deg, 20deg); 可以等价于以下代码：

```
transform:skewX(10deg);
transform:skewY(20deg);
```

19.5　旋转：rotate()

在 CSS3 中，我们可以使用 transform 属性的 rotate() 方法来实现元素的旋转效果。

▌ 语法

```
transform: rotate(angle);
```

▌ 说明

参数 angle 表示元素相对于中心原点旋转的度数，单位为 deg。如果度数为正，则表示顺时针旋转；如果度数为负，则表示逆时针旋转。

▌ 举例

```
<!DOCTYPE html>
<html>
<head>
    <meta charset="utf-8" />
    <title></title>
    <style type="text/css">
        /*设置原始元素样式*/
        #origin
        {
            width:200px;
            height:100px;
            border:1px dashed gray;
        }
        /*设置当前元素样式*/
        #current
        {
```

```
            width:200px;
            height:100px;
            color:white;
            background-color: lightskyblue;
            transform:rotate(30deg);
        }
    </style>
</head>
<body>
    <div id="origin">
        <div id="current"></div>
    </div>
</body>
</html>
```

浏览器预览效果如图 19-19 所示。

图 19-19　transform:rotate(30deg);

▌ 分析

transform:rotate(30deg); 表示元素顺时针旋转 30°。如果把 30deg 改为 -30deg，此时浏览器预览效果如图 19-20 所示。

图 19-20　transform:rotate(-30deg);

19.6　中心原点：transform-origin

在 CSS3 变形中，任何元素都有一个中心原点。默认情况下，元素的中心原点位于 x 轴和 y 轴的 50% 处，如图 19-21 所示。

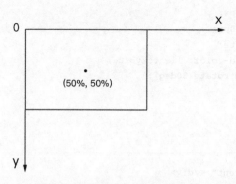

图 19-21　元素的中心原点（默认）

默认情况下，CSS3 的各种变形（平移、缩放、倾斜等）都是以元素的中心原点进行变形的。假如我们想要使变形的中心原点不是原来的中心位置，该怎么办呢？

在 CSS3 中，我们可以使用 transform-origin 属性来改变元素的中心原点。

▌语法

```
transform-origin: 取值；
```

▌说明

transform-origin 属性取值有两种：一种是"长度值"，另一种是"关键字"。当取值为长度值时，单位可以为 px、em 和百分比等。当取值为关键字时，transform-origin 属性取值跟 background-position 属性取值是相似的，如表 19-2 所示。

表 19-2　transform-origin 属性取值为"关键字"

关键字	百分比	说明
top left	0 0	左上
top center	50% 0	靠上居中
top right	100% 0	右上
left center	0 50%	靠左居中
center center	50% 50%	正中
right center	100% 50%	靠右居中
bottom left	0 100%	左下
bottom center	50% 100%	靠下居中
bottom right	100% 100%	右下

▌举例

```
<!DOCTYPE html>
<html>
<head>
    <meta charset="utf-8" />
    <title></title>
    <style type="text/css">
        /*设置原始元素样式*/
```

```
        #origin
        {
            width:200px;
            height:100px;
            border:1px dashed gray;
            margin:100px
        }
        /*设置当前元素样式*/
        #current
        {
            width:200px;
            height:100px;
            background-color: lightskyblue;
            transform-origin:right center;
            transform:rotate(30deg);
        }
    </style>
</head>
<body>
    <div id="origin">
        <div id="current"></div>
    </div>
</body>
</html>
```

浏览器预览效果如图 19-22 所示。

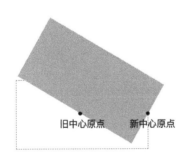

图 19-22　transform-origin 改变中心原点

▌分析

这里使用"transform-origin: right center;"使得变形的中心原点由"正中"变为"靠右居中"，因此元素的旋转是以"新中心原点"作为旋转的中心原点的。

19.7　实战题：个性照片墙

在很多个人网站中，我们可以看到各种非常有个性的照片墙效果。实际上，实现照片墙效果非常简单，只需要用到这一章介绍的 CSS3 变形就可以了。

实现代码如下：

```html
<!DOCTYPE html>
<html>
<head>
    <meta charset="utf-8" />
    <title></title>
    <style type="text/css">
        #container
        {
            position:relative;
            width:800px;
            height:600px;
            margin:0 auto;
            background-image:url(img/haizeiBg.png);
        }
        img
        {
            position:absolute;
            padding:10px;
            background-color:white;
        }
        img:hover
        {
            box-shadow: 0 4px 8px rgba(0, 0, 0, 0.2);
        }
        #container img:first-child
        {
            left:100px; top:60px; transform:rotate(30deg);
        }
        #container img:nth-child(2)
        {
            left:300px; top:60px; transform:rotate(-30deg);
        }
        #container img:nth-child(3)
        {
            left:500px; top:60px; transform:rotate(30deg);
        }
        #container img:nth-child(4)
        {
            left:100px; top:240px; transform:rotate(-30deg);
        }
        #container img:nth-child(5)
        {
            left:300px; top:240px; transform:rotate(0);
        }
        #container img:last-child
        {
            left:500px; top:240px;transform:rotate(30deg);
        }
    </style>
</head>
<body>
```

```
            <div id="container">
                <img src="img/haizei1.png" alt=""/>
                <img src="img/haizei2.png" alt=""/>
                <img src="img/haizei3.png" alt=""/>
                <img src="img/haizei4.png" alt=""/>
                <img src="img/haizei5.png" alt=""/>
                <img src="img/haizei6.png" alt=""/>
            </div>
    </body>
</html>
```

浏览器预览效果如图 19-23 所示。

图 19-23　个性照片墙

▌ 分析

这里主要使用 CSS3 旋转来实现图片的摆放，然后使用 box-shadow 属性来定义鼠标指针移到图片上时的阴影效果。

19.8　本章练习

单选题

1. 如果想要将一个元素旋转 90°，我们可以使用（　　）来实现。
   A. transform:translate()　　　　B. transform:scale()
   C. transform:rotate()　　　　　D. transform:skew()

2. 下面有关 CSS3 变形的说法中，不正确的是（　　）。
   A. CSS3 变形采用的坐标系是 W3C 坐标系（即 y 轴向下）
   B. transform:translateY(20px); 可以等价于 transform:translate(0, 20px);
   C. 当 transform:scaleX(x); 中的 x 取值为负数时，表示缩小；取值为正数时，表示放大
   D. 默认情况下，元素的中心原点位于 x 轴和 y 轴的 50% 处

编程题

有一个 div 元素，其 width 为 200px，height 为 100px，背景颜色为 hotpink。请使用 CSS3 来实现以下功能：改变中心原点为"靠下居中"，并且逆时针旋转 45°。

第 20 章 CSS3 过渡

20.1 CSS3 过渡简介

从之前的学习我们知道，CSS3 动画效果包括 3 个部分：变形（transform）、过渡（transition）、动画（animation）。第 19 章我们已经学习了 CSS3 变形，这一章再来学习一下 CSS3 过渡（如图 20-1 所示）。

图 20-1　CSS3 过渡

在 CSS3 中，我们可以使用 transition 属性将元素的某一个属性从"**一个属性值**"在指定的时间内平滑地过渡到"**另一个属性值**"，从而实现动画效果（请字斟句酌地理解这句话，非常重要）。

CSS 变形（transform）呈现的仅仅是一个"结果"，而 CSS 过渡（transition）呈现的是一个"过程"。这个所谓的"过程"，通俗来说就是一种动画变化过程，如渐渐显示、渐渐隐藏、动画快慢等。绿叶学习网中很多地方都用到了 CSS3 过渡，当鼠标指针移到元素上时，都会有一定的过渡效果，小伙伴们可以去体验一下。

▶ 语法

```
transition: 过渡属性 过渡时间 过渡方式 延迟时间；
```

▶ 说明

transition 是一个复合属性，主要包括 4 个子属性，如表 20-1 所示。

表 20-1　transition 的子属性

属性	说明
transition-property	对元素的哪一个属性进行操作
transition-duration	过渡的持续时间
transition-timing-function	过渡的速率变化方式
transition-delay	过渡的延迟时间（可选参数）

▌ **举例**

```
<!DOCTYPE html>
<html>
<head>
    <meta charset="utf-8" />
    <title></title>
    <style type="text/css">
        div
        {
            display:inline-block;
            padding:5px 10px;
            border-radius:5px;
            color:white;
            background-color:hotpink;
            cursor:pointer;
            transition:background-color 1s linear 0s;
        }
        div:hover
        {
            background-color:purple;
        }
    </style>
</head>
<body>
    <div>从0到1系列</div>
</body>
</html>
```

默认情况下，预览效果如图 20-2 所示。当鼠标指针移到 div 元素上 1 秒后，预览效果如图 20-3 所示。

图 20-2　默认效果

图 20-3　过渡后效果

▌ **分析**

凡是涉及 CSS3 过渡，我们都是结合 :hover 伪类来实现过渡效果的，在这一章的学习中一定要记住这一点。

在这个例子中，"transition:background-color 1s linear 0s;"表示的是：当鼠标指针移动到

元素上时，在 1 秒内让元素的背景颜色从粉色（hotpink）平滑过渡到紫色（purple），其中延迟时间为 0 秒。实际上，这句代码可以等价于：

```
transition-property: background-color;
transition-duration: 1s;
transition-timing-function: linear;
transition-delay:0;
```

小伙伴们现在不理解没关系，这里只需要对其有个初步的认识即可。因为在接下来的章节中，我们会对 transition 的每一个子属性进行详细介绍。

【解惑】

什么是复合属性？

例如，我们常见的 border 属性就是一个复合属性，它是由 border-width、border-style、border-color 这 3 个子属性组成的。

20.2 过渡属性：transition-property

在 CSS3 中，我们可以使用 transition-property 属性来定义过渡效果操作的是哪一个属性。

▼ 语法

```
transition-property: 取值;
```

▼ 说明

transition-property 属性取值是"CSS 属性"。

▼ 举例

```
<!DOCTYPE html>
<html>
<head>
    <meta charset="utf-8" />
    <title></title>
    <style type="text/css">
        div
        {
            display:inline-block;
            width:100px;
            height:50px;
            background-color:lightskyblue;
            transition-property:height;
            transition-duration:0.5s ;
            transition-timing-function:linear;
            transition-delay:0s;
        }
        div:hover
        {
```

```
            height:100px;
        }
    </style>
</head>
<body>
    <div></div>
</body>
</html>
```

默认情况下，预览效果如图 20-4 所示。当鼠标指针移到元素上时，元素会慢慢过渡到图 20-5 所示的效果。

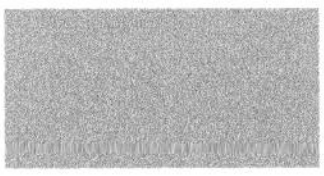

图 20-4　默认效果

图 20-5　过渡后效果

▌分析

在这个例子中，我们使用 transition-property 属性指定了过渡效果所操作的属性是 height。当鼠标指针移到元素上时，元素的 height 会在 0.5 秒内从 50px 平滑过渡到 100px。当然，小伙伴们可以自行测试一下其他属性，看看效果如何。

```
transition-property:height;
transition-duration:0.5s ;
transition-timing-function:linear;
transition-delay:0s;
```

上面是这种过渡效果的完整形式，不过在实际开发中，我们大多数都是采用下面这种简写形式：

```
transition: height 0.5s linear 0s;
```

20.3　过渡时间：transition-duration

在 CSS3 中，我们可以使用 transition-duration 属性来定义过渡的持续时间。

▌语法

```
transition-duration: 时间；
```

▌说明

transition-duration 属性取值是一个时间，单位为秒（s），可以取小数。

▌举例

```
<!DOCTYPE html>
<html>
<head>
```

```
            <meta charset="utf-8" />
            <title></title>
            <style type="text/css">
                div
                {
                    display:inline-block;
                    width:100px;
                    height:100px;
                    background-color:lightskyblue;
                    transition-property:border-radius;
                    transition-duration:0.5s;
                    transition-timing-function:linear;
                    transition-delay:0s;
                }
                div:hover
                {
                    border-radius:50px;
                }
            </style>
    </head>
    <body>
        <div></div>
    </body>
</html>
```

默认情况下，预览效果如图 20-6 所示。当鼠标指针移到元素上时，元素会慢慢过渡到图 20-7 所示的效果。

图 20-6 默认效果　　　　　　图 20-7 过渡后效果

▼ 分析

在这个例子中，我们使用 transition-duration 属性指定了过渡效果的持续时间为 0.5 秒。当鼠标指针移动到元素上时，元素的圆角半径（border-radius）在 0.5 秒内从 0 过渡到 50px。当然，我们也可以把 0.5s 改为 1s、2s 等，然后看看实际效果。

```
transition-property:border-radius;
transition-duration:0.5s;
transition-timing-function:linear;
transition-delay:0s;
```

在实际开发中，我们很少会使用过渡效果的完整形式，都是采用下面这种简写形式：

```
transition: border-radius 0.5s linear 0s;
```

20.4 过渡方式：transition-timing-function

在 CSS3 中，我们可以使用 transition-timing-function 属性来定义过渡方式。所谓"过渡方式"，指的是动画在过渡时间内的速率变化方式。

▌ 语法

```
transition-timing-function: 取值;
```

▌ 说明

transition-timing-function 属性取值共有 5 种，如表 20-2 所示。

表 20-2　transition-timing-function 属性取值

属性值	说明	速率
ease	默认值，由快到慢，逐渐变慢	
linear	匀速	
ease-in	速度越来越快（即渐显效果）	
ease-out	速度越来越慢（即渐隐效果）	
ease-in-out	先加速后减速（即渐显渐隐效果）	

▌ 举例

```html
<!DOCTYPE html>
<html>
<head>
    <meta charset="utf-8" />
    <title></title>
    <style type="text/css">
        div
        {
            width:100px;
            height:50px;
            line-height:50px;
            text-align:center;
            margin-top:5px;
            background-color:lightskyblue;
            transition-property:width;
            transition-duration:2s ;
            transition-delay:0s;
        }
        #div1{transition-timing-function:linear;}
        #div2{transition-timing-function:ease;}
        #div3{transition-timing-function:ease-in;}
        #div4{transition-timing-function:ease-out;}
        #div5{transition-timing-function:ease-in-out;}
        div:hover
        {
            width:300px;
        }
    </style>
</head>
<body>
    <div id="div1">linear</div>
    <div id="div2">ease</div>
    <div id="div3">ease-in</div>
    <div id="div4">ease-out</div>
    <div id="div5">ease-in-out</div>
</body>
</html>
```

浏览器预览效果如图 20-8 所示。

图 20-8 transition-timing-function 属性取不同值

▌分析

在本地测试这个例子时，我们会发现 transition-timing-function 的 5 个取值没有太多明显的区别。这个例子看不出什么效果，等我们学了"21.5 动画方式"这一节就知道了。

20.5 延迟时间：transition-delay

在 CSS3 中，我们可以使用 transition-delay 属性来定义过渡效果的延迟时间。

▌语法

```
transition-delay: 时间;
```

▌说明

transition-delay 属性取值是一个时间，单位为秒（s），可以是小数，默认值为 0s。也就是说，当我们没有定义 transition-delay 时，过渡效果就没有延迟时间。

▌举例

```
<!DOCTYPE html>
<html>
<head>
    <meta charset="utf-8" />
    <title></title>
    <style type="text/css">
        div
        {
            display:inline-block;
            width:100px;
            height:100px;
            background-color:lightskyblue;
            transition-property:border-radius;
            transition-duration:0.5s;
            transition-timing-function:linear;
            transition-delay: 2s;
        }
        div:hover
        {
            border-radius:50px;
        }
    </style>
</head>
<body>
    <div></div>
</body>
</html>
```

默认情况下，预览效果如图 20-9 所示。当鼠标指针移到元素上时，2 秒后的预览效果如图 20-10 所示。

图 20-9 默认效果　　　图 20-10 过渡后效果

▌ 分析

transition-delay: 2s; 表示从鼠标指针移动到 div 元素上的那一瞬间开始计时，过了两秒后才会开始呈现过渡效果，这就是所谓的延迟时间。然后从鼠标指针移出 div 元素的那一瞬间开始计时，过渡效果同样也会延迟两秒才会开始恢复。

```
transition-property:border-radius;
transition-duration:0.5s;
transition-timing-function:linear;
transition-delay: 2s;
```

在实际开发中，我们很少会使用过渡效果的完整形式，都是采用下面这种简写形式：

```
transition: border-radius 0.5s linear 2s;
```

20.6　深入了解 transition 属性

在这一节中，我们带大家深入了解一下 transition 属性。这一节涉及的技巧非常重要，都是精华中的精华，在其他书中你未必能看到，所以小伙伴们一定要认真理解和掌握。

20.6.1　transition-property 取值为 all

在之前的章节中，我们都是仅仅针对一个 CSS 属性来实现过渡效果。实际上，我们可以使用 transition 属性同时对多个 CSS 属性来实现过渡效果，请看下面的例子。

▌ 举例

```
<!DOCTYPE html>
<html>
<head>
    <meta charset="utf-8" />
    <title></title>
    <style type="text/css">
        div
        {
            display:inline-block;
            width:100px;
            height:100px;
```

```
            border-radius:0;
            background-color:lightskyblue;
            transition-property:border-radius,background-color;
            transition-duration:1s;
            transition-timing-function:linear;
            transition-delay: 0s;
        }
        div:hover
        {
            border-radius:50px;
            background-color:hotpink;
        }
    </style>
</head>
<body>
    <div></div>
</body>
</html>
```

默认情况下，预览效果如图 20-11 所示。当鼠标指针移到元素上时，元素会慢慢过渡到图 20-12 所示的效果。

图 20-11　默认效果　　　　图 20-12　鼠标指针移到元素上时的效果

分析

当鼠标指针移动到元素上时，会在 1 秒内同时对 border-radius 和 background-color 这两个属性产生过渡效果。

在实际开发中，当有多个 CSS 属性需要实现过渡效果时，我们很少使用 transition-property:border-radius,background-color; 这种方式，而是更倾向于直接定义 transition-property 属性取值为 all。

当 transition-property 属性定义为 all 时，CSS3 会自动判断哪些属性是作为过渡效果的属性，相对来说更加简单方便。

```
transition-property:border-radius,background-color;
transition-duration:1s;
transition-timing-function:linear;
transition-delay: 0s;
```

上面这段代码可以等价于：

```
transition:all 1s linear 0s;
```

20.6.2 transition-delay 的省略

由于 transition-delay 属性是一个可选属性，因此当 transition-delay 取值为 0s 时，这个参数可以省略。

```
transition:all 1s linear 0s;
```

也就是说，上面这句代码可以等价于：

```
transition:all 1s linear;
```

在实际开发中，大多数情况下我们都是使用这种省略形式。

20.6.3 transition 属性的位置

凡是涉及 CSS3 过渡，我们都是结合 :hover 伪类来实现过渡效果的，语法形式大致如下：

```
element
{
    //原始值
    transition: all 1s linear
}
element:hover
{
    //最终值
}
```

之前我们都是把 transition: all 1s linear; 写在普通状态内，而不是写在悬浮状态（即 :hover{}）中。那么，transition 属性放在这两个地方究竟有什么不同呢？我们先来看一个例子。

▼ 举例

```
<!DOCTYPE html>
<html>
<head>
    <meta charset="utf-8" />
    <title></title>
    <style type="text/css">
        div
        {
            display:inline-block;
            width:100px;
            height:100px;
            border-radius:0;
            background-color:lightskyblue;
        }
        div:hover
        {
```

```
            border-radius:50px;
            background-color:hotpink;
            /*transition属性放到:hover{}中*/
            transition:all 0.5s linear;
        }
    </style>
</head>
<body>
    <div></div>
</body>
</html>
```

默认情况下，预览效果如图 20-13 所示。当鼠标指针移到元素上时，元素会慢慢过渡到图 20-14 所示的效果。

图 20-13　默认效果

图 20-14　过渡后的效果

▼ 分析

我们尝试把 transition 属性分别写在"普通状态"和"悬浮状态"内，然后对比两种方式，就可以很直观地知道两者的不同了：**移入时效果两者没有区别，但是如果把 transition 属性写在普通状态内，移出时会有过渡效果；如果把 transition 属性写在悬浮状态内，移出时没有过渡效果。**

在实际开发中，我们应该根据实际需求来选择使用哪一种方式，而不是笼统地把 transition 属性写在普通状态内。

此外，过渡效果可以说是 CSS3 中最重要的内容，因此在接下来的几节中，我们会列举大量实际开发案例，以帮助大家更好地消化和吸收，希望小伙伴们把每一个例子都琢磨透。

20.7　实战题：鼠标指针移上去显示内容

我们在很多网站都能看到这样一种特效：当鼠标指针移动到文字上时，就会显示全部内容。这一节我们为大家详细介绍一下这种效果是怎么实现的。

实现代码如下：

```
<!DOCTYPE html>
<html>
<head>
    <meta charset="utf-8" />
    <title></title>
    <style type="text/css">
        #container
        {
```

```css
        width:300px;
        height:20px;
        padding:20px;
        border:1px solid gray;
        color:raba(0,0,0,0.7);
        cursor:pointer;
        /*实现省略号效果*/
        text-overflow:ellipsis;
        overflow:hidden;
        white-space:nowrap;
        /*实现过渡效果*/
        transition:all 0.5s linear;
    }
    #container:hover
    {
        height:150px;
        background-color:azure;
        /*必须设置white-space属性为normal*/
        white-space:normal;

    }
    </style>
</head>
<body>
    <div id="container">绿叶学习网成立于2015年4月1日，是一个富有活力的Web技术学习网站。在这里，我们只提供互联网最好的Web技术教程和最佳的学习体验。每一个教程、每一篇文章、甚至每一个知识点，都体现绿叶精品的态度。没有最好，但是我们可以做到更好！</div>
</body>
</html>
```

默认情况下，预览效果如图 20-15 所示。当鼠标指针移到元素上时，全部内容会逐渐显示出来，此时预览效果如图 20-16 所示。

图 20-15 默认效果

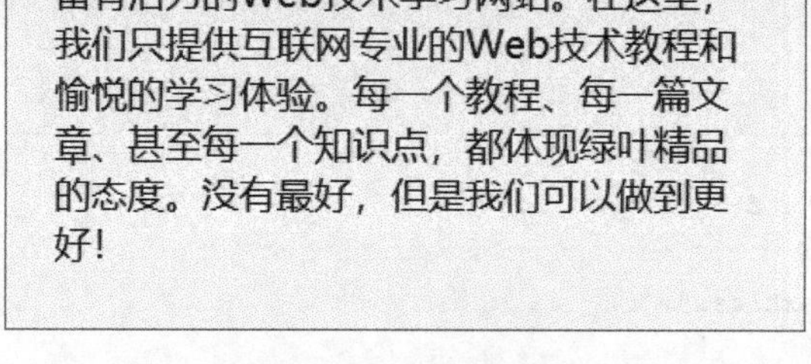

图 20-16 过渡后效果

▍分析

在这个例子中,除了使用 CSS3 过渡效果,还用到了之前介绍的 text-overflow 属性。想要实现当文本超出一定范围时以省略号显示,我们必须用到以下功能代码:

```
overflow:hidden;
white-space:nowrap;
text-overflow:ellipsis;
```

20.8　实战题:图片文字介绍滑动效果

当鼠标指针移到图片上时,会从底部向上滚动出带有文字介绍的遮罩层,这也是一种非常实用的特效。下面我们给大家讲解一下这种效果是怎么实现的。

实现代码如下:

```
<!DOCTYPE html>
<html>
<head>
    <meta charset="utf-8" />
    <title></title>
    <style type="text/css">
        #info
        {
            width:760px;
            margin:0 auto;
        }
        /*定义外层样式*/
        .wrap
        {
            width:220px;
            height:330px;
            float:left;
            position:relative;
            overflow:hidden;
            font-family:arial, sans-serif;
        }
        .wrap img
        {
            border:0;
            width:220px;
            height:330px;
        }
        .wrap p
        {
            display:block;
            width:220px;
            height:330px;
            position:absolute;
            left:0;
```

```css
        top:300px;
        /*使用RGBA颜色值*/
        background-color:rgba(0,0,0,0.3);
        font-size:12px;
        color:#FFFFFF;
        padding:0;
        margin:0;
        line-height:16px;
        /*定义过渡效果,all表示针对所有值有变化的CSS属性*/
        transition: all 0.6s ease-in-out;
    }
    .wrap p b
    {
        display:block;
        font-size:22px;
        color:#fc0;
        text-align:center;
        margin:0;
        padding:0;
        line-height:30px;
    }
    .wrap p span
    {
        display:block;
        padding:10px;
        line-height:20px;
    }
    .wrap:hover p {top:0;}
    </style>
</head>
<body>
    <div id="info">
        <div class="wrap">
            <img src="img/pic1.jpg" alt=""/>
            <p>
                <b>Red Eye Frog</b>
                <span>Red-eyed tree frogs, as their name states, have bold red eyes with vertically narrowed pupils, a vibrant green body with yellow and blue striped sides, and orange toes. There is a great deal of regional variation in flank and thigh coloration.<br/>Although it has been suggested that A.callidryas' bright colors function as aposematic or sexual signals, neither of these hypotheses have been confirmed.</span>
            </p>
        </div>
        <div class="wrap">
            <img src="img/pic2.jpg" alt=""/>
            <p>
                <b>Emperor Penguin</b>
                <span>The Emperor Penguin (Aptenodytes forsteri) is the tallest and heaviest of all living penguin species and is endemic to Antarctica.<br><br>The male and female are similar in plumage and size, reaching 122 cm (48 in) in height and weighing anywhere from 22.37 kg (48.82 lb). The dorsal parts are black and sharply delineated from the white belly, pale-yellow breast and bright-yellow ear patches.</span>
```

```html
            </p>
        </div>
        <div class="wrap">
            <img src="img/pic3.jpg" alt=""/>
            <p>
                <b>Pelicans</b>
                <span>A pelican is a large water bird with a distinctive pouch under the beak, belonging to the bird family Pelecanidae.<br><br>Along with the darters, cormorants, gannets, boobies, frigatebirds, and tropicbirds, pelicans make up the order Pelecaniformes. Modern pelicans are found on all continents except Antarctica.</span>
            </p>
        </div>
    </div>
</body>
</html>
```

默认情况下，预览效果如图 20-17 所示。当鼠标指针移到图片上面时，文字介绍层会平滑过渡展示出来，效果如图 20-18 所示。

图 20-17　默认效果

图 20-18　过渡后效果

分析

这个例子用到了 CSS3 过渡、RGBA 颜色等，代码量比较大，不过我们只需要关心加粗部分的代码即可。

20.9 实战题：白光闪过效果

经常上绿叶学习网的小伙伴可能都发现了，网站首页有一个非常美妙的白光闪过效果，这里我们来给大家介绍一下使用 CSS3 怎么实现这个效果。

实现代码如下：

```html
<!DOCTYPE html>
<html>
<head>
    <meta charset="utf-8" />
    <title></title>
    <style type="text/css">
        #wrapper
        {
            position: relative;
            width:240px;
            height:180px;
            cursor: pointer;
        }
        #flash
        {
            position: absolute;
            top:0;
            left:-120px;
            width:100px;
            height:100%;
            background:-webkit-linear-gradient(left, rgba(255,255,255,0)0%, rgba(255,255,255, 0.5)50%, rgba(255,255,255,0)100%);
            transform:skewX(-30deg);
        }
        #wrapper:hover #flash
        {
            left:300px;
            transition:all 0.5s ease-in-out;
        }
    </style>
</head>
<body>
    <div id="wrapper">
        <div id="flash"></div>
        <img src="img/flash.png" alt=""/>
    </div>
</body>
</html>
```

默认情况下，预览效果如图 20-19 所示。当鼠标指针移到图片上面时，会有一道白光闪过，此时预览效果如图 20-20 所示。

图 20-19　默认效果

图 20-20　鼠标指针移到图片上时的效果

▼ 分析

在这个例子中，我们使用 transform:skewX(-30deg); 定义一道平行四边形的白光，然后使用绝对定位把白光设置在图片的左边，通过控制台我们可以很直观地看出来，如图 20-21 所示。

图 20-21　控制台效果

20.10　实战题：脉动效果

在 CSS3 中，我们可以使用 :active 伪类结合过渡属性来实现一个"脉动效果"。
实现代码如下：

```
<!DOCTYPE html>
<html>
<head>
    <meta charset="utf-8" />
    <title></title>
    <style type="text/css">
        div
        {
            width:100px;
            height:100px;
            margin:100px auto;
            background-color:hotpink;
            transition:all 1s;
        }
        div:active
```

```
            {
                padding:200px;
            }
        </style>
    </head>
    <body>
        <div></div>
    </body>
</html>
```

浏览器预览效果如图 20-22 所示。

图 20-22　脉动效果

▶ 分析

当我们点击 div 元素后，可以看到 div 元素从小放大，然后再逐渐回归到原来的大小。很多小伙伴只知道 :active 伪类用于超链接，其实它可以用于任何元素，以定义一个元素被激活时的样式。

20.11　实战题：手风琴效果

大多数情况下，我们都是使用 JavaScript 或 jQuery 来实现手风琴效果的。事实上，我们还可以使用 CSS3 来实现，这种方式相对来说更为简单。

实现代码如下：

```
<!DOCTYPE html>
<html>
<head>
    <meta charset="utf-8" />
    <title></title>
    <style type="text/css">
        #box
        {
            width:300px;
            height:50px;
            overflow:hidden;
        }
        /*定义item公共样式*/
        .item
        {
            float:left;
            width:20%;
            height:100%;
```

```
            transition:all 0.5s;
        }
        /*定义item单独样式*/
        .item:nth-child(1) {width:40%;background-color: red;}
        .item:nth-child(2) {background-color: orange;}
        .item:nth-child(3) {background-color: yellow;}
        .item:nth-child(4) {background-color: green;}
        /*关键代码*/
        #box:hover div
        {
            width:20%;
        }
        #box div:hover
        {
            width:40%;
        }
    </style>
</head>
<body>
    <div id="box">
        <div class="item"></div>
        <div class="item"></div>
        <div class="item"></div>
        <div class="item"></div>
    </div>
</body>
</html>
```

浏览器预览效果如图 20-23 所示。

图 20-23　手风琴效果

▌ 分析

在一开始，我们定义第 1 个子元素宽度为 40%，其他 3 个子元素宽度为 20%，总宽度刚好为 100%。

```
/*关键代码*/
#box:hover div
{
    width:20%;
}
#box div:hover
{
    width:40%;
}
```

"#box:hover div{width:20%;}"表示当鼠标指针经过父元素时，将每一个子元素的宽度定义为

20%。既然鼠标指针经过父元素，那么肯定会经过某一个子元素，"#box div:hover{width:40%;}"表示将鼠标指针经过的"当前子元素"的宽度定义为40%，这样就实现了手风琴效果。

上面这段代码是实现手风琴效果最关键的代码，也非常有技巧性，小伙伴们一定要琢磨清楚。

20.12 本章练习

单选题

1. 如果想要定义 CSS3 的过渡方式，应该使用（　　）属性来实现。
   A. transition-property
   B. transition-duration
   C. transition-timing-function
   D. transition-delay

2. 下面有关 CSS3 过渡的说法中，不正确的是（　　）。
   A. CSS3 过渡使用的是 transform 属性
   B. transition 是一个复合属性
   C. CSS 变形呈现的是一个"结果"
   D. CSS 过渡呈现的是一个"过程"

3. 下面有关 CSS3 过渡的说法中，不正确的是（　　）。
   A. transition:all 1s linear 0s; 可以等价于 transition:all 1s linear;
   B. 凡是涉及 CSS3 过渡，我们都是结合 :hover 伪类来实现过渡效果的
   C. transition 属性写在普通状态内跟写在悬浮状态内，效果是一样的
   D. 想要对多个 CSS 属性实现过渡效果，可以使用 transition-property:all; 来实现

编程题

下面有一段代码，请用一句代码来简写。

```
transition-property:height;
transition-duration:0.5s ;
transition-timing-function:linear;
transition-delay:0s;
```

第 21 章 CSS3 动画

21.1 CSS3 动画简介

从之前的学习我们知道，CSS3 动画效果包括 3 个部分：变形（transform）、过渡（transition）、动画（animation）。前两章我们学习了 CSS3 变形和 CSS3 过渡，这一章我们再来学习一下 CSS3 动画（如图 21-1 所示）。

图 21-1　CSS3 动画

在 CSS3 中，我们可以使用 animation 属性来实现元素的动画效果。animation 属性跟 transition 属性在功能实现上是非常相似的，都是通过改变元素的属性值来实现动画效果。但是，这两者实际上有着本质的区别。

- 对于 transition 属性来说，它只能将元素的某一个属性从一个属性值过渡到另一个属性值。
- 对于 animation 属性来说，它可以将元素的某一个属性从第 1 个属性值过渡到第 2 个属性值，然后还可以继续过渡到第 3 个属性值，以此类推。

从上面我们可以清楚地知道：transition 属性（即 CSS3 过渡）只能实现一次性的动画效果，而 animation 属性（即 CSS3 动画）可以实现连续性的动画效果。

▼ 语法

```
animation：动画名称 持续时间 动画方式 延迟时间 动画次数 动画方向;
```

▌ 说明

animation 是一个复合属性，主要包括 6 个子属性，如表 21-1 所示。

表 21-1 animation 的子属性

属性	说明
animation-name	对哪一个 CSS 属性进行操作
animation-duration	动画的持续时间
animation-timing-function	动画的速率变化方式
animation-delay	动画的延迟时间
animation-iteration-count	动画的播放次数
animation-direction	动画的播放方向，正向还是反向

▌ 举例

```
<!DOCTYPE html>
<html>
<head>
    <meta charset="utf-8" />
    <title></title>
    <style type="text/css">
        div
        {
            width:100px;
            height:100px;
            border-radius:50px;
            background-color:red;
        }
        /*定义动画*/
        @keyframes mycolor
        {
            0%{background-color:red;}
            30%{background-color:blue;}
            60%{background-color:yellow;}
            100%{background-color:green;}
        }
        /*调用动画*/
        div:hover
        {
            animation:mycolor 5s linear;
        }
    </style>
</head>
<body>
    <div></div>
</body>
</html>
```

浏览器预览效果如图 21-2 所示。

图 21-2　一个简单的动画

▼ 分析

我们在本地浏览器测试可以发现，当鼠标指针移到 div 元素上时，div 元素的背景颜色将经历从 red 到 blue、blue 到 yellow、yellow 到 green，最后再从 green 回到 red 这样的一系列变化。对于具体实现原理，我们稍后会详细介绍，这里只需要看一下效果即可。

小伙伴们可以思考一下，如果让你使用 CSS3 过渡，能够实现上面这种效果吗？肯定是做不到的。这是因为 CSS3 过渡只能实现一个变化效果，而不能实现连续的变化效果。我们可以这样理解：CSS3 过渡只能实现简单的动画（一个），而 CSS3 动画却可以实现复杂的动画（一系列）。

21.2　@keyframes

从 21.1 的例子我们可以知道，使用 animation 属性实现 CSS3 动画需要两步（跟 JavaScript 中函数的使用相似）。

- 定义动画。
- 调用动画。

在 CSS3 中，在调用动画之前，我们必须先使用 @keyframes 规则来定义动画。

▼ 语法

```
@keyframes 动画名
{
    0%{}
    ……
    100%{}
}
```

▼ 说明

0% 表示动画的开始，100% 表示动画的结束，0% 和 100% 是必须的。不过，一个 @keyframes 规则可以由多个百分比组成，每一个百分比都可以定义自身的 CSS 样式，从而形成一系列的动画效果。

在使用 @keyframes 规则时，如果仅仅只有 0% 和 100% 这两个百分比，此时 0% 和 100% 可以使用关键字 from 和 to 来代替，其中 0% 对应 from，100% 对应 to。例如：

```
@keyframes mycolor
{
  0%{color:red;}
  100%{color:green;}
}
```

上面代码其实可以等价于:

```
@keyframes mycolor
{
  from{color:red;}
  to{color:green;}
}
```

▌举例

```
<!DOCTYPE html>
<html>
<head>
    <meta charset="utf-8" />
    <title></title>
    <style type="text/css">
        div
        {
            width:100px;
            height:100px;
            border-radius:50px;
            background-color:red;
        }
        /*定义动画*/
        @keyframes mycolor
        {
            0%{background-color:red;}
            30%{background-color:blue;}
            60%{background-color:yellow;}
            100%{background-color:green;}
        }
        /*调用动画*/
        div:hover
        {
            animation:mycolor 5s linear;
        }
    </style>
</head>
<body>
    <div></div>
</body>
</html>
```

浏览器预览效果如图 21-3 所示。

图 21-3　@keyframes

▼ 分析

▶ 第1步，定义动画。

在这个例子中，我们使用 @keyframes 规则定义了一个名为"mycolor"的动画。在这个动画中，元素开始时的背景颜色是红色，在 0% 到 30% 之间背景颜色从红色变为蓝色，然后在 30% 到 60% 之间背景颜色从蓝色变为黄色，最后在 60% 到 100% 之间背景颜色从黄色变为绿色。动画执行完毕，背景颜色会回归到红色（初始值）。

初学的小伙伴肯定会有这样的疑问："这些百分比究竟是什么意思啊？是相对什么来说的呢？"那还能有什么呢，当然，是相对于"持续时间"！像上面这个例子中，我们定义持续时间为 5s，则 0% 指的是 0s 时，30% 指的是 1.5s 时，60% 指的是 3s 时，而 100% 指的是 5s 时，如图 21-4 所示。

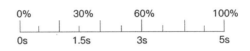

图 21-4　时间轴

▶ 第2步，调用动画。

我们可以使用 @keyframes 规则定义动画，不过这仅仅是定义而已，动画并不会自动执行。因此，我们还需要使用 animation 属性来"调用动画"，这样动画才会生效。其实动画的定义和调用，跟 JavaScript 中函数的定义和调用是一样的道理，我们稍微对比一下就很好理解了。

21.3　动画名称：animation-name

在 CSS3 中，我们可以使用 animation-name 属性来定义动画调用的是哪一个动画名称，即 @keyframes 定义的哪一个规则。

▼ 语法

```
animation-name: 动画名;
```

▼ 说明

注意，animation-name 调用的动画名需要和 @keyframes 规则定义的动画名完全一致（区分大小写），如果不一致将不会产生任何动画效果。

▼ 举例：animation-name

```
<!DOCTYPE html>
<html>
<head>
    <meta charset="utf-8" />
    <title></title>
    <style type="text/css">
        @keyframes mycolor
        {
```

```
        0%{background-color:red;}
        30%{background-color:blue;}
        60%{background-color:yellow;}
        100%{background-color:green;}
    }
    @keyframes mytransform
    {
        0%{border-radius:0;}
        50%{border-radius:50px; transform:translateX(0);}
        100%{border-radius:50px; transform:translateX(50px);}
    }
    div
    {
        width:100px;
        height:100px;
        background-color:red;
    }
    div:hover
    {
        animation-name:mytransform;
        animation-duration:5s;
        animation-timing-function:linear;
    }
    </style>
</head>
<body>
    <div></div>
</body>
</html>
```

浏览器预览效果如图 21-5 所示。

图 21-5　调用 mytransform

▶ 分析

在这个例子中，我们使用 @keyframes 规则定义了两个动画：mycolor 和 mytransform，不过由于 animation-name 属性调用的是名为 "mytransform" 的动画，因此只有名为 "mytransform" 的动画会生效，而名为 "mycolor" 的动画则不会生效。

```
animation-name:mytransform;
animation-duration:5s;
animation-timing-function:linear;
```

上面代码可以简写为下面一句代码,在实际开发中我们也是采用这种简写形式。

```
animation: mytransform 5s linear;
```

此外,在 mytransform 动画中,在 0% 至 50% 之间 div 元素的 border-radius 属性值从 0 变为 50px,然后在 50% 至 100% 之间保持 50px 不变,并且水平向右移动 50px。

大家自行测试一下下面两种方式,然后跟上面例子比较一下有何不同?考验大家观察能力的时候到了。

方式一:

```
@keyframes mytransform
{
    0%{border-radius:0;}
    50%{border-radius:50px; transform:translateX(0);}
    100%{-webkit-transform:translateX(50px);}
}
```

方式二:

```
@keyframes mytransform
{
    0%{border-radius:0;}
    50%{border-radius:50px;}
    100%{transform:translateX(50px);}
}
```

初学者可能还会有一个疑问:"每次我们都是定义鼠标指针移到元素上时(:hover),动画才会开始。如果想要在打开页面时就能自动执行动画,那该怎么实现呢?"

其实很简单,我们只需要把调用动画的代码放在 div 元素中,而不是放在 :hover 伪类中,就能实现了,请看下面的例子。

▌ 举例:在 div 中调用动画

```
<!DOCTYPE html>
<html>
<head>
    <meta charset="utf-8" />
    <title></title>
    <style type="text/css">
        @keyframes mycolor
        {
            0%{background-color:red;}
            30%{background-color:blue;}
            60%{background-color:yellow;}
            100%{background-color:green;}
        }
        @keyframes mytransform
        {
            0%{border-radius:0;}
            50%{border-radius:50px; transform:translateX(0);}
            100%{border-radius:50px; transform:translateX(50px);}
```

```
            }
            div
            {
                width:100px;
                height:100px;
                background-color:red;
                animation-name:mytransform;
                animation-duration:5s;
                animation-timing-function:linear;
            }
        </style>
    </head>
    <body>
        <div></div>
    </body>
</html>
```

浏览器预览效果如图 21-6 所示。

图 21-6　在 div 中调用动画

▍ 分析

在这个例子中，当我们打开页面时，动画就会自动执行了。此外，animation 属性的几个子属性跟 transition 属性的几个子属性是非常相似的，在接下来章节的学习中，我们经常对比一下，可以更好地理解和记忆。

21.4　持续时间：animation-duration

在 CSS3 中，我们可以使用 animation-duration 属性来定义动画的持续时间。

▍ 语法

```
animation-duration: 时间;
```

▍ 说明

animation-duration 属性取值是一个时间，单位为秒（s），可以是小数。

▍ 举例

```
<!DOCTYPE html>
<html>
<head>
    <meta charset="utf-8" />
```

```
<title></title>
<style type="text/css">
    @keyframes mytranslate
    {
        0%{}
        100%{transform:translateX(160px);}
    }
    #container
    {
        display:inline-block;
        width:200px;
        border:1px solid silver;
    }
    #div1,#div2
    {
        width:40px;
        height:40px;
        margin-top:10px;
        border-radius:20px;
        background-color:red;
        animation-name:mytranslate;
        animation-timing-function:linear;
    }
    #div1{animation-duration:2s;}
    #div2{animation-duration:4s;}
</style>
</head>
<body>
    <div id="container">
        <div id="div1"></div>
        <div id="div2"></div>
    </div>
</body>
</html>
```

浏览器预览效果如图 21-7 所示。

图 21-7 持续时间不同

▌ 分析

在这个例子中，我们定义第 1 个 div 元素的动画持续时间为 2 秒，而定义第 2 个元素的动画持续时间为 4 秒。这里顺便说一句，CSS3 动画大多数时候都是配合 CSS3 变形一起使用，然后来实现各种绚丽复杂的动画效果。

21.5 动画方式：animation-timing-function

在 CSS3 中，我们可以使用 animation-timing-function 属性来定义动画的动画方式。所谓"动画方式"，指的是动画在过渡时间内的速率变化方式。

▎ **语法**

```
animation-timing-function: 取值;
```

▎ **说明**

animation-timing-function 属性取值共有 5 种，这跟 CSS3 过渡的 transition-timing-function 是一样的，如表 21-2 所示。

表 21-2　animation-timing-function 属性取值

属性值	说明	速率
ease	默认值，由快到慢，逐渐变慢	
linear	匀速	
ease-in	速度越来越快（即渐显效果）	
ease-out	速度越来越慢（即渐隐效果）	
ease-in-out	先加速后减速（即渐显渐隐效果）	

▌举例

```html
<!DOCTYPE html>
<html>
<head>
    <meta charset="utf-8" />
    <title></title>
    <style type="text/css">
        /*定义动画*/
        @keyframes mytransform
        {
            0%{ }
            100%{width:300px;}
        }
        div
        {
            width:100px;
            height:50px;
            line-height:50px;
            text-align:center;
            margin-top:10px;
            border-radius:0;
            background-color:lightskyblue;
            /*调用动画*/
            animation-name:mytransform;
            animation-duration:5s;
        }
        #div1{animation-timing-function:linear;}
        #div2{animation-timing-function:ease;}
        #div3{animation-timing-function:ease-in;}
        #div4{animation-timing-function:ease-out;}
        #div5{animation-timing-function:ease-in-out;}
    </style>
</head>
<body>
    <div id="div1">linear</div>
    <div id="div2">ease</div>
    <div id="div3">ease-in</div>
    <div id="div4">ease-out</div>
    <div id="div5">ease-in-out</div>
</body>
</html>
```

浏览器预览效果如图 21-8 所示。

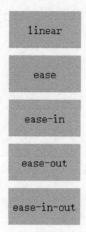

图 21-8　animation-timing-function 取不同值

▼ 分析

通过这个例子，可以直观地比较出这 5 种动画方式的不同。在实际开发中，我们可以根据实际需求来选取合适的动画方式。

21.6　延迟时间：animation-delay

在 CSS3 中，我们可以使用 animation-delay 属性来定义动画的延迟时间。CSS3 动画的 animation-delay 属性跟 CSS3 过渡的 transition-delay 属性是相似的。

▼ 语法

```
animation-delay: 时间;
```

▼ 说明

animation-delay 属性取值是一个时间，单位为秒（s），可以为小数，其中默认值为 0s。也就是说，当我们没有定义 animation-delay 时，动画就没有延迟时间。

▼ 举例

```
<!DOCTYPE html>
<html>
<head>
    <meta charset="utf-8" />
    <title></title>
    <style type="text/css">
        @keyframes mytranslate
        {
            0%{}
            100%{transform:translateX(160px);}
        }
        #ball
        {
```

```
                width:40px;
                height:40px;
                border-radius:20px;
                background-color:red;
                animation-name:mytranslate;
                animation-duration:2s;
                animation-timing-function:linear;
                animation-delay:2s;       /*设置动画在页面打开之后延迟2s开始播放*/
            }
            #container
            {
                display:inline-block;
                width:200px;
                border:1px solid silver;
            }
        </style>
    </head>
    <body>
        <div id="container">
            <div id="ball"></div>
        </div>
    </body>
</html>
```

浏览器预览效果如图 21-9 所示。

图 21-9　动画延迟两秒才会播放

▼ 分析

这里使用 animation-delay 属性定义动画的延迟时间为两秒，也就是说当页面打开后，动画需要延迟两秒才会开始执行。

```
animation-name:mytranslate;
animation-duration:2s;
animation-timing-function:linear;
animation-delay:2s;
```

在实际开发中，我们很少会使用动画效果的完整形式，都是采用下面这种简写形式：

```
animation: mytranslate 2s linear 2s;
```

21.7　播放次数：animation-iteration-count

在 CSS3 中，我们可以使用 animation-iteration-count 属性来定义动画的播放次数。

▌ 语法

```
animation-iteration-count: 取值;
```

▌ 说明

animation-iteration-count 属性取值有两种：一种是"正整数"，另一种是"infinite"。当取值为 n（正整数）时，表示动画播放 n 次；当取值为 infinite 时，表示动画播放无数次，也就是循环播放。

▌ 举例

```
<!DOCTYPE html>
<html>
<head>
    <meta charset="utf-8" />
    <title></title>
    <style type="text/css">
        @keyframes mytranslate
        {
            0%{}
            50%{transform:translateX(160px);}
            100%{}
        }
        #ball
        {
            width:40px;
            height:40px;
            border-radius:20px;
            background-color:red;
            animation-name:mytranslate;
            animation-timing-function:linear;
            animation-duration:2s;
            animation-iteration-count:infinite;   /*循环播放*/
        }
        #container
        {
            display:inline-block;
            width:200px;
            border:1px solid silver;
        }
    </style>
</head>
<body>
    <div id="container">
        <div id="ball"></div>
    </div>
</body>
</html>
```

浏览器预览效果如图 21-10 所示。

图 21-10　无限循环播放

▌分析

这里定义 animation-iteration-count 属性值为 infinite。当打开页面时动画会自动播放，并且会无限循环播放。

这里留个问题让小伙伴们思考一下：大家试着把 transform:translateX(160px); 这一句代码放到 100%{} 中，看看实际效果如何？

```
animation-name:mytranslate;
animation-timing-function:linear;
animation-duration:2s;
animation-iteration-count:infinite;    /*循环播放*/
```

在实际开发中，我们很少会使用动画效果的完整形式，都是采用下面这种简写形式：

```
animation:mytranslate linear 2s infinite;
```

21.8　播放方向：animation-direction

在 CSS3 中，我们可以使用 animation-direction 属性来定义动画的播放方向。

▌语法

```
animation-direction: 取值;
```

▌说明

animation-direction 属性取值有 3 个，如表 21-3 所示。

表 21-3　animation-direction 属性取值

属性值	说明
normal	正方向播放（默认值）
reverse	反方向播放
alternate	播放次数是奇数时，动画正方向播放；播放次数是偶数时，动画反方向播放

▌举例

```
<!DOCTYPE html>
<html>
<head>
    <meta charset="utf-8" />
    <title></title>
    <style type="text/css">
        @keyframes mytranslate
        {
```

```
            0%{}
            100%{transform:translateX(160px);}
        }
        #ball
        {
            width:40px;
            height:40px;
            border-radius:20px;
            background-color:red;
            animation-name:mytranslate;
            animation-timing-function:linear;
            animation-duration:2s;
            animation-direction:reverse;
        }
        #container
        {
            display:inline-block;
            width:200px;
            border:1px solid silver;
        }
    </style>
</head>
<body>
    <div id="container">
        <div id="ball"></div>
    </div>
</body>
</html>
```

浏览器预览效果如图 21-11 所示。

图 21-11　反方向播放

▼ 分析

在这个例子中，由于添加了 animation-direction:reverse;，因此动画会沿着反方向播放（即从 100% 到 0%），小球从右到左移动。animation-direction 属性在实际开发中用得很少，我们简单了解一下即可。

```
animation-name:mytranslate;
animation-timing-function:linear;
animation-duration:2s;
animation-direction:reverse;
```

在实际开发中，我们很少会使用动画效果的完整形式，都是采用下面这种简写形式：

```
animation:mytranslate linear 2s reverse;
```

21.9 播放状态：animation-play-state

在 CSS3 中，我们可以使用 animation-play-state 属性来定义动画的播放状态。

▌ **语法**

```
animation-play-state: 取值;
```

▌ **说明**

animation-play-state 属性只有两个取值，如表 21-4 所示。

表 21-4　animation-play-state 属性取值

属性值	说明
running	播放（默认值）
paused	暂停

▌ **举例**

```
<!DOCTYPE html>
<html>
<head>
    <meta charset="utf-8" />
    <title></title>
    <style type="text/css">
        @keyframes mytranslate
        {
            0%{}
            50%{transform:translateX(160px);}
            100%{}
        }
        #ball
        {
            width:40px;
            height:40px;
            border-radius:20px;
            background-color:red;
            animation-name:mytranslate;
            animation-timing-function:linear;
            animation-duration:2s;
            animation-iteration-count:infinite;
        }
        #container
        {
            display:inline-block;
            width:200px;
            border:1px solid silver;
        }
```

```
        </style>
        <script>
            window.onload = function(){
                var oBall = document.getElementById("ball");
                var oBtnPause = document.getElementById("btn_pause");
                var oBtnRun = document.getElementById("btn_run");

                //暂停
                oBtnPause.onclick = function(){
                    oBall.style.animationPlayState = "paused";
                };
                //播放
                oBtnRun.onclick = function(){
                    oBall.style.animationPlayState = "running";
                };

            }
        </script>
    </head>
    <body>
        <div id="container">
            <div id="ball"></div>
        </div>
        <div>
            <input id="btn_pause" type="button" value="暂停" />
            <input id="btn_run" type="button" value="播放" />
        </div>
    </body>
</html>
```

浏览器预览效果如图 21-12 所示。

图 21-12　暂停与播放

▌ 分析

在这个例子中，我们使用 JavaScript 做了一个小程序。当点击【暂停】按钮时，动画会暂停；当点击【播放】按钮时，动画会继续播放。

21.10　实战题：脉冲动画

我们在绿叶学习网首页可以看到一个非常酷炫的脉冲动画（如图 21-13 所示），当鼠标指针移到元素上时，脉冲动画会循环播放，当鼠标指针移出元素时，动画就会停止。

图 21-13　脉冲动画

实现代码如下：

```
<!DOCTYPE html>
<html>
<head>
    <meta charset="utf-8" />
    <title></title>
    <style type="text/css">
        @keyframes circle {
            0% {
                transform: scale(1);
                opacity: 0.8;
            }
            20% {
                transform: scale(1);
                opacity: 0.6;
            }
            40% {
                transform: scale(1.2);
                opacity: 0.4;
            }
            60% {
                transform: scale(1.4);
                opacity: 0.2;
            }
            80% {
                transform: scale(1.6);
                opacity: 0.1;
            }
            100% {
                transform: scale(1.8);
                opacity: 0.0;
            }
        }
        #wrapper
        {
            position:relative;
            display: inline-block;
            margin:100px;
        }
        #circle
        {
            position:absolute;
            top:-12px;
```

```
                left:-12px;
                width:50px;
                height:50px;
                border:12px solid #A8E957;
                border-radius:62px;
                opacity: 0;
            }
            #wrapper:hover div
            {
                animation: circle 1s ease-out;
                animation-iteration-count: infinite;
            }
        </style>
    </head>
    <body>
        <div id="wrapper">
            <div id="circle"></div>
            <img src="img/icon.png" alt=""/>
        </div>
    </body>
</html>
```

浏览器预览效果如图 21-14 所示。

图 21-14　脉冲动画

▶ 分析

脉冲动画的关键是使用 transform:scale() 来实现圆圈的放大，并且在放大的过程中改变元素的透明度。

当鼠标指针移到元素上面时，会循环播放脉冲动画。这个效果非常棒，很可能在你的开发中就会用到。

21.11　实战题：loading 效果

loading 效果我们经常会见到，在页面没有加载完成之前，展示一个 loading 效果，也是一个用户体验很好的细节。在这一节中，我们尝试使用 CSS3 动画结合 CSS3 变形来制作一个简单而非常实用的 loading 效果。

实现代码如下：

```
<!DOCTYPE html>
<html>
<head>
```

```html
<meta charset="utf-8" />
<title></title>
<style type="text/css">
    #box{position:relative;}
    #box>i
    {
        position:absolute;
        top:0;
        width:5px;
        height:40px;
        background-color:hotpink;
        border-radius:6px;
    }
    /*第1个i元素*/
    #box>i:nth-child(1)
    {
        left: 0;
        animation: loading 1s ease-in 0.1s infinite;
    }
    /*第2个i元素*/
    #box>i:nth-child(2)
    {
        left: 10px;
        animation: loading 1s ease-in 0.3s infinite;
    }
    /*第3个i元素*/
    #box>i:nth-child(3)
    {
        left: 20px;
        animation: loading 1s ease-in 0.6s infinite;
    }
    /*第4个i元素*/
    #box>i:nth-child(4) {
        left: 30px;
        animation: loading 1s ease-in 0.3s infinite;
    }
    /*定义动画*/
    @keyframes loading
    {
        0%{transform:scaleY(1);}
        50%{transform:scaleY(0.5);}
        100%{transform:scaleY(1);}
    }
</style>
</head>
<body>
    <div id="box">
        <i></i>
        <i></i>
        <i></i>
        <i></i>
    </div>
```

```
</body>
</html>
```

浏览器预览效果如图 21-15 所示。

图 21-15　loading 效果

▶ 分析

实现 loading 效果是非常简单的，关键是使用 animation 属性配合 transform:scaleY() 来实现。

> 【解惑】
>
> 如果小伙伴们想练习一下 CSS3 特效，有什么网站可以参考呢？
>
> 可以参考一下绿叶学习网（www.lvyestudy.com），这是编者为"从 0 到 1"系列图书专门开发的一个配套网站。上面有大量的 CSS3 特效，包括：幽灵按钮、3D 旋转、脉冲动画、闪光效果等。小伙伴们可以使用控制台来查看相应的代码是怎么编写的。

21.12　本章练习

单选题

1. 在 CSS3 中，我们可以使用（　　）属性来实现动画的无限循环播放。
   A．animation-name　　　　　B．animation-duration
   C．animation-timing-function　D．animation-iteration-count
2. 在 CSS3 中，我们可以使用（　　）属性来定义动画在过渡时间内的速率变化方式。
   A．animation-name　　　　　B．animation-timing-function
   C．animation-duration　　　　D．transition-timing-function
3. 下面有关 CSS3 动画的说法中，正确的是（　　）。
   A．animation 属性只能实现一次性的动画效果
   B．CSS3 动画实现的效果，CSS3 过渡也能实现
   C．CSS3 过渡和 CSS3 动画都是通过改变元素的属性值来实现动画效果
   D．可以使用 transition-duration 属性来定义 CSS3 动画的持续时间

编程题

下面有一段代码，请用一句代码来简写。

```
animation-name:mytranslate;
animation-duration:2s;
animation-timing-function:linear;
animation-delay:0s;
```

第 22 章 多列布局

22.1 多列布局

在 CSS3 之前，如果想要设计类似报纸那样的多列布局（如图 22-1 所示），有两种方式可以实现：一种是"浮动布局"，另一种是"定位布局"。不过这两种方式弊端都很多：浮动布局比较灵活，但不容易控制；定位布局可以精准定位，但是却不够灵活。

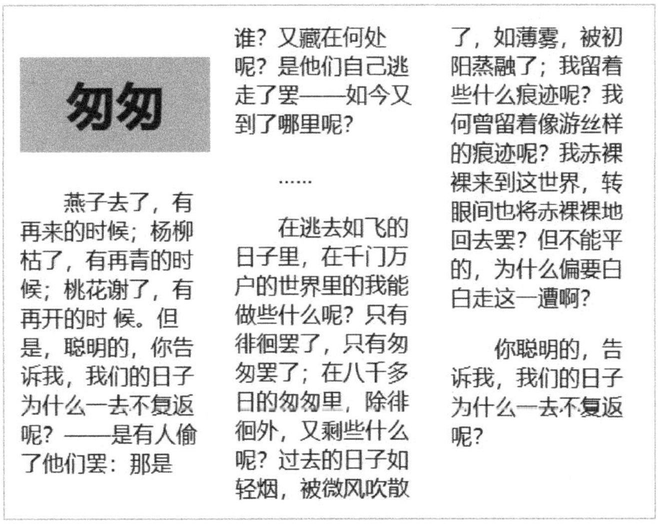

图 22-1　多列布局

为了解决多列布局的难题，CSS3 新增了一种布局方式——多列布局。使用多列布局，可以轻松实现类似报纸那样的布局，而且这种布局的自适应能力也非常好。此外，多列布局的应用非常广泛，像各大电商网站、素材网站中常见的"瀑布流效果"（如图 22-2 所示）就用到了多列布局。

图 22-2 瀑布流效果

在 CSS3 中,多列布局常用的属性有很多,如表 22-1 所示。

表 22-1 多列布局的属性

属性值	说明
column-count	列数
column-width	每一列的宽度
column-gap	两列之间的距离
column-rule	两列之间的边框样式
column-span	定义跨列样式

在这一章中,我们会详细介绍每一个属性。

22.2 列数:column-count

在 CSS3 中,我们可以使用 column-count 属性来定义多列布局的列数。

▌ 语法

```
column-count: 取值;
```

▌ 说明

column-count 属性取值有两种,如表 22-2 所示。

表 22-2 column-count 属性取值

属性值	说明
auto	列数由 column-width 属性决定(默认值)
n(正整数)	自动划分为 n 列

举例

```html
<!DOCTYPE html>
<html>
<head>
    <meta charset="utf-8" />
    <title></title>
    <style type="text/css">
        body
        {
            width:400px;
            padding:10px;
            border:1px solid silver;
            column-count:3;
        }
        h1
        {
            height:60px;
            line-height:60px;
            text-align:center;
            background-color:silver;
        }
        p
        {
            font-family:"微软雅黑";
            font-size:14px;
            text-indent:28px;
        }
    </style>
</head>
<body>
    <h1>匆匆</h1>
    <p>燕子去了，有再来的时候；杨柳枯了，有再青的时候；桃花谢了，有再开的时 候。但是，聪明的，你告诉我，我们的日子为什么一去不复返呢？——是有人偷了他们罢：那是谁？又藏在何处呢？是他们自己逃走了罢——如今又到了哪里呢？</p>
    <p>……</p>
    <p>在逃去如飞的日子里，在千门万户的世界里我能做些什么呢？只有徘徊罢了，只有匆匆罢了；在八千多日的匆匆里，除徘徊外，又剩些什么呢？过去的日子如轻烟，被微风吹散了，如薄雾，被初阳蒸融了；我留着些什么痕迹呢？我何曾留着像游丝样的痕迹呢？我赤裸裸来到这世界，转眼间也将赤裸裸地回去罢？但不能平的，为什么偏要白白走这一遭啊？</p>
    <p>你聪明的，告诉我，我们的日子为什么一去不复返呢？</p>
</body>
</html>
```

浏览器预览效果如图 22-3 所示。

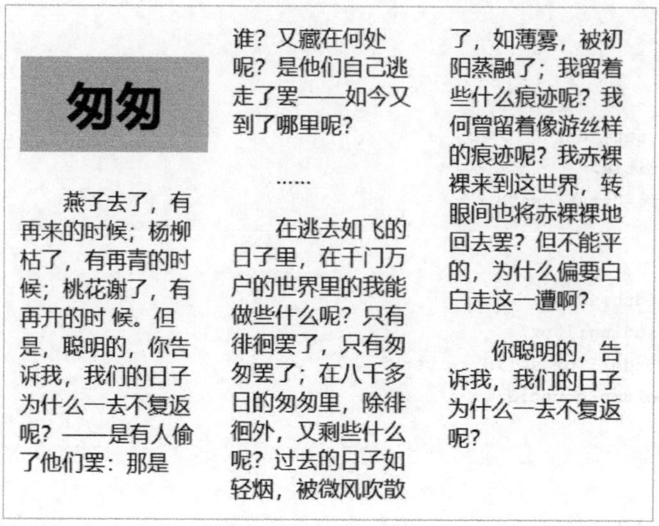

图 22-3　定义列数

▼ 分析

在这个例子中，我们对 body 定义了一定的宽度，然后使用 column-count:3; 使得 body 会以最恰当的方式自动划分为 3 列。大家可以试着改变 body 的 width 和 height，然后看看实际效果如何。

22.3　列宽：column-width

在 CSS3 中，我们可以使用 column-width 属性来定义多列布局中每一列的宽度。

▼ 语法

```
column-width: 取值;
```

▼ 说明

column-width 属性取值有两种，如表 22-3 所示。

表 22-3　column-width 属性取值

属性值	说明
auto	列数由 column-count 属性决定（默认值）
长度值	单位可以为 px、em 和百分比等

▼ 举例

```
<!DOCTYPE html>
<html>
<head>
```

```
        <meta charset="utf-8" />
        <title></title>
        <style type="text/css">
            body
            {
                width:400px;
                padding:10px;
                border:1px solid silver;
                column-width:150px;
            }
            h1
            {
                height:60px;
                line-height:60px;
                text-align:center;
                background-color:silver;
            }
            p
            {
                font-family:微软雅黑;
                font-size:14px;
                text-indent:28px;
            }
        </style>
    </head>
    <body>
        <h1>匆匆</h1>
        <p>燕子去了，有再来的时候；杨柳枯了，有再青的时候；桃花谢了，有再开的时 候。但是，聪明的，你告诉我，我们的日子为什么一去不复返呢？——是有人偷了他们罢：那是谁？又藏在何处呢？是他们自己逃走了罢——如今又到了哪里呢？</p>
        <p>我不知道他们给了我多少日子，但我的手确乎是渐渐空虚了。在默默里算着，八千多日子已经从我手中溜去，像针尖上一滴水滴在大海里，我的日子滴在时间的流里，没有声音，也没有影子。我不禁头涔涔而泪潸潸了。</p>
        <p>……</p>
        <p>在逃去如飞的日子里，在千门万户的世界里的我能做些什么呢？只有徘徊罢了，只有匆匆罢了；在八千多日的匆匆里，除徘徊外，又剩些什么呢？过去的日子如轻烟，被微风吹散了，如薄雾，被初阳蒸融了；我留着些什么痕迹呢？我何曾留着像游丝样的痕迹呢？我赤裸裸来到这世界，转眼间也将赤裸裸地回去罢？但不能平的，为什么偏要白白走这一遭啊？</p>
        <p>你聪明的，告诉我，我们的日子为什么一去不复返呢？</p>
    </body>
</html>
```

浏览器预览效果如图22-4所示。

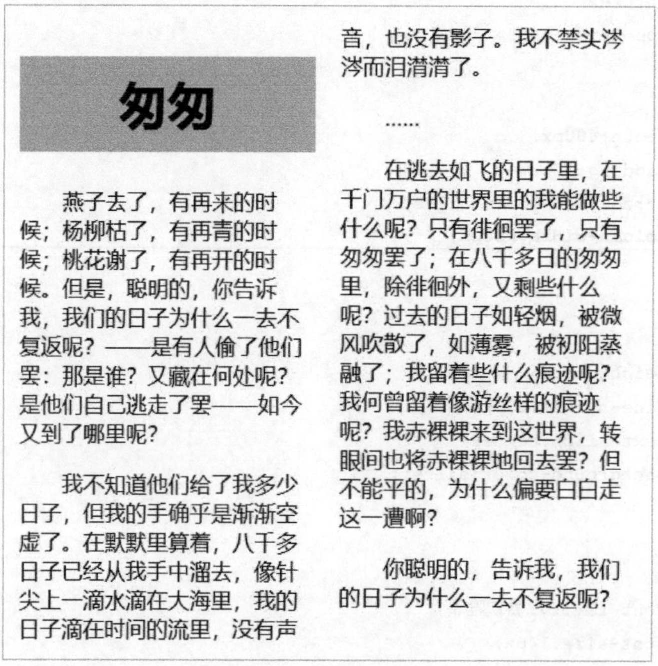

图 22-4　定义列宽

▼ 分析

width:400px；限定了 body 宽度为 400px，然后我们使用 column-width:150px；定义列宽，这样 body 就会自动根据**容器宽度**、**每列宽度**、**内容多少**这三者来计算列数。大家可以试着改变 column-width 属性取值，然后看看实际效果如何。

22.4　间距：column-gap

在 CSS3 中，我们可以使用 column-gap 属性来定义列与列之间的间距。

▼ 语法

```
column-gap: 取值；
```

▼ 说明

column-gap 属性取值有两个，如表 22-4 所示。

表 22-4　column-gap 属性取值

属性值	说明
normal	浏览器默认长度值
长度值	单位可以为 px、em 和百分比等

举例

```html
<!DOCTYPE html>
<html>
<head>
    <meta charset="utf-8" />
    <title></title>
    <style type="text/css">
        body
        {
            width:400px;
            padding:10px;
            border:1px solid silver;
            column-count:2;
            column-gap:20px;          /*定义列间距为20px*/
        }
        h1
        {
            height:60px;
            line-height:60px;
            text-align:center;
            background-color:silver;
        }
        p
        {
            font-family:微软雅黑;
            font-size:14px;
            text-indent:28px;
            background-color:#F1F1F1;
        }
    </style>
</head>
<body>
    <h1>匆匆</h1>
    <p>燕子去了，有再来的时候；杨柳枯了，有再青的时候；桃花谢了，有再开的时候。但是，聪明的，你告诉我，我们的日子为什么一去不复返呢？——是有人偷了他们罢：那是谁？又藏在何处呢？是他们自己逃走了罢——如今又到了哪里呢？</p>
    <p>我不知道他们给了我多少日子，但我的手确乎是渐渐空虚了。在默默里算着，八千多日子已经从我手中溜去，像针尖上一滴水滴在大海里，我的日子滴在时间的流里，没有声音，也没有影子。我不禁头涔涔而泪潸潸了。</p>
    <p>……</p>
    <p>在逃去如飞的日子里，在千门万户的世界里我能做些什么呢？只有徘徊罢了，只有匆匆罢了；在八千多日的匆匆里，除徘徊外，又剩些什么呢？过去的日子如轻烟，被微风吹散了，如薄雾，被初阳蒸融了；我留着些什么痕迹呢？我何曾留着像游丝样的痕迹呢？我赤裸裸来到这世界，转眼间也将赤裸裸地回去罢？但不能平的，为什么偏要白白走这一遭啊？</p>
    <p>你聪明的，告诉我，我们的日子为什么一去不复返呢？</p>
</body>
</html>
```

浏览器预览效果如图22-5所示。

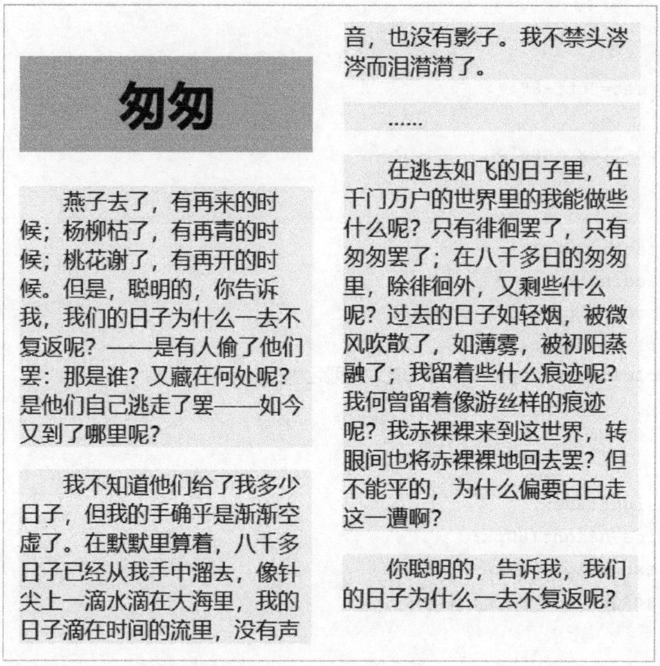

图 22-5 间距为 20px

▶ **分析**

在这个例子中，我们使用 column-gap 属性定义列间距为 20px。

22.5 边框：column-rule

在 CSS3 中，我们可以使用 column-rule 属性来定义列与列之间的边框样式。

▶ **语法**

```
column-rule: width style color;
```

▶ **说明**

column-rule 属性跟 border 属性是非常相似的，它也是一个复合属性，由 3 个子属性组成。

- column-rule-width：定义边框的宽度。
- column-rule-style：定义边框的样式。
- column-rule-color：定义边框的颜色。

▶ **举例**

```
<!DOCTYPE html>
<html>
<head>
```

```html
        <meta charset="utf-8" />
        <title></title>
        <style type="text/css">
            body
            {
                width:400px;
                padding:10px;
                border:1px solid silver;
                column-count:2;
                column-gap:20px;
                column-rule:1px dashed red;
            }
            h1
            {
                height:60px;
                line-height:60px;
                text-align:center;
                background-color:silver;
            }
            p
            {
                font-family:微软雅黑;
                font-size:14px;
                text-indent:28px;
                background-color:#F1F1F1;
            }
        </style>
    </head>
    <body>
        <h1>匆匆</h1>
        <p>燕子去了，有再来的时候；杨柳枯了，有再青的时候；桃花谢了，有再开的时候。但是，聪明的，你告诉我，我们的日子为什么一去不复返呢？——是有人偷了他们罢：那是谁？又藏在何处呢？是他们自己逃走了罢——如今又到了哪里呢？</p>
        <p>我不知道他们给了我多少日子，但我的手确乎是渐渐空虚了。在默默里算着，八千多日子已经从我手中溜去，像针尖上一滴水滴在大海里，我的日子滴在时间的流里，没有声音，也没有影子。我不禁头涔涔而泪潸潸了。</p>
        <p>……</p>
        <p>在逃去如飞的日子里，在千门万户的世界里的我能做些什么呢？只有徘徊罢了，只有匆匆罢了；在八千多日的匆匆里，除徘徊外，又剩些什么呢？过去的日子如轻烟，被微风吹散了，如薄雾，被初阳蒸融了；我留着些什么痕迹呢？我何曾留着像游丝样的痕迹呢？我赤裸裸来到这世界，转眼间也将赤裸裸地回去罢？但不能平的，为什么偏要白白走这一遭啊？</p>
        <p>你聪明的，告诉我，我们的日子为什么一去不复返呢？</p>
    </body>
</html>
```

浏览器预览效果如图 22-6 所示。

图 22-6　定义边框

▼ 分析

在这个例子中，我们使用 column-rule 属性定义列与列之间的边框为"1px dashed red"。

22.6　跨列：column-span

在 CSS3 中，我们可以使用 column-span 属性来实现多列布局的跨列效果。这个属性跟表格中的 colspan 属性类似，我们可以对比理解一下。

▼ 语法

```
column-span: 取值;
```

▼ 说明

column-span 属性取值只有两种，如表 22-5 所示。

表 22-5　column-span 属性取值

属性值	说明
none	不跨列
all	跨所有列（跟 none 相反）

举例

```html
<!DOCTYPE html>
<html>
<head>
    <meta charset="utf-8" />
    <title></title>
    <style type="text/css">
        body
        {
            width:400px;
            padding:10px;
            border:1px solid silver;
            column-count:2;
            column-gap:20px;
            column-rule:1px dashed red;
        }
        h1
        {
            height:60px;
            line-height:60px;
            text-align:center;
            background-color:silver;
            column-span:all;
        }
        p
        {
            font-family:微软雅黑;
            font-size:14px;
            text-indent:28px;
            background-color:#F1F1F1;
        }
    </style>
</head>
<body>
    <h1>匆匆</h1>
    <p>燕子去了，有再来的时候；杨柳枯了，有再青的时候；桃花谢了，有再开的时候。但是，聪明的，你告诉我，我们的日子为什么一去不复返呢？——是有人偷了他们罢：那是谁？又藏在何处呢？是他们自己逃走了罢——如今又到了哪里呢？</p>
    <p>我不知道他们给了我多少日子，但我的手确乎是渐渐空虚了。在默默里算着，八千多日子已经从我手中溜去，像针尖上一滴水滴在大海里，我的日子滴在时间的流里，没有声音，也没有影子。我不禁头涔涔而泪潸潸了。</p>
    <p>……</p>
    <p>在逃去如飞的日子里，在千门万户的世界里的我能做些什么呢？只有徘徊罢了，只有匆匆罢了；在八千多日的匆匆里，除徘徊外，又剩些什么呢？过去的日子如轻烟，被微风吹散了，如薄雾，被初阳蒸融了；我留着些什么痕迹呢？我何曾留着像游丝样的痕迹呢？我赤裸裸来到这世界，转眼间也将赤裸裸地回去罢？但不能平的，为什么偏要白白走这一遭啊？</p>
    <p>你聪明的，告诉我，我们的日子为什么一去不复返呢？</p>
</body>
</html>
```

浏览器预览效果如图 22-7 所示。

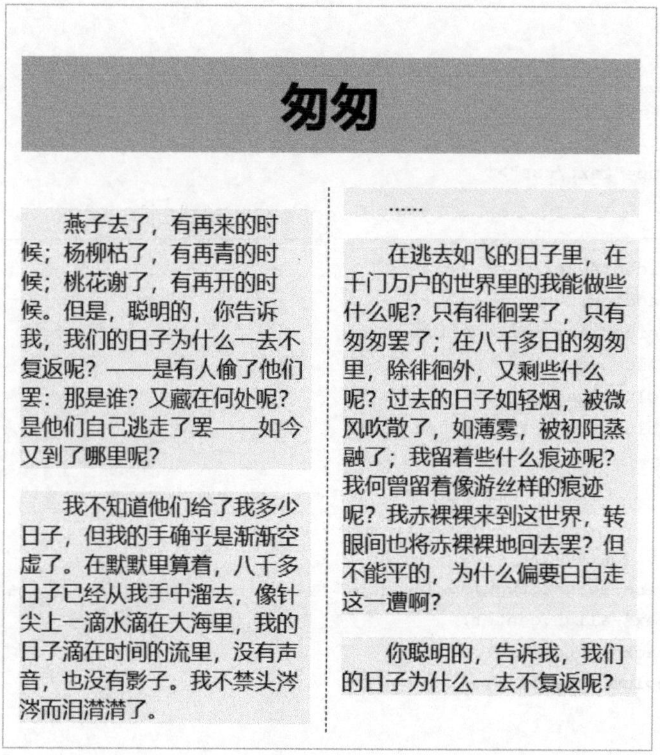

图 22-7　跨列

▋ 分析

在这个例子中，我们使用 "column-span: all;" 使得标题 h1 元素跨越所有的列。跨列，在 CSS3 多列布局中也是很常见的效果。

22.7　实战题：瀑布流布局

瀑布流布局，在各大电商网站中都可以看到。以前想要实现瀑布流布局，都是使用 JavaScript 或 jQuery 来实现，代码比较复杂。现在有了 CSS3，我们只需要几行代码就可以轻松做到了。

实现代码如下：

```
<!DOCTYPE html>
<html>
<head>
    <meta charset="utf-8"/>
    <title></title>
    <style type="text/css">
        .container
        {
            column-width:160px;
            column-gap:5px;
```

```html
            }
            .container div
            {
                width:160px;
                margin:4px 0;
            }
        </style>
    </head>
    <body>
        <div class="container">
            <div><img src="img/column/pic1.jpg" /></div>
            <div><img src="img/column/pic2.jpg" /></div>
            <div><img src="img/column/pic3.jpg" /></div>
            <div><img src="img/column/pic4.jpg" /></div>
            <div><img src="img/column/pic5.jpg" /></div>
            <div><img src="img/column/pic6.jpg" /></div>
            <div><img src="img/column/pic7.jpg" /></div>
            <div><img src="img/column/pic8.jpg" /></div>
            <div><img src="img/column/pic9.jpg" /></div>
            <div><img src="img/column/pic10.jpg" /></div>
            <div><img src="img/column/pic11.jpg" /></div>
            <div><img src="img/column/pic12.jpg" /></div>
            <div><img src="img/column/pic13.jpg" /></div>
            <div><img src="img/column/pic14.jpg" /></div>
            <div><img src="img/column/pic15.jpg" /></div>
            <div><img src="img/column/pic16.jpg" /></div>
            <div><img src="img/column/pic17.jpg" /></div>
            <div><img src="img/column/pic18.jpg" /></div>
            <div><img src="img/column/pic19.jpg" /></div>
            <div><img src="img/column/pic20.jpg" /></div>
            <div><img src="img/column/pic1.jpg" /></div>
            <div><img src="img/column/pic2.jpg" /></div>
            <div><img src="img/column/pic3.jpg" /></div>
            <div><img src="img/column/pic4.jpg" /></div>
            <div><img src="img/column/pic5.jpg" /></div>
            <div><img src="img/column/pic6.jpg" /></div>
            <div><img src="img/column/pic7.jpg" /></div>
            <div><img src="img/column/pic8.jpg" /></div>
            <div><img src="img/column/pic9.jpg" /></div>
            <div><img src="img/column/pic10.jpg" /></div>
            <div><img src="img/column/pic11.jpg" /></div>
            <div><img src="img/column/pic12.jpg" /></div>
            <div><img src="img/column/pic13.jpg" /></div>
            <div><img src="img/column/pic14.jpg" /></div>
            <div><img src="img/column/pic15.jpg" /></div>
            <div><img src="img/column/pic16.jpg" /></div>
            <div><img src="img/column/pic17.jpg" /></div>
            <div><img src="img/column/pic18.jpg" /></div>
            <div><img src="img/column/pic19.jpg" /></div>
            <div><img src="img/column/pic20.jpg" /></div>
        </div>
```

```
</body>
</html>
```

浏览器预览效果如图 22-8 所示。

图 22-8 瀑布流布局效果

▎分析

瀑布流布局的特点是每列的宽度是相同的，但是高度是随机的，所以，我们只需要定义 column-width 跟每列的 width 相等。两行代码就可以实现这么棒的效果，CSS3 是不是非常神奇呢？

22.8 本章练习

单选题

1. 对于"瀑布流效果"，最简单的实现方式是（　　）。
   A．定位布局　　　　　　　　　　B．浮动布局
   C．多列布局　　　　　　　　　　D．响应式布局
2. 在 CSS3 多列布局中，如果想要为列与列之间定义间距，应该使用（　　）属性来实现。
   A．column-gap　　　　　　　　　B．column-width
   C．column-count　　　　　　　　D．column-span

第 23 章 滤镜效果

23.1 滤镜效果简介

很多小伙伴都用过美颜神器，例如美颜相机、美图秀秀等。使用这些软件，我们可以轻松做出很多特殊效果，如黑白效果、复古效果、亮度效果等。以前，如果想要使用 CSS 来实现这些滤镜效果，几乎是不可能的事情。但是在 CSS3 中，我们只需要一两句代码就可以轻松实现了。

在 CSS3 中，所有的滤镜效果都是使用 filter 属性来实现的。

▼ 语法

```
filter: 取值;
```

▼ 说明

filter 属性取值有 10 种，每一种方法对应一种滤镜效果，如表 23-1 所示。

表 23-1　filter 属性取值

属性值	说明
brightness()	亮度
grayscale()	灰度
sepia()	复古
invert()	反色
hue-rotate()	旋转（色相）
drop-shadow()	阴影
opacity()	透明度
blur()	模糊度
contrast()	对比度
saturate()	饱和度

23.2 亮度:brightness()

在 CSS3 中,我们可以使用 brightness() 方法来实现亮度滤镜效果。亮度滤镜可以减弱或增强图片的亮度。

▍语法

```
filter: brightness(百分比);
```

▍说明

brightness() 方法的取值是一个百分比,其中 0%~100% 表示减弱图片的亮度,例如 0% 就是完全黑色;100% 以上表示增强图片的亮度,例如 200% 就是将亮度提高 2 倍。

▍举例

```
<!DOCTYPE html>
<html>
<head>
    <meta charset="utf-8" />
    <title></title>
    <style type="text/css">
        #after
        {
            filter:brightness(200%);
        }
    </style>
</head>
<body>
    <div id="before">
        <img src="img/princess.png" alt=""/>
    </div>
    <div id="after">
        <img src="img/princess.png" alt=""/>
    </div>
</body>
</html>
```

浏览器预览效果如图 23-1 所示。

图 23-1 提升亮度

23.3 灰度：grayscale()

使用 grayscale() 方法，可以实现灰度滤镜效果。灰度滤镜可以将彩色图片转换成黑白图片。

▌ 语法

```
filter: grayscale(百分比);
```

▌ 说明

grayscale() 方法的取值是一个百分比，其中 0% 表示不做任何修改，100% 表示完全灰度（即黑白图片）。

▌ 举例

```html
<!DOCTYPE html>
<html>
<head>
    <meta charset="utf-8" />
    <title></title>
    <style type="text/css">
        #after
        {
            filter:grayscale(100%);
        }
    </style>
</head>
<body>
    <div id="before">
        <img src="img/princess.png" alt=""/>
    </div>
    <div id="after">
        <img src="img/princess.png" alt=""/>
    </div>
</body>
</html>
```

浏览器预览效果如图 23-2 所示。

图 23-2　灰度效果

23.4 复古：sepia()

在CSS3中，sepia()方法用来实现复古滤镜效果。复古滤镜，也叫褐色滤镜。

▌ 语法

```
filter: sepia(百分比);
```

▌ 说明

sepia()方法的取值是一个百分比，取值范围为0%~100%。其中，0%表示没有转换，100%表示复古效果。

▌ 举例

```html
<!DOCTYPE html>
<html>
<head>
    <meta charset="utf-8" />
    <title></title>
    <style type="text/css">
        #after
        {
            filter:sepia(100%);
        }
    </style>
</head>
<body>
    <div id="before">
        <img src="img/princess.png" alt=""/>
    </div>
    <div id="after">
        <img src="img/princess.png" alt=""/>
    </div>
</body>
</html>
```

浏览器预览效果如图23-3所示。

图23-3　复古效果

23.5 反色：invert()

invert() 方法是用来实现反色滤镜效果的。反色，指的是将红、绿、蓝 3 个通道的像素取各自的相反值。

▌ 语法

```
filter: invert(百分比);
```

▌ 说明

invert() 方法的取值是一个百分比，取值范围为 0%~100%。其中，0% 表示没有转换，100% 表示反转所有颜色。

▌ 举例

```
<!DOCTYPE html>
<html>
<head>
    <meta charset="utf-8" />
    <title></title>
    <style type="text/css">
        #after
        {
            filter:invert(100%);
        }
    </style>
</head>
<body>
    <div id="before">
        <img src="img/princess.png" alt=""/>
    </div>
    <div id="after">
        <img src="img/princess.png" alt=""/>
    </div>
</body>
</html>
```

浏览器预览效果如图 23-4 所示。

图 23-4　反色效果

23.6 旋转：hue-rotate()

在 CSS3 中，我们可以使用 hue-rotate() 方法来实现色相旋转的滤镜效果。

▼ 语法

```
filter: hue-rotate(度数);
```

▼ 说明

hue-rotate() 方法的取值是一个度数，单位为 deg（即 degree 的缩写）。其中，0deg 表示不旋转，360deg 表示旋转 360°，也就是相当于一个循环。

▼ 举例

```html
<!DOCTYPE html>
<html>
<head>
    <meta charset="utf-8" />
    <title></title>
    <style type="text/css">
        #after
        {
            filter:hue-rotate(180deg);
        }
    </style>
</head>
<body>
    <div id="before">
        <img src="img/princess.png" alt=""/>
    </div>
    <div id="after">
        <img src="img/princess.png" alt=""/>
    </div>
</body>
</html>
```

浏览器预览效果如图 23-5 所示。

图 23-5　旋转效果

23.7 阴影：drop-shadow()

CSS3 中的 drop-shadow() 方法，用来实现阴影滤镜效果。

▌ 语法

```
filter: drop-shadow(x-offset y-offset blur color);
```

▌ 说明

drop-shadow() 方法的参数有 4 个，每一个参数说明如下。

- x-offset：定义水平阴影的偏移距离，可以使用负值。由于 CSS3 采用的是 W3C 坐标系（如图 23-6 所示），因此 x-offset 取值为正时，向右偏移；取值为负时，向左偏移。
- y-offset：定义垂直阴影的偏移距离，可以使用负值。由于 CSS3 采用的是 W3C 坐标系，因此 y-offset 取值为正时，向下偏移；取值为负时，向上偏移。
- blur：定义阴影的模糊半径，只能为正值。
- color：定义阴影的颜色。

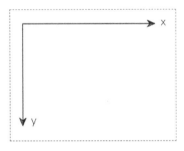

图 23-6　W3C 坐标系

▌ 举例

```
<!DOCTYPE html>
<html>
<head>
    <meta charset="utf-8" />
    <title></title>
    <style type="text/css">
        #after
        {
            filter:drop-shadow(5px 5px 10px red);
        }
    </style>
</head>
<body>
    <div id="before">
        <img src="img/princess.png" alt=""/>
    </div>
    <div id="after">
        <img src="img/princess.png" alt=""/>
```

```
            </div>
    </body>
</html>
```

浏览器预览效果如图 23-7 所示。

图 23-7 阴影效果

23.8 透明度：opacity()

在 CSS3 中，我们可以使用 opacity() 方法来实现透明度滤镜效果。

▌ 语法

```
filter: opacity(百分比);
```

▌ 说明

opacity() 方法的取值是一个百分比，取值范围为 0%~100%。其中，0% 表示完全透明，100% 表示完全不透明。

▌ 举例

```
<!DOCTYPE html>
<html>
<head>
    <meta charset="utf-8" />
    <title></title>
    <style type="text/css">
        #after
        {
            filter:opacity(50%);
        }
    </style>
</head>
<body>
```

```
        <div id="before">
            <img src="img/princess.png" alt=""/>
        </div>
        <div id="after">
            <img src="img/princess.png" alt=""/>
        </div>
    </body>
</html>
```

浏览器预览效果如图 23-8 所示。

图 23-8　透明度效果

23.9　模糊度：blur()

在 CSS3 中，我们可以使用 blur() 方法来实现模糊度滤镜效果，也就是"马赛克"。

▶ 语法

```
filter: blur(像素);
```

▶ 说明

blur() 方法的取值是一个像素值，取值越大，模糊效果越明显。

▶ 举例

```
<!DOCTYPE html>
<html>
<head>
    <meta charset="utf-8" />
    <title></title>
    <style type="text/css">
        #after
        {
            filter:blur(5px);
        }
    </style>
```

```html
</head>
<body>
    <div id="before">
        <img src="img/princess.png" alt=""/>
    </div>
    <div id="after">
        <img src="img/princess.png" alt=""/>
    </div>
</body>
</html>
```

浏览器预览效果如图 23-9 所示。

图 23-9　模糊效果

23.10　对比度：contrast()

在 CSS3 中，我们可以使用 contrast() 方法来实现对比度滤镜效果。

▌语法

```
filter: contrast(百分比);
```

▌说明

contrast() 方法的取值是一个百分比。其中，0%~100% 表示减弱对比度，例如 0% 则是灰度图片；100% 以上表示增强对比度，例如 200% 表示增强对比度为原来的 2 倍。

▌举例

```
<!DOCTYPE html>
<html>
<head>
    <meta charset="utf-8" />
    <title></title>
    <style type="text/css">
        #after
```

```
            {
                filter:contrast(200%);
            }
        </style>
    </head>
    <body>
        <div id="before">
            <img src="img/princess.png" alt=""/>
        </div>
        <div id="after">
            <img src="img/princess.png" alt=""/>
        </div>
    </body>
</html>
```

浏览器预览效果如图 23-10 所示。

图 23-10　对比度效果

23.11　饱和度：saturate()

CSS3 中的 saturate() 方法可以实现饱和度滤镜效果。

▍语法

```
filter: saturate(百分比);
```

▍说明

saturate() 方法的取值是一个百分比。其中，0%~100% 表示减弱饱和度，100% 以上表示增强饱和度。

▍举例

```
<!DOCTYPE html>
<html>
<head>
    <meta charset="utf-8" />
```

```
        <title></title>
        <style type="text/css">
            #after
            {
                filter:saturate(300%);
            }
        </style>
    </head>
    <body>
        <div id="before">
            <img src="img/princess.png" alt=""/>
        </div>
        <div id="after">
            <img src="img/princess.png" alt=""/>
        </div>
    </body>
</html>
```

浏览器预览效果如图 23-11 所示。

图 23-11 饱和度效果

23.12 多种滤镜

在 CSS3 中，如果想要为某个元素同时定义多种滤镜效果，我们可以将 filter 属性的取值设置为一个"值列表"的形式来实现。

▌ 语法

`filter：值列表；`

▌ 说明

在值列表中，两个值之间需要用空格隔开。

▌ 举例

```
<!DOCTYPE html>
<html>
```

```
<head>
    <meta charset="utf-8" />
    <title></title>
    <style type="text/css">
    body{margin:100px;}
        #after
        {
            filter:brightness(120%) contrast(200%) blur(1px);
        }
    </style>
</head>
<body>
    <div id="before">
        <img src="img/princess.png" alt=""/>
    </div>
    <div id="after">
        <img src="img/princess.png" alt=""/>
    </div>
</body>
</html>
```

浏览器预览效果如图 23-12 所示。

图 23-12 多种滤镜效果

▌ 分析

在这个例子中，我们为 div 元素同时设置了亮度、对比度以及模糊度 3 种滤镜效果。

23.13 实战题：鬼屋

在实际开发中，我们还可以将滤镜效果和动画效果结合起来，如果运用得好，则会为页面添色不少。下面我们来尝试做一个"鬼屋"的动画效果，小伙伴们可以看看具体是怎么实现的。

实现代码如下：

```
<!DOCTYPE html>
<html>
```

```html
<head>
    <meta charset="utf-8" />
    <title></title>
    <style type="text/css">
        body {text-align: center;}
        /*调用动画*/
        img {animation: haunted 5s infinite;}
        /*定义动画*/
        @keyframes haunted {
            0%
            {
                -webkit-filter: brightness(20%);
                filter: brightness(20%);
            }
            40%
            {
                -webkit-filter: brightness(20%);
                filter: brightness(20%);
            }
            50%
            {
                -webkit-filter: sepia(1) contrast(2) brightness(200%);
                filter: sepia(1) contrast(2) brightness(200%);
            }
            60%
            {
                -webkit-filter: sepia(1) contrast(2) brightness(200%);
                filter: sepia(1) contrast(2) brightness(200%);
            }
            62%
            {
                -webkit-filter: brightness(20%);
                filter: brightness(20%);
            }
            96%
            {
                -webkit-filter: brightness(20%);
                filter: brightness(20%);
            }
            96%
            {
                -webkit-filter: brightness(400%);
                filter: brightness(400%);
            }
        }
    </style>
</head>
<body>
    <img src="img/house.png" alt=""/>
</body>
</html>
```

浏览器预览效果如图 23-13 所示。

图 23-13　鬼屋

23.14　本章练习

单选题

1. 在 CSS3 中，滤镜效果都是使用（　　）属性来实现的。
   A. opacity   B. color
   C. filter   D. transition
2. 如果想要实现亮度滤镜效果，可以使用（　　）来实现。
   A. filter: brightness();   B. filter: opacity();
   C. filter: blur();   D. filter: grayscale();

第 24 章 弹性盒子模型

24.1 弹性盒子模型简介

为了解决传统布局的死板以及不足，CSS3 新增了一种新型的弹性盒子模型。通过弹性盒子模型，我们可以轻松地创建自适应浏览器窗口的“流动布局”以及自适应字体大小的弹性布局，使得响应式布局的实现更加容易。弹性盒子模型属性如表 24-1 所示。

表 24-1　弹性盒子模型属性

属性	说明
flex-grow	定义子元素的放大比例
flex-shrink	定义子元素的缩小比例
flex-basis	定义子元素的宽度
flex	flex-grow、flex-shrink、flex-basis 的复合属性
flex-direction	定义子元素的排列方向
flex-wrap	定义子元素是单行显示，还是多行显示
flex-flow	flex-direction、flex-wrap 的复合属性
order	定义子元素的排列顺序
justify-content	定义子元素在“横轴”上的对齐方式
align-items	定义子元素在“纵轴”上的对齐方式

准确来说，这一章我们只需要重点掌握 flex、flex-flow、order、justify-content、align-items 这 5 个属性就可以了，这样可以大大减少我们的记忆负担。

◤ 举例：子元素宽度之和小于父元素宽度

```
<!DOCTYPE html>
<html>
<head>
```

```
        <meta charset="utf-8" />
        <title></title>
        <style type="text/css">
            #wrapper
            {
                display:flex;
                width:200px;
                height:150px;
            }
            #box1, #box2, #box3{width:50px;}
            #box1{background:red;}
            #box2{background:blue;}
            #box3{background:orange;}
        </style>
    </head>
    <body>
        <div id="wrapper">
            <div id="box1"></div>
            <div id="box2"></div>
            <div id="box3"></div>
        </div>
    </body>
</html>
```

浏览器预览效果如图 24-1 所示。

图 24-1　子元素宽度之和小于父元素宽度

▼ 分析

定义了 display:flex; 的元素会变成一个弹性盒子。在这个例子中，id 为 wrapper 的 div 元素就是一个弹性盒子。由于弹性盒子的宽度为 200px，而所有子元素宽度之和为 150px，此时子元素宽度之和小于父元素宽度。因此，所有子元素最终的宽度就是原来定义的宽度。

▼ 举例：子元素宽度之和大于父元素宽度

```
<!DOCTYPE html>
<html>
<head>
    <meta charset="utf-8" />
    <title></title>
    <style type="text/css">
        #wrapper
```

```
        {
            display:flex;
            width:200px;
            height:150px;
        }
        #box1, #box2, #box3
        {
            width:100px;
        }
        #box1
        {
            background:red;
        }
        #box2
        {
            background:blue;
        }
        #box3
        {
            background:orange;
        }
    </style>
</head>
<body>
    <div id="wrapper">
        <div id="box1"></div>
        <div id="box2"></div>
        <div id="box3"></div>
    </div>
</body>
</html>
```

浏览器预览效果如图 24-2 所示。

图 24-2　子元素宽度之和大于父元素宽度

▼ 分析

在这个例子中，弹性盒子（父元素）的宽度为 200px，而所有子元素宽度之和为 300px，此时子元素宽度之和大于父元素宽度。因此，子元素会按比例来划分宽度。这就是弹性盒子的特点！

此外记住一点：在使用弹性盒子模型之前，你必须为父元素定义"display:flex;"或"display:inline-flex;"，这样父元素才具有弹性盒子模型的特点。

24.2 放大比例：flex-grow

在 CSS3 中，我们可以使用 flex-grow 属性来定义弹性盒子内部子元素的放大比例。也就是当所有子元素宽度之和小于父元素的宽度时，子元素如何分配父元素的剩余空间。

▌ 语法

```
flex-grow: 数值;
```

▌ 说明

flex-grow 属性取值是一个数值，默认值为 0。当取值为 0 时，表示不索取父元素的剩余空间；当取值大于 0 时，表示索取父元素的剩余空间（即子元素放大）。取值越大，索取得越多。

举个例子，父元素下有两个子元素：A 和 B。其中父元素宽 400px，A 宽为 100px，B 宽为 200px。那么，父元素的剩余空间为 400-100-200=100px。

- 如果 A 和 B 都不索取，也就是 A 和 B 的 flex-grow 为 0，则父元素的剩余空间为 100px。
- 如果 A 索取，B 不索取，其中 A 设置 flex-grow:1，那么最终 A 的宽为 100+100=200px，B 的宽不变还是 200px。
- 如果 A 和 B 同时索取剩余空间，其中 A 设置 flex-grow:1，B 设置 flex-grow:1，那么最终 A 的宽为 $100+100 \times \frac{1}{1+1}$ =150px，B 的宽为 $200+100 \times \frac{1}{1+1}$ =250px。
- 如果 A 和 B 同时索取剩余空间，其中 A 设置 flex-grow:1，B 设置 flex-grow:3，那么最终 A 的宽为 $100+100 \times \frac{1}{1+3}$ =125px，B 的宽为 $200+100 \times \frac{3}{1+3}$ =275px。

▌ 举例

```
<!DOCTYPE html>
<html>
<head>
    <meta charset="utf-8" />
    <title></title>
    <style type="text/css">
        #wrapper
        {
            display:flex;
            width:200px;
            height:150px;
        }
        #box1
        {
            background:red;
            flex-grow: 1;
        }
        #box2
        {
            background:blue;
            flex-grow: 2;
        }
```

```
            #box3
            {
                background:orange;
                flex-grow: 1;
            }
        </style>
    </head>
    <body>
        <div id="wrapper">
            <div id="box1"></div>
            <div id="box2"></div>
            <div id="box3"></div>
        </div>
    </body>
</html>
```

浏览器预览效果如图 24-3 所示。

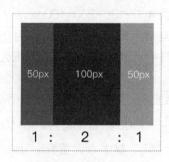

图 24-3　flex-grow

▼ 分析

在这个例子中，我们定义 id 为 wrapper 的 div 元素为一个弹性盒子，并且指定宽度为 200px，由于所有子元素都没有指定宽度，因此我们可以看成：所有子元素宽度之和小于父元素的宽度。接着我们只需要使用 flex-grow 属性给每一个子元素指定一个值，然后浏览器就会自动计算每个子元素所占的比例，自动划分宽度。

小伙伴们可以自行测试一下，改变弹性盒子的宽度为其他数值，看看实际效果如何。例如，定义弹性盒子的宽度为 320px，此时浏览器预览效果如图 24-4 所示。

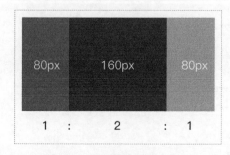

图 24-4　弹性盒子宽度为 320px

特别要注意一点，在使用 flex-grow 时，一般是不需要对弹性盒子内部的子元素定义宽度或高度的，否则会影响 flex 容器的比例分配。

24.3 缩小比例：flex-shrink

在 CSS3 中，flex-shrink 属性用于定义弹性盒子内部子元素的缩小比例。也就是当所有子元素宽度之和大于父元素的宽度时，子元素如何缩小自己的宽度。

▌ 语法

```
flex-shrink: 数值;
```

▌ 说明

flex-shrink 属性取值是一个数值，默认值为 1。当取值为 0 时，表示子元素不缩小；当取值大于 1 时，表示子元素按一定的比例缩小。取值越大，缩小得越厉害。

举个例子，父元素下有两个子元素：A 和 B。其中父元素宽 400px，A 宽为 200px，B 宽为 300px。那么，A 和 B 宽度之和超出父元素宽度为 200+300-400=100px。

- 如果 A 和 B 都不缩小，也就是 A 和 B 都设置 flex-shrink:0，那么会有 100px 的宽度超出父元素。
- 如果 A 不缩小，B 缩小，其中 A 设置 flex-shrink:0，B 设置 flex-shrink:1（默认值），那么最终 A 的宽不变还是 200px，B 的宽为 300-100=200px（自身宽度－超出父元素的宽度）。
- 如果 A 和 B 同时缩小，其中 A 设置 flex-shrink:1，B 设置 flex-shrink:1，那么最终 A 的宽为 $200-100 \times \frac{200 \times 1}{200 \times 1 + 300 \times 1}$ =160px（A 自身宽度 -A 减小的宽度），B 的宽为 $300-100 \times \frac{300 \times 1}{200 \times 1 + 300 \times 1}$ =240px（B 自身宽度 -B 减小的宽度）。
- 如果 A 和 B 同时缩小，其中 A 设置 flex-shrink:3，B 设置 flex-shrink:2，那么最终 A 的宽为 $200-100 \times \frac{200 \times 3}{200 \times 3 + 300 \times 2}$ =150px（A 自身宽度 -A 减小的宽度），B 的宽为 $300-100 \times \frac{300 \times 2}{200 \times 3 + 300 \times 2}$ =250px（B 自身宽度 -B 减小的宽度）。

▌ 举例

```
<!DOCTYPE html>
<html>
<head>
    <meta charset="utf-8" />
    <title></title>
    <style type="text/css">
        #wrapper
        {
            display:flex;
            width:200px;
            height:150px;
        }
        #box1,#box2,#box3
        {
            width:100px;
        }
```

```css
        #box1
        {
            background:red;
            flex-shrink:0;
        }
        #box2
        {
            background:blue;
            flex-shrink:1;
        }
        #box3
        {
            background:orange;
            flex-shrink:3;
        }
    </style>
</head>
<body>
    <div id="wrapper">
        <div id="box1"></div>
        <div id="box2"></div>
        <div id="box3"></div>
    </div>
</body>
</html>
```

浏览器预览效果如图 24-5 所示。

图 24-5　flex-shrink

▶ 分析

在这个例子中，弹性盒子（父元素）的宽度为 200px，所有子元素的宽度之和为 300px，子元素的宽度之和大于弹性盒子的宽度，因此 flex-shrink 属性生效。

flex-shrink: 0; 表示该子元素不参与收缩，因此 box1 的宽度固定为 100px。从上面可以计算得到，所有子元素宽度之和超出父元素的宽度为 100px。由于 box2 定义了 flex-shrink: 1;，而 box3 定义了 flex-shrink: 3;，因此最终 box2 宽度为 100−100 × $\frac{100 \times 1}{100 \times 1 + 100 \times 3}$ =75px，box3 宽度为 100−100 × $\frac{100 \times 3}{100 \times 1 + 100 \times 3}$ =25px。

现在大家明白 flex-shrink 属性是怎么用的了吧？对于 flex-grow 和 flex-shrink 这两个属性，我们总结如下。

> ▶ 只有当所有子元素宽度之和小于弹性盒子的宽度时，flex-grow 才会生效，而此时 flex-

shrink 无效；只有当所有子元素宽度之和大于弹性盒子的宽度时，flex-shrink 才会生效，而此时 flex-grow 无效。也就是说，flex-grow 和 flex-shrink 是互斥的，不可能同时生效。
- 对于定义了 flex-grow:0; 或者 flex-shrink:0; 的子元素，宽度为原来定义的宽度，并且不会参与划分。
- flex-grow 的默认值为 0，而 flex-shrink 的默认值为 1。

最后还有一点要特别跟大家说一下，在实际开发中，我们更多的是使用 flex-grow 属性，很少会用 flex-shrink 属性。

24.4 元素宽度：flex-basis

在 CSS3 中，我们可以定义弹性盒子内部的子元素在分配空间之前，该子元素所占的空间大小。浏览器会根据这个属性，计算父元素是否有多余空间。

很多小伙伴初次见到 flex-basis 属性，都会感到很疑惑，完全不知道它是用来干嘛的。说白了，flex-basis 就是 width 的替代品，它们都用来定义子元素的宽度。只不过在弹性盒子中，flex-basis 的语义会比 width 更好。

▼ 语法

```
flex-basis: 取值；
```

▼ 说明

flex-basis 属性取值有两个：一个是"auto"，即该子元素的宽度是根据内容多少来定的；另一个是"长度值"，单位可以为 px、em 和百分比等。

flex-basis 属性用来设置子元素的宽度，当然，width 属性也可以用来设置子元素的宽度。如果某一个子元素同时设置 flex-basis 和 width，那么 flex-basis 的值会覆盖 width 的值。

▼ 举例：子元素宽度之和大于父元素宽度

```
<!DOCTYPE html>
<html>
<head>
    <meta charset="utf-8" />
    <title></title>
    <style type="text/css">
        #wrapper
        {
            display:flex;
            width:200px;
            height:150px;
        }
        #box1,#box2,#box3
        {
            flex-basis:100px;
        }
        #box1
        {
```

```
            background:red;
            flex-shrink:0;
        }
        #box2
        {
            background:blue;
            flex-shrink:1;
        }
        #box3
        {
            background:orange;
            flex-shrink:3;
        }
    </style>
</head>
<body>
    <div id="wrapper">
        <div id="box1"></div>
        <div id="box2"></div>
        <div id="box3"></div>
    </div>
</body>
</html>
```

浏览器预览效果如图 24-6 所示。

图 24-6　flex-basis

▼ 分析

```
#box1,#box2,#box3
{
    flex-basis:100px;
}
```

对于上面代码，我们把"flex-basis:100px;"改为"width:100px;"，运行后效果是一样的。这里注意一点，flex-basis 是针对弹性盒子（父元素）下的子元素的，不能用于设置弹性盒子的宽度，小伙伴们试一下就知道了。

最后，小伙伴们不要把 flex-basis 属性想得那么复杂，你只要把它等价于 width 就可以了。只不过，在使用弹性布局时，虽然 flex-basis 和 width 都可以用来设置子元素的宽度，但是我们应该使用 flex-basis 而不是 width，这也是为了更好地语义化。

24.5 复合属性：flex

在 CSS3 中，我们可以使用 flex 属性来同时设置 flex-grow、flex-shrink、flex-basis 这 3 个属性。说白了，flex 属性就是一个简写形式，就是一个"语法糖"。

▌ 语法

```
flex: grow shrink basis;
```

▌ 说明

参数 grow 是 flex-grow 的取值，参数 shrink 是 flex-shrink 的取值，参数 basis 是 flex-basis 的取值。因此，flex 属性的默认值为"0 1 auto"。

在实际开发中，优先使用 flex 属性，而不是单独写 flex-grow、flex-shrink、flex-basis 这 3 个属性。

▌ 举例

```html
<!DOCTYPE html>
<html>
<head>
    <meta charset="utf-8" />
    <title></title>
    <style type="text/css">
        #wrapper
        {
            display:flex;
            width:200px;
            height:150px;
        }
        #box1
        {
            background:red;
            flex: 1;
        }
        #box2
        {
            background:blue;
            flex: 2;
        }
        #box3
        {
            background:orange;
            flex: 1;
        }
    </style>
</head>
<body>
    <div id="wrapper">
        <div id="box1"></div>
        <div id="box2"></div>
```

```
            <div id="box3"></div>
        </div>
    </body>
</html>
```

浏览器预览效果如图 24-7 所示。

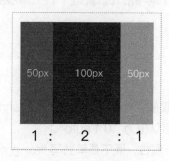

图 24-7　flex 属性

▎ 分析

在这个例子中，"flex:1;" 其实等价于 "flex:1 1 auto;"，而 "flex:2;" 等价于 "flex:2 1 auto;"。也就是说，当 flex 取值只有一个数时，表示只设置了 flex-grow 属性的取值。事实上，在实际开发中我们一般也是只需要设置 flex-grow 属性，很少用得上另外两个属性。

24.6　排列方向：flex-direction

在 CSS3 中，我们可以使用 flex-direction 属性来定义弹性盒子内部 "子元素" 的排列方向。也就是定义子元素是横着排，还是竖着排。

▎ 语法

```
flex-direction: 取值;
```

▎ 说明

flex-direction 属性取值有 4 个，如表 24-2 所示。

表 24-2　flex-direction 属性取值

属性值	说明
row	横向排列（默认值）
row-reverse	横向反向排列
column	纵向排列
column-reverse	纵向反向排列

▎ 举例

```
<!DOCTYPE html>
<html>
<head>
```

```html
        <meta charset="utf-8" />
        <title></title>
        <style type="text/css">
            #wrapper
            {
                display:flex;
                flex-direction:row-reverse;
                width:200px;
                height:150px;
            }
            #box1,#box2,#box3
            {
                height:150px;
                line-height: 150px;
                text-align: center;
                font-size:30px;
                color:white;
            }
            #box1
            {
                background:red;
                flex: 1;
            }
            #box2
            {
                background:blue;
                flex: 2;
            }
            #box3
            {
                background:orange;
                flex: 3;
            }
        </style>
</head>
<body>
        <div id="wrapper">
            <div id="box1">1</div>
            <div id="box2">2</div>
            <div id="box3">3</div>
        </div>
</body>
</html>
```

浏览器预览效果如图 24-8 所示。

图 24-8 flex-direction

▼ 分析

在这个例子中，我们使用 flex-direction:row-reverse; 定义弹性盒子内部所有子元素的排列方式为"横向反向排列"。此外要注意一点，flex-direction 属性是在弹性盒子（即父元素）上定义的。

24.7 多行显示：flex-wrap

在 CSS3 中，我们可以使用 flex-wrap 属性来定义弹性盒子内部"子元素"是单行显示还是多行显示。

▼ 语法

```
flex-wrap: 取值;
```

▼ 说明

flex-wrap 属性常见取值有 3 个，如表 24-3 所示。

表 24-3　flex-wrap 属性取值

属性值	说明
nowrap	单行显示（默认值）
wrap	多行显示，也就是换行显示
wrap-reverse	多行显示，但是却是反向

▼ 举例

```
<!DOCTYPE html>
<html>
<head>
    <meta charset="utf-8" />
    <title></title>
    <style type="text/css">
        /* 公用样式 */
        .wrapper1,.wrapper2,.wrapper3
        {
            display: flex;
            color: white;
            font-size:24px;
            width:400px;
            height: 100px;
            line-height:50px;
            border:1px solid gray;
            text-align: center;
        }
        .wrapper1 div,.wrapper2 div,.wrapper3 div
        {
            height: 50%;
            width: 50%;
        }
```

```
            .red {background: red;}
            .green {background: green;}
            .blue {background: blue;}

            /* 弹性盒子样式 */
            .wrapper1 {flex-wrap: nowrap;}
            .wrapper2 {flex-wrap: wrap;}
            .wrapper3 {flex-wrap: wrap-reverse;}
        </style>
    </head>
    <body>
        <h3>1、flex-wrap:nowrap（默认值）</h3>
        <div class="wrapper1">
            <div class="red">1</div>
            <div class="green">2</div>
            <div class="blue">3</div>
        </div>
        <h3>2、flex-wrap:wrap</h3>
        <div class="wrapper2">
            <div class="red">1</div>
            <div class="green">2</div>
            <div class="blue">3</div>
        </div>
        <h3>3、flex-wrap:wrap-reverse</h3>
        <div class="wrapper3">
            <div class="red">1</div>
            <div class="green">2</div>
            <div class="blue">3</div>
        </div>
    </body>
</html>
```

浏览器预览效果如图 24-9 所示。

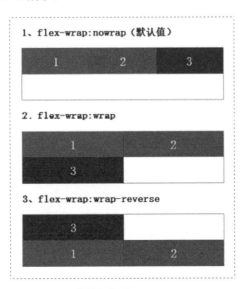

图 24-9　flex-wrap

▌分析

在这个例子中，我们定义弹性盒子中每一个子元素的宽度都是父元素的 50%（即 200px），此时所有子元素宽度之和（600px）大于父元素的宽度（400px）。

在 id="wrapper1" 的元素中，我们定义了 flex-wrap:nowrap;，因此子元素会以单行的形式来显示。

在 id="wrapper2" 的元素中，我们定义了 flex-wrap:wrap;，因此子元素会以多行的形式来显示。

在 id="wrapper3" 的元素中，我们定义了 flex-wrap:wrap-reverse;，因此子元素也是以多行的形式来显示，不过它的方向是相反的。

24.8 复合属性：flex-flow

在 CSS3 中，我们可以使用 flex-flow 属性来同时设置 flex-direction、flex-wrap 这两个属性。说白了，flex-flow 属性就是一个简写形式，就是一个"语法糖"。

▌语法

```
flex-flow: direction wrap;
```

▌说明

参数 direction 是 flex-direction 的取值，参数 wrap 是 flex-wrap 的取值。因此，flex-flow 属性的默认值为"row nowrap"。

▌举例

```
<!DOCTYPE html>
<html>
<head>
    <meta charset="utf-8" />
    <title></title>
    <style type="text/css">
        #wrapper
        {
            display:flex;
            flex-flow:row-reverse nowrap;
            width:200px;
            height:150px;
        }
        #box1,#box2,#box3
        {
            height:150px;
            line-height: 150px;
            text-align: center;
            font-size:30px;
            color:white;
        }
        #box1
```

```
        {
            background:red;
            flex: 1;
        }
        #box2
        {
            background:blue;
            flex: 2;
        }
        #box3
        {
            background:orange;
            flex: 3;
        }
    </style>
</head>
<body>
    <div id="wrapper">
        <div id="box1">1</div>
        <div id="box2">2</div>
        <div id="box3">3</div>
    </div>
</body>
</html>
```

浏览器预览效果如图 24-10 所示。

图 24-10　flex-flow

▌ 分析

flex-flow:row-reverse nowrap; 这一句代码其实等价于：

```
flex-direction: row-reverse;
flex-wrap: nowrap;
```

只不过在实际开发中，我们更倾向于使用 flex-flow 这种简写形式。

24.9　排列顺序：order

在 CSS3 中，我们可以使用 order 属性来定义弹性盒子内部"子元素"的排列顺序。

▌ 语法

order:整数;

▌ 说明

order 属性取值是一个正整数,即1、2、3 等。

▌ 举例

```html
<!DOCTYPE html>
<html>
<head>
    <meta charset="utf-8" />
    <title></title>
    <style type="text/css">
        #wrapper
        {
            display:flex;
            width:200px;
            height:150px;
        }
        #box1,#box2,#box3
        {
            height:150px;
            line-height: 150px;
            text-align: center;
            font-size:30px;
            color:white;
        }
        #box1
        {
            background:red;
            flex: 1;
            order:2;
        }
        #box2
        {
            background:blue;
            flex: 2;
            order:3;
        }
        #box3
        {
            background:orange;
            flex: 3;
            order:1;
        }
    </style>
</head>
<body>
    <div id="wrapper">
        <div id="box1">1</div>
```

```
            <div id="box2">2</div>
            <div id="box3">3</div>
        </div>
    </body>
</html>
```

浏览器预览效果如图 24-11 所示。

图 24-11　改变排列顺序

24.10　水平对齐：justify-content

在 CSS3 中，我们可以使用 justify-content 属性来定义弹性盒子内部子元素在"横轴"上的对齐方式。

▼ 语法

```
justify-content: 取值;
```

▼ 说明

justify-content 属性取值有很多，常见的如表 24-4 所示。

表 24-4　justify-content 属性取值

属性值	说明
flex-start	所有子元素在左边（默认值）
center	所有子元素在中间
flex-end	所有子元素在右边
space-between	所有子元素平均分布
space-around	所有子元素平均分布，但两边留有一定间距

▼ 举例

```
<!DOCTYPE html>
<html>
<head>
    <meta charset="utf-8"/>
    <title></title>
    <style type="text/css">
        /*定义整体样式*/
        .flex
        {
```

```
            display: flex;
            flex-flow: row nowrap;
            background-color:lightskyblue;
            margin-bottom:5px;
        }
        .item
        {
            width: 80px;
            padding:10px;
            text-align: center;
            background-color:hotpink;
            box-sizing: border-box;
        }

        /*定义justify-content*/
        .start{justify-content: flex-start;}
        .center {justify-content: center;}
        .end {justify-content: flex-end;}
        .between {justify-content: space-between;}
        .around {justify-content: space-around;}
    </style>
</head>
<body>
    <h3>1、flex-start:</h3>
    <div class="flex start">
        <div class="item">1</div>
        <div class="item">2</div>
        <div class="item">3</div>
        <div class="item">4</div>
    </div>
    <h3>2、center:</h3>
    <div class="flex center">
        <div class="item">1</div>
        <div class="item">2</div>
        <div class="item">3</div>
        <div class="item">4</div>
    </div>
    <h3>3、flex-end:</h3>
    <div class="flex end">
        <div class="item">1</div>
        <div class="item">2</div>
        <div class="item">3</div>
        <div class="item">4</div>
    </div>
    <h3>4、space-between:</h3>
    <div class="flex between">
        <div class="item">1</div>
        <div class="item">2</div>
        <div class="item">3</div>
        <div class="item">4</div>
    </div>
    <h3>5、space-around:</h3>
    <div class="flex around">
        <div class="item">1</div>
```

```
        <div class="item">2</div>
        <div class="item">3</div>
        <div class="item">4</div>
    </div>
</body>
</html>
```

浏览器预览效果如图 24-12 所示。

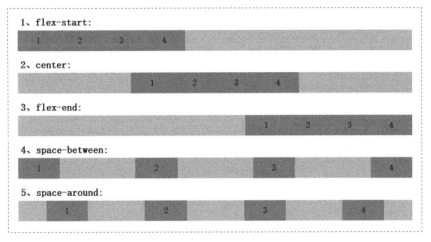

图 24-12　justify-content 属性取值

▌ 分析

在这个例子中，父元素的宽度大于所有子元素的宽度之和。从预览效果中，我们可以很直观地看出 justify-content 属性取不同值的时候，弹性盒子内部子元素在水平方向上是怎么对齐的。

24.11　垂直对齐：align-items

在 CSS3 中，我们可以使用 align-items 属性来定义弹性盒子内部子元素在 "纵轴" 上的对齐方式。

▌ 语法

```
align-items: 取值;
```

▌ 说明

align-items 属性取值有很多，常见的如表 24-5 所示。

表 24-5　align-items 属性取值

属性值	说明
flex-start	所有子元素在上边（默认值）
center	所有子元素在中部
flex-end	所有子元素在下边
baseline	所有子元素在父元素的基线上
stretch	拉伸子元素以适应父元素高度

举例

```html
<!DOCTYPE html>
<html>
<head>
    <meta charset="utf-8" />
    <title></title>
    <style type="text/css">
        .box
        {
            /*去除默认样式*/
            list-style-type:none;
            margin:0;
            padding:0;
            /*定义flex布局*/
            display:flex;
            width:250px;
            height:150px;
            border:1px solid gray;
            font-size:24px;
        }
        h3{margin-bottom:3px;}
        /*定义子元素样式*/
        .box li
        {
            margin:5px;
            background-color:lightskyblue;
            text-align:center;
        }
        .box li:nth-child(1){padding:10px;}
        .box li:nth-child(2){padding:15px 10px;}
        .box li:nth-child(3){padding:20px 10px;}

        /*定义align-items*/
        #box1{align-items:flex-start;}
        #box2{align-items:center;}
        #box3{align-items:flex-end;}
        #box4{align-items:baseline;}
        #box5{align-items:stretch;}
    </style>
</head>
<body>
    <h3>1、align-items:flex-start</h3>
    <ul id="box1" class="box">
        <li>a</li>
        <li>b</li>
        <li>c</li>
    </ul>
    <h3>2、align-items:center</h3>
    <ul id="box2" class="box">
        <li>a</li>
        <li>b</li>
        <li>c</li>
    </ul>
    <h3>3、align-items:flex-end</h3>
```

```html
    <ul id="box3" class="box">
        <li>a</li>
        <li>b</li>
        <li>c</li>
    </ul>
    <h3>4、align-items:baseline</h3>
    <ul id="box4" class="box">
        <li>a</li>
        <li>b</li>
        <li>c</li>
    </ul>
    <h3>5、align-items:stretch</h3>
    <ul id="box5" class="box">
        <li>a</li>
        <li>b</li>
        <li>c</li>
    </ul>
</body>
</html>
```

浏览器预览效果如图 24-13 所示。

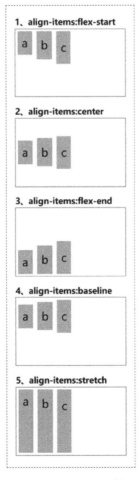

图 24-13　align-items 属性取值

▼ 分析

从预览效果中,我们可以很直观地看出 align-items 属性取不同值的时候,弹性盒子内部子元素在垂直方向上是怎么对齐的。

24.12 实战题:水平居中和垂直居中

在 CSS2.1 中,想要实现块元素的水平居中和垂直居中是比较麻烦的事情。现在有了 CSS3 的弹性盒子模型,我们就可以轻松地实现了。其中,我们可以使用"justify-content:center;"来实现水平居中,也可以使用"align-items:center;"来实现垂直居中。

实现代码如下:

```html
<!DOCTYPE html>
<html>
<head>
    <meta charset="utf-8" />
    <title></title>
    <style type="text/css">
        #father
        {
            display: flex;
            justify-content: center;
            align-items: center;
            width: 200px;
            height: 160px;
            border: 1px solid silver;
        }
        #son
        {
            width:100px;
            height:50px;
            background-color:hotpink;
        }
    </style>
</head>
<body>
    <div id="father">
        <div id="son"></div>
    </div>
</body>
</html>
```

浏览器预览效果如图 24-14 所示。

图 24-14　水平居中和垂直居中

▼ 分析

实现块元素在其父元素的水平居中和垂直居中很简单，只需要在其父元素中添加以下代码即可：

```
display: flex;
justify-content: center;
align-items: center;
```

这种方式在实际开发中非常有用，小伙伴们要重点掌握。

24.13　实战题：伸缩菜单

在这一节中，我们尝试使用弹性盒子模型来实现一个伸缩菜单。这个伸缩菜单会根据设备的大小来显示不同的布局效果。比如，在小于 600px 的设备中，显示效果如图 24-15 所示；在大于 600px 且小于 800px 的设备中，显示效果如图 24-16 所示；在大于 800px 的设备中，显示效果如图 24-17 所示。

图 24-15　设备小于 600px 时

| 首页 | 前端 | 后端 | 下载 |

图 24-16　设备大于 600px 且小于 800px 时

图 24-17　设备大于 800px 时

实现代码如下：

```html
<!DOCTYPE html>
<html>
<head>
    <meta charset="utf-8"/>
    <title></title>
    <style type="text/css">
        /*定义整体样式*/
        .nav
        {
            /*去除默认样式*/
            list-style-type: none;
            margin:0;
            padding:0;
            /*定义弹性盒子*/
            display: flex;
            background-color:hotpink;
        }
        .nav a
        {
            /*去除默认样式*/
            text-decoration: none;
            display: block;
            padding:16px;
            color:white;
            text-align: center;
        }
        .nav a:hover{background-color: lightskyblue;}

        /*设备大于 800px 时*/
        @media (min-width:800px){
            /*所有子元素在右边*/
            .nav{justify-content: flex-end;}
            li{border-left:1px solid silver;}
        }
        /*设备大于 600px 且小于 800px 时*/
        @media (min-width:600px) and (max-width:800px)
        {
            /*所有子元素平分*/
            .nav li{flex:1;}
            li+li{border-left:1px solid silver;}
        }
        /*设备小于 600px 时*/
        @media (max-width: 600px){
            /*所有子元素纵向排列*/
```

```
            .nav{flex-flow:column wrap;}
            li+li{border-top: 1px solid silver;}
        }
    </style>
</head>
<body>
    <ul class="nav">
        <li><a href="#">首页</a></li>
        <li><a href="#">前端</a></li>
        <li><a href="#">后端</a></li>
        <li><a href="#">下载</a></li>
    </ul>
</body>
</html>
```

浏览器预览效果如图 24-18 所示。

图 24-18　设备大于 800px 时

▶ 分析

当我们改变浏览器的大小时，这个伸缩菜单会随着改变布局方式，这又叫"响应式布局"。响应式布局的关键是使用 @media 来实现媒体查询，这属于移动端开发的内容。移动端开发的内容很多，感兴趣的小伙伴们可以关注后续出版的"从 0 到 1"系列相关图书。

24.14　本章练习

单选题

1. 下面选项中，哪一个属性不属于 flex 布局？（　　）
   A．align-self   B．align-items
   C．flex-grow   D．flex-flow

2. 如果父元素定义了"display:flex;"，想要实现子元素在父元素中的垂直居中，可以使用（　　）来实现。
   A．text-align: center;   B．justify-content: center;
   C．align-items: center;   D．vertical-align: middle;

3. 下面有关弹性盒子模型的说法中，不正确的是（　　）。
   A．flex 是 flex-grow、flex-shrink、flex-basis 的复合属性
   B．flex-flow 是 flex-direction、flex-wrap 的复合属性
   C．flex:1; 等价于 flex:1 0 auto;
   D．flex-flow 属性的默认值为"row nowrap"

第 25 章 其他样式

25.1 outline 属性

当文本框获取焦点时，我们可以看到文本框周围会出现一条淡蓝色的轮廓线。之前很多小伙伴想要改变这条轮廓线默认的样式（如图 25-1 所示），却完全不知道怎么去实现。

图 25-1 轮廓线样式

在 CSS3 中，我们可以使用 outline 属性来定义表单中文本框的轮廓线样式。

▼ 语法

```
outline: width style color;
```

▼ 说明

第 1 个值指的是轮廓线宽度（outline-width），第 2 个值指的是轮廓线样式（outline-style），第 3 个值指的是轮廓线颜色（outline-color）。

outline 属性跟 border 属性很相似，我们可以把轮廓线看成是一条特殊的边框来理解。

▼ 举例

```
<!DOCTYPE html>
<html>
<head>
    <meta charset="utf-8" />
    <title></title>
    <style type="text/css">
        input[type="text"]:focus
        {
```

```
                outline:1px solid red;
            }
        </style>
    </head>
    <body>
        <input id="txt" type="text"/>
    </body>
</html>
```

默认情况下，预览效果如图 25-2 所示。当我们点击文本框后，预览效果如图 25-3 所示。

图 25-2　默认效果　　　　　　图 25-3　点击文本框后的效果

▌ 分析

input[type="text"]:focus 表示定义文本框获取焦点时的样式，这个选择器看似复杂，拆分出来看就很简单了。此外，outline 属性相当有用，特别是在美化搜索框样式的时候经常用到。

25.2　initial 取值

在实际开发中，我们有时需要将某个 CSS 属性重新设置为它的默认值。大多数情况下，我们都是采用直接给一个值的方式来实现。例如，浏览器默认字体颜色为黑色，如果重置 color 属性为默认值，我们大多数都是使用 color:black;。但是很多时候，我们对元素的默认样式并不是特别清楚，例如 p 元素默认会有一定的 margin，但是我们并不知道默认的 margin 是多少。

在 CSS3 中，我们可以使用 initial 属性直接将某个 CSS 属性重置为它的默认值，并不需要事先知道这个 CSS 属性的默认值是多少，因为浏览器会自动设置的。

▌ 语法

```
property: initial;
```

▌ 说明

property 是一个 CSS 属性名，"property:initial;" 表示设置 property 这个属性的取值为默认值。此外，initial 取值可以用于任何 HTML 元素上的任何 CSS 属性。

▌ 举例

```
<!DOCTYPE html>
<html>
<head>
    <meta charset="utf-8" />
    <title></title>
    <style type="text/css">
        div{color:red;}
        #select{color:initial;}
    </style>
```

```
</head>
<body>
    <div>绿叶学习网</div>
    <div>绿叶学习网</div>
    <div id="select">绿叶学习网</div>
</body>
</html>
```

浏览器预览效果如图 25-4 所示。

图 25-4　initial 属性

▼ 分析

在这个例子中,我们使用 color:initial; 来将 color 属性的取值重置为其默认值。

25.3　calc() 函数

在 CSS3 中,我们可以使用 calc() 函数通过"计算"的方式来定义某一个属性的取值。

▼ 语法

```
属性:calc(表达式)
```

▼ 说明

我们可以使用 calc() 函数以计算的方式给元素的 width、margin、padding、font-size 等来定义属性值。对于 calc() 函数,有以下 5 条运算规则。

- 只能使用加(+)、减(-)、乘(*)和除(/)这 4 种运算。
- 可以使用 px、em、rem、百分比等单位。
- 可以混合使用各种单位进行运算。
- 表达式中有加号(+)和减号(-)时,其前后必须有空格。
- 表达式中有乘号(*)和除号(/)时,其前后可以没有空格,但建议保留。

▼ 举例

```
<!DOCTYPE html>
<html>
<head>
    <meta charset="utf-8" />
    <title></title>
    <style type="text/css">
        .box
        {
```

```
            width: 200px;
            height: 60px;
            border: 1px solid black;
        }
        .box-left
        {
            float: left;
            width: 50%;
            height: 100%;
            border-right:1px solid black;
            background-color: lightskyblue;
        }
        .box-right
        {
            float: right;
            width: 50%;
            height: 100%;
            background-color: hotpink;
        }
    </style>
</head>
<body>
    <div class="box">
        <div class="box-left"></div>
        <div class="box-right"></div>
    </div>
</body>
</html>
```

浏览器预览效果如图 25-5 所示。

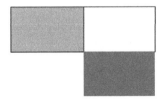

图 25-5　默认效果

▼ 分析

在这个例子中，box 元素中有两个子元素：box-left 和 box-right。如果想要在 box-left 和 box-right 中插入一条中线，很多小伙伴首先想到的就是使用 border 属性来实现。但是 box-left 和 box-right 的宽度各占 50%，再添加一条边框后，总宽度就是 50%+50%+1px=100%+1px。此时两个子元素的总宽度超过了父元素的宽度，所以最终看到 box-right 被无情地挤了下来。

对于这个问题，我们可以使用 calc() 函数来解决，代码如下：

```
.box-left
{
    float: left;
```

```
    width: calc(50% - 1px);
    height: 100%;
    border-right:1px solid black;
    background-color: lightskyblue;
}
```

修改之后，预览效果如图 25-6 所示。

图 25-6　修改后的效果

不过这还不是最优的方法，因为 box-left 和 box-right 宽度并不是相等的。如果想要使得 box-left 和 box-right 的宽度相等，我们还可以进一步优化，代码如下：

```
.box-left
{
    float: left;
    width: calc((100% - 1px) / 2);
    height: 100%;
    border-right:1px solid black;
    background-color: lightskyblue;
}
.box-right
{
    float: right;
    width: calc((100% - 1px) / 2);
    height: 100%;
    background-color: hotpink;
}
```

修改之后，浏览器预览效果如图 25-7 所示。

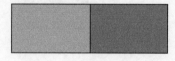

图 25-7　进一步修改后的效果

▍举例：三列平分布局

```
<!DOCTYPE html>
<html>
<head>
    <meta charset="utf-8" />
    <title></title>
    <style type="text/css">
        *{margin: 0; padding: 0;}
        .col-3
        {
```

```
            float: left;
            width: calc(100% / 3 - 5px);
            margin-right: calc(5px * 3 / 2);
            margin-bottom:calc(5px * 3 / 2);
            height: 60px;
            line-height: 60px;
            text-align: center;
            font-size: 24px;
            background: #EEEEEE;
            color: #333333;
        }
        .col-3:nth-child(3){margin-right: 0;}
    </style>
</head>
<body>
    <div class="container">
        <div class="col-3">1</div>
        <div class="col-3">2</div>
        <div class="col-3">3</div>
    </div>
</body>
</html>
```

浏览器预览效果如图 25-8 所示。

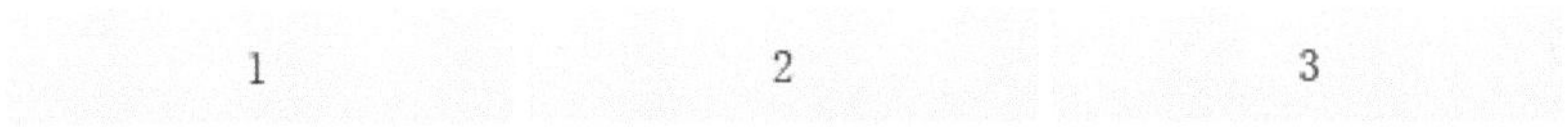

| 1 | 2 | 3 |

图 25-8　三列平分布局

▼ 分析

这个例子实现的是三列平分的布局，中间间距为 5px。这里涉及了不同单位之间的计算，使用 calc() 函数很轻松就实现了。如果使用其他方法，则很难实现。

在实际开发中，calc() 函数非常好用，特别是在自适应布局中涉及不同单位之间的运算时用得非常多。对于这个特点，我们从上面两个例子就可以看出来。

25.4　overflow-x 和 overflow-y

在 CSS2.1 中，我们可以使用 overflow 属性来定义内容超出元素大小时应该如何处理。而在 CSS3 中又新增了 overflow-x 和 overflow-y 这两个属性。其中，overflow-x 属性用来定义内容超出元素"宽度"时应该如何处理，而 overflow-y 属性用来定义内容超出元素"高度"时应该如何处理。

▼ 语法

```
overflow-x: 取值;
overflow-y: 取值;
```

说明

overflow-x 和 overflow-y 这两个属性都有 4 种取值，如表 25-1 和表 25-2 所示。

表 25-1　overflow-x 属性取值

属性值	说明
visible	内容超出时，不剪切内容，也不添加滚动条
hidden	内容超出时，剪切内容，但只显示 y 轴滚动条而不显示 x 轴滚动条
scroll	内容超出时，显示所有滚动条
auto	跟 scroll 效果一样

表 25-2　overflow-y 属性取值

属性值	说明
visible	内容超出时，不剪切内容，也不添加滚动条
hidden	内容超出时，剪切内容，但只显示 x 轴滚动条而不显示 y 轴滚动条
scroll	内容超出时，显示所有滚动条
auto	跟 scroll 效果一样

overflow-x 和 overflow-y 这两个属性的取值效果都是大同小异的，只是在取值为 hidden 时有细微的区别。

举例

```
<!DOCTYPE html>
<html>
<head>
    <meta charset="utf-8" />
    <title></title>
    <style type="text/css">
        body{font-family:微软雅黑;font-size:14px;}
        #view
        {
            display:inline-block;
            width:160px;
            height:160px;
            background-color:#F1F1F1;
            border:1px solid gray;
            overflow-x:visible;
        }
        #circle
        {
            width:200px;
            height:200px;
            background-color:Red;
            border-radius:100px;
        }
    </style>
    <script>
```

```
            window.onload=function(){
                var oRadio=document.getElementsByName("group");
                var oDiv=document.getElementById("view");

                for(var i=0;i<oRadio.length;i++){
                    oRadio[i].onclick=function(){
                        if(this.checked){
                            oDiv.style.overflowX=this.value;
                        }
                    }
                }
            }
        </script>
    </head>
    <body>
        <div id="select">
            <h3>overflow-X 取值: </h3>
            <label><input name="group" type="radio" value="visible" checked="checked"/><label for="ckb1">visible</label>
            <label><input name="group" type="radio" value="hidden"/><label for="ckb2">hidden</label>
            <label><input name="group" type="radio" value="scroll"/><label for="ckb3">scroll</label>
            <label><input name="group" type="radio" value="auto"/><label for="ckb4">auto</label>
        </div>
        <div id="view">
            <div id="circle"></div>
        </div>
    </body>
</html>
```

浏览器预览效果如图 25-9 所示。

图 25-9　overflow-x:visible; 取值效果

当 overflow-x 取值为 hidden 时，预览效果如图 25-10 所示。

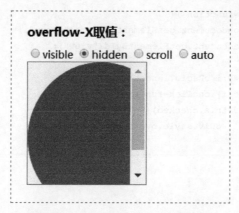

图 25-10　overflow-x:hidden; 取值效果

当 overflow-x 取值为 scroll 时，预览效果如图 25-11 所示。

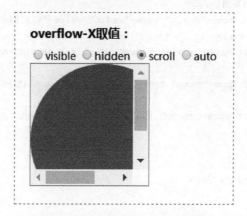

图 25-11　overflow-x:scroll; 取值效果

当 overflow-x 取值为 auto 时，预览效果如图 25-12 所示。

图 25-12　overflow-x:auto; 取值效果

▌ 分析

在这个例子中，我们使用 JavaScript 来操作，这样当选择不同的单选按钮时，可以动态地改变 id="view" 这个元素的 overflow-x 属性的取值，然后就可以直观地看到 overflow-x 属性取不同值时的效果。

当然，我们也可以把 overflow-x 改为 overflow-y，然后看看 overflow-y 属性取不同值时的效果。

25.5 pointer-events 属性

这一节我们来给小伙伴们介绍一个前端的"黑科技"——pointer-events 属性。在 CSS3 中，我们可以使用 pointer-events 属性来定义元素是否禁用鼠标单击事件。pointer-events 属性是一个与 JavaScript 有关的属性。

▌ 语法

```
pointer-events: 取值;
```

▌ 说明

pointer-events 属性取值只有两个，如表 25-3 所示。

表 25-3　pointer-events 属性取值

属性值	说明
auto	不禁用鼠标单击事件（默认值）
none	禁用鼠标单击事件

在实际开发中，我们可以使用 pointer-events: none; 来禁用元素的鼠标单击事件，比较常见的用法是获取验证码。当用户单击【获取验证码】按钮后，需要等待若干秒才能再次单击【重发验证码】按钮，如图 25-13 所示。

图 25-13　手机验证码

▌ 举例

```
<!DOCTYPE html>
<html>
<head>
    <meta charset="utf-8" />
    <title></title>
    <style type="text/css">
        .disable
        {
            pointer-events: none;
            color:#666666;
        }
```

```
        </style>
        <script>
            window.onload=function(){
                var oA=document.getElementsByTagName("a")[0];
                oA.onclick=function(){
                    this.className="disable";

                    setTimeout(function () {
                        oA.removeAttribute("class");
                    },3000);
                }
            }
        </script>
    </head>
    <body>
        <a href="javascript:;">发送验证码</a>
    </body>
</html>
```

浏览器预览效果如图 25-14 所示。

发送验证码

图 25-14　pointer-events

▎ 分析

在这个例子中，当我们点击超链接后，为其添加一个 disable 的类，然后使用定时器，使得 3 秒后去除 disable 这个类名。在这 3 秒中，超链接的单击事件是被禁用的。

【最后的问题】

学完这本书之后，接下来我们应该学哪些内容呢？

这本书介绍的都是 HTML5 新增的 API 以及 CSS3 的开发技巧。然而前端技术远不止这些，如果小伙伴们想要成为一名合格的前端工程师，接下来要学习更多前端技术。

如果你使用的是"从 0 到 1"系列，那么下面是推荐的学习顺序：

《HTML+CSS 快速上手》→《CSS 进阶之旅》→《JavaScript 快速上手》→《jQuery 快速上手》→《HTML5+CSS3 修炼之道》→《HTML5 Canvas 动画开发》→未完待续

25.6　本章练习

单选题

1. 下面有关 CSS3 中 calc() 函数的说法中，正确的是（　　）。

　　A. calc() 函数只能使用加、减、乘、除这 4 种运算

B. calc()函数中不能混合不同的CSS单位来运算

C. 表达式中有加号（+）和减号（-）时，其前后可以没有空格

D. 表达式中有乘号（*）和除号（/）时，其前后必须要有空格

2. 在CSS3中，我们可以使用（　　）属性来定义元素是否禁用鼠标单击事件。

  A. outline   B. initial

  C. calc()   D. pointer-events

附录 A HTML5 新增元素

表 A-1 HTML5 新增元素

结构元素	
header	头部元素
nav	导航元素
article	文章元素
aside	侧边元素
section	区块元素
footer	底部元素
input 元素(验证型)	
\<input type="email" />	邮件类型
\<input type="tel" />	电话类型
\<input type="url" />	URL 类型
input 元素(取值型)	
\<input type="range" />	取数字(滑块方式)
\<input type="number" />	取数字(微调方式)
\<input type="color" />	取颜色
\<input type="date" />	取日期(如 2018-11-11)
\<input type="time" />	取时间(如 08:04)
\<input type="month" />	取月份
\<input type="week" />	取周数
表单元素	
output	输出结果
datalist	可选列表
keygen	页面密钥

续表

其他元素	
address	地址信息
time	时间信息
progress	进度条（显示动态数据）
meter	进度条（显示静态数据）
figure 和 figcaption	用于增强图片语义化
fieldset 和 legend	用于增强表格语义化

附录 B HTML5 新增属性

表 B-1 HTML5 新增属性

属性	说明
公共属性	
hidden	隐藏元素
draggable	实现可拖曳
contenteditable	实现可编辑
data-*	自定义属性
input 元素属性	
autocomplete	自动提示信息
autofocus	自动获取焦点
placeholder	默认提示内容
required	要求文本框不能为空
pattern	添加验证功能
form 元素属性	
novalidate	禁用表单内置的验证功能

附录 C CSS3 新增选择器

表 C-1 CSS3 新增选择器

属性选择器	
E[attr^="xxx"]	选择元素 E，其中 E 元素的 attr 属性是以 xxx 开头的任何字符
E[attr$="xxx"]	选择元素 E，其中 E 元素的 attr 属性是以 xxx 结尾的任何字符
E[attr*="xxx"]	选择元素 E，其中 E 元素的 attr 属性是包含 xxx 的任何字符
子元素伪类选择器	
E:first-child	选择父元素下的第一个子元素（该子元素类型为 E，以下类同）
E:last-child	选择父元素下的最后一个子元素
E:nth-child(n)	选择父元素下的第 n 个子元素或奇偶元素，n 取值有 3 种：数字、odd 和 even，其中 n 从 1 开始
E:only-child	选择父元素下唯一的子元素，该父元素只有一个子元素
E:first-of-type	选择父元素下的第一个 E 类型的子元素
E:last-of-type	选择父元素下的最后一个 E 类型的子元素
E:nth-of-type(n)	选择父元素下的第 n 个 E 类型的子元素或奇偶元素，n 取值有 3 种：数字、odd 和 even，n 从 1 开始
E:only-of-type	选择父元素下唯一的 E 类型的子元素，该父元素可以有多个子元素
UI 伪类选择器	
:focus	定义获取焦点时样式
::selection	定义选取文本时样式
:checked	定义单选框选中时样式（兼容性差，很少用）
:enabled	定义"可用"时样式
:disabled	定义"不可用"时样式
:read-write	定义"可读写"时样式
:read-only	定义"只读"时样式

其他伪类选择器	
:root	选择根元素
:empty	选择空元素
:target	选择 target 元素
:not()	选择某一个元素之外的所有元素

附录 D CSS3 新增属性

表 D-1 CSS3 新增属性

属性	说明
文本样式	
text-shadow	文本阴影
text-stroke	文本描边
text-overflow	文本溢出
word-wrap、word-break	强制换行
@font-face	嵌入字体
颜色样式	
opacity	透明度
rgba(R, G, B, A)	RGBA 颜色
background:linear-gradient()	线性渐变
background:radial-gradient()	径向渐变
边框样式	
border-radius	圆角效果
box-shadow	边框阴影
border-colors	多色边框（很少用）
border-image	边框背景（很少用）
背景样式	
background-size	背景大小
background-origin	背景位置
background-clip	背景剪切
CSS3 变形	
transform: translate()	平移
transform: scale()	缩放
transform: skew()	倾斜

续表

CSS3 变形	
transform: rotate()	旋转
transform-origin	改变中心原点
CSS3 过渡	
transition-property	对元素的哪一个属性进行操作
transition-duration	过渡的持续时间
transition-timing-function	过渡的速率变化方式
transition-delay	过渡的延迟时间（可选参数）
transition	复合属性
CSS3 动画	
animation-name	对哪一个 CSS 属性进行操作
animation-duration	动画的持续时间
animation-timing-function	动画的速率变化方式
animation-delay	动画的延迟时间
animation-iteration-count	动画的播放次数
animation-direction	动画的播放方向，正向还是反向
animation	复合属性
多列布局	
column-count	列数
column-width	每一列的宽度
column-gap	两列之间的距离
column-rule	两列之间的边框样式
column-span	定义跨列样式
滤镜效果	
filter: brightness()	亮度
filter: grayscale()	灰度
filter: sepia()	复古
filter: invert()	反色
filter: hue-rotate()	旋转（色相）
filter: drop-shadow()	阴影
filter: opacity()	透明度
filter: blur()	模糊度
filter: contrast()	对比度
filter: saturate()	饱和度
弹性盒子模型	
flex-grow	定义子元素的放大比例
flex-shrink	定义子元素的缩小比例

续表

弹性盒子模型	
flex-basis	定义子元素的宽度
flex	flex-grow、flex-shrink、flex-basis 的复合属性
flex-direction	定义子元素的排列方向
flex-wrap	定义子元素是单行显示，还是多行显示
flex-flow	flex-direction、flex-wrap 的复合属性
order	定义子元素的排列顺序
justify-content	定义子元素在"横轴"上的对齐方式
align-items	定义子元素在"纵轴"上的对齐方式
其他样式	
outline	定义文本框的轮廓线样式
InItIal	重置 CSS 属性的取值
calc() 函数	计算 CSS 属性的取值
overflow-x	定义内容超出元素"宽度"时应该如何处理
overflow-y	定义内容超出元素"高度"时应该如何处理
pointer-events	是否禁用鼠标单击事件